武安州辽塔
考古和保护修缮工程报告

内蒙古自治区文物考古研究院
陕西省文化遗产研究院　　　编著
陕西普宁工程结构特种技术有限公司

科学出版社
北京

内 容 简 介

本书依据史料记载、实例、实物,通过勘测研究篇、加固维修篇、附录三部分主要内容,将武安州辽塔修缮工程的实施情况进行了全面系统地整理、研究和解读,科学地总结了其中的经验和收获。该工程始终坚持文物保护的主要宗旨原则,其工作方向、重点及目标明确,使文物的结构部分得到了良好的加固与修缮,工程质量良好,为今后武安州辽塔以及其他类似重要古塔的保护工作提供了有益的借鉴。

本书适合建筑、历史、考古等专业的人员,以及高等院校相关专业的师生参考阅读。

图书在版编目(CIP)数据

武安州辽塔考古和保护修缮工程报告 / 内蒙古自治区文物考古研究院,陕西省文化遗产研究院,陕西普宁工程结构特种技术有限公司编著. —北京:科学出版社,2024.2

ISBN 978-7-03-076530-7

Ⅰ. ①武… Ⅱ. ①内… ②陕… ③陕… Ⅲ. ①古塔 - 修缮加固 - 研究报告 - 敖汉旗 Ⅳ. ① TU746.3

中国国家版本馆 CIP 数据核字(2023)第 189211 号

责任编辑:孙　莉 / 责任校对:邹慧卿
责任印制:赵　博 / 封面设计:张　放

科 学 出 版 社 出版

北京东黄城根北街16号
邮政编码:100717
http://www.sciencep.com

北京建宏印刷有限公司印刷
科学出版社发行　各地新华书店经销
*

2024年2月第 一 版　开本:889×1194　1/16
2024年11月第二次印刷　印张:20 3/4
字数:597 000
定价:320.00 元
(如有印装质量问题,我社负责调换)

前　　言

　　党的十八大以来，以习近平同志为核心的党中央高度重视文物工作，习近平总书记发表了一系列重要论述，涉及文物保护、管理、传承、利用等一系列根本问题，为确立新时代文物工作方针奠定了理论和实践基础。2022年召开的全国文物工作会议确立了"保护第一、加强管理、挖掘价值、有效利用、让文物活起来"的文物工作要求，为做好文物工作提供根本遵循。

　　文物保护施工档案是承载文物价值的重要载体，客观、真实、详细、科学的档案在留存历史信息、总结科学经验、谋划学科发展方面与实物遗存具有同等重要的地位。敖汉旗武安州辽塔保护加固工程是内蒙古自治区开展多学科合作文物保护工程的首次尝试，在施工档案的记录、保存与运用方面进行了多维尝试并取得了一些经验。

　　本报告全面梳理、总结了敖汉旗武安州辽塔保护加固工程全过程的档案记录，包括辽塔本体历史信息梳理、考古发掘、科学检测、现场勘察、方案设计、工程实施等诸多方面，相关档案所反映的信息，体现了工程参与人员收集、整理、研究和解读的全过程，内容虽或详或略，但均娓娓道来，尽现踏实之感、严谨之风，尽现新时代文物保护的担当、研究的自觉。希望通过本报告，让广大读者能够深入了解武安州辽塔加固保护的全过程，普及文物保护原则，传播科学修缮、研究性修缮新理念，体现新时代研究性文物保护工程实践的技术探索。

　　本报告紧紧围绕武安州辽塔修缮，分为考古和勘测研究篇、加固维修篇及附录。其中，第一章主要对武安州遗址与塔的历史、地域背景、概况及价值进行简要介绍，并对辽塔建筑形制进行分析研究；第二章主要对辽塔塔基的考古工作情况进行了较为全面的介绍；第三章全面刊布了辽塔现状勘测及安全稳定性评估内容；第四章重点介绍了从组织实施到竣工验收的施工全过程；第五章为工程方案设计；第六章和第七章主要介绍了工程实施过程和修缮技术措施。附录部分客观刊布了工程中较为重要的部分资料表格、工程大事记、结构检测与分析报告、材料检测报告和主管部门的批复文件等。

　　本报告既是对武安州辽塔修缮工程的总结提炼，也是对于新时代文物保护工作理论的探讨，不足之处真诚希望关心、支持文物保护文物工作的诸位读者提出批评意见，相互探讨、共同磋商，以使我国文物保护工作不断完善。

目　录

● 考古和勘测研究篇 ●

● 加固维修篇 ●

• 附 录 •

考古和勘测研究篇

第一章　历史研究

第一节　武安州辽塔历史沿革

一、敖汉旗概况

（一）敖汉旗历史

敖汉地区历史悠久，早在八千年前，兴隆洼居民便在这里生产生活，形成了灿烂的兴隆洼文化。之后的赵宝沟文化、红山文化、夏家店文化先民继续在这里繁衍生息，是中华文明的重要组成部分。

到了公元前 1000 年左右，这里的先民就已掌握了成熟的采矿和青铜冶炼制造技术。春秋战国时期，横亘在敖汉中部的两道燕长城表明，这里南部成为燕国的版图，北部先后为山戎和东胡人所居。因敖汉地处塞外，不在禹化九州之内，其正式行政区划始于秦朝。秦灭六国后，敖汉被统一在秦朝疆域之内，为辽西郡管辖。

西汉建立后，敖汉地区初属幽州刺史辖下辽西郡，后匈奴在西部崛起并灭东胡，汉辽西郡为迁，敖汉归属匈奴，为匈奴左贤王辖境。汉武帝出征匈奴，迫匈奴远遁漠北，徙东胡之遗支乌桓于渔阳、上谷等五郡塞外，敖汉在其五郡辽西郡之内，为塞外乌桓地。东汉中叶，乌桓南下，其所占五郡放弃，东胡另一遗支鲜卑乘势南移，此后，敖汉为东部鲜卑地。

三国后期，鲜卑分化为慕容、宇文、段部三部，敖汉属宇文鲜卑部管辖。

西晋初，慕容鲜卑部强大，占据宇文部鲜卑之地，并在龙城（今辽宁朝阳）建前燕政权。敖汉属前燕管辖。前秦苻坚灭燕后，敖汉属前燕平州辖区。后燕时，敖汉地为后燕之营州宿军治下。及至北燕，敖汉地又归属北燕昌黎郡。

北魏时，契丹兴起，敖汉开始为契丹所据，直至隋唐。

隋朝，敖汉地为新降之契丹所居，因为逐水草而居，域内无建制。

唐初，在辽西建立营州都督府，府下辖松漠都护府，专司契丹，敖汉地在松漠都护府辖下。唐末，契丹八部统一，建立辽国，辽设五京，分领道、府、州、县，敖汉为辽中京道大定府辖下。辽中京道大定府统十州九县，其设在今敖汉境内的州县有四个：老哈河以东今敖汉匹境内为惠州，领县一，名惠和县，史书记载其治所在敖汉西部博罗科旧城。东部初为新州，统和八年（990）改名武安州，领县一，其治所在今敖汉丰收乡白塔村西。今敖汉南境为金原县地。金原县隶属大定府兴中州（今朝阳），县治所在今敖汉四家子镇牛夕河村。今敖汉西北的古鲁板蒿、四道湾一带为高州三韩县的东北境。

金灭辽后，承辽制，但改辽中京为金北京，并对这里撤州留县。故此时敖汉地属北京大定府，境内析置武平、惠和、金原、三韩四县，各县治所仍为辽县旧治。

蒙古灭金建立元朝后，划全国为12行省。敖汉地绝大部分为辽阳行省大宁路治下，其境内设有惠和、武平、金原三县，各县治所仍为辽金旧治，皆为元辽王封邑。敖汉北境，与今翁牛特旗、奈曼旗交界处，为元之鲁王封地。

明初，敖汉属明北平布政司辖下的大宁都指挥使司。永乐年间，明成祖朱棣为酬谢蒙古兀良哈三卫，尽割大宁地给兀良哈三卫。

明正德年后，北元达延车臣汗征服了兀良哈三卫，统一了东蒙古，将漠南蒙古分为左右两翼，分封给自己的子弟。此时原兀良哈三卫地尽为其左翼之喀尔喀部所居，故敖汉亦在喀尔喀部领地之内。后蒙古喀尔喀部北迁，这里暂为殴脱之地。直至明嘉靖年间，敖汉部南迁，敖汉地区才真正成为蒙古敖汉部落的属地。敖汉之名最早见于蒙古史籍《黄金史纲》，早在北元岱宗可汗在位的15世纪中叶，就有了敖汉部落，并在北元汗庭中占有较重要地位。及至成吉思汗15世孙达延汗时期（1470～1543），敖汉部依然存在。达延汗将其领地划分为左右两翼6个万户，每个万户下面又设置若干个鄂托克，交由其11个儿子分领。史载，当时的敖汉、奈曼两部归属左翼三万户的察哈尔万户，由达延汗第八子格博罗特领有，是察哈尔八大营中的部落。格博罗特死后，敖汉、奈曼两部落由其两个儿子通石台吉和长力台吉掌管。通石、长力台吉死后，因其无后嗣，敖汉、奈曼两部落便转移至达延汗长子图鲁博罗特支系。图鲁博罗特有二子，长子布希，继承王位，称博迪阿拉克汗，新领察哈尔万户；次子纳密克，位居汗王子之下、各属部之上，其子嗣分别成为察哈尔万户各属部的领主。敖汉、奈曼两部由纳密克之子贝马图谢图掌管。贝马图谢图时期，敖汉部从兴安岭西迁至西拉木伦河流域，再东迁至兀良哈三卫地。贝马图谢图有五子，长子岱青杜棱领敖汉部5000余众据义州大康堡500里而牧，正式以敖汉部为名，岱青杜棱则成为敖汉部始祖。五十家子塔则是岱青杜棱于明万历二十八年（1600）修建的保命救福塔。岱青杜棱死后，其子索诺木杜棱归顺后金皇帝皇太极，满蒙联合，帮助后金进军中原，完成统一全国。

敖汉旗建立于清崇德三年（1638），顺治元年（1644）清军入关后，划全国为22省，中央另设理藩院专管蒙古、西藏，这时敖汉旗归属昭乌达盟，直属理藩院。康熙四十二年（1703）热河行宫建立后，清廷于关外各地相继建立理事通判厅，乾隆十三年（1738）在今辽宁凌源设塔子沟厅，敖汉旗归塔子沟厅理事通判管理。乾隆四十三年（1778）塔子沟厅改为建昌县，敖汉旗归属建昌县。乾隆四十七年升热河厅为承德府，敖汉旗随建昌县隶属承德府。

光绪三十年（1904）承德府从建昌析出敖汉旗全部，从平泉州析出喀喇沁右翼旗东部地区，组建建平县。从此，敖汉旗为承德府建平县辖下。光绪三十一年（1905）清廷升朝阳县为朝阳府，建平县归属朝阳府。宣统元年（1909）经理藩院批准，敖汉多罗郡王色凌端鲁布从敖汉札萨史王旗内分出，自立札萨克旗。

辛亥革命后，朝阳府取消，敖汉随建平县划归热河行政区直辖。民国十一年（1922）敖汉一旗分为左、右、南三旗。1935年伪满洲国政府把敖汉三旗从建平县析出，建立新惠县，县治设在菜园子（新惠镇），其治下仍设三旗。1938年伪满洲国政府实行旗县合并，取消了县建制，将新惠县与左、右、南旗三旗合并为敖汉旗。

1949年，敖汉旗恢复一旗建制，一直至今。

（二）地质环境

敖汉属燕山山地向西辽河平原过渡地带，地形呈不规则的缓坡形，由东南向西北逐渐倾斜。地貌类型由南到北依次为南部努鲁尔虎山石质低山丘陵区、中部黄土丘陵区和北部沙质坨甸区，南部山区和中部丘陵区均占敖汉总面积的34%。北部沙质坨甸区占32%，其中叫来河、孟克河的中下游，老哈河一、二级台地为沿河平川区，地势平坦、土质肥沃、水源丰富，是敖汉的主要产粮区。

赤峰市敖汉旗，驻地新惠镇，地处努鲁尔虎山脉北麓，科尔沁沙地南缘，东临通辽市奈曼旗，西接朝阳市建平县，南与北票市、朝阳县相连，北与赤峰市翁牛特旗隔老哈河相望。

根据《中国地震动参数区划图》（GB 18306—2015）规定，塔所在场地基本坑震设防烈度为7度，建筑场地类别为Ⅱ类，设计基本地震加速度值为0.10g，设计地震分组为第一组，设计特征周期为0.35s。

（三）气候条件

敖汉旗地处中温带，属于大陆性季风气候。其特点是四季分明，太阳辐射强烈，日照丰富，气温日差较大。冬季漫长而寒冷，春季回暖快，夏季短而酷热，降水集中；秋季气温骤降。雨热同季，积温有效性高。敖汉各地降水量分布趋势是从南向北逐渐减少，年降水量在310～460mm。全旗年平均温度6℃，由南向北递减。7月份平均气温23.1℃，极端最高温度39.7℃，极端最低气温为−30.7℃。初霜期平均在9月27日，终霜期在5月7日，平均无霜期145天。

敖汉境内主要河流有5条，老哈河、叫来河、孟克河属西辽河水系，牤牛河、老虎山河属于大凌河水系。主要特点是夏季降水增多，河水充沛；冬春季降水量下降，河水相应减少。由于水土流失严重，各河流的含沙量均很高。

二、武安州遗址概况

（一）辽武安州历史沿革

辽武安州位于敖汉旗丰收乡白塔子村叫来河支流白塔子河（史称袅格勒水，亦写作袅罗水）南岸（武安州辽塔在河北岸）。

武安州，形盛之地，四达通衢。南通兴中府，北抵木叶山，西连辽中京，东达至巫闾（山）。武安州辖沃野县，南与金源县（牛夕河屯）接壤，西与高州、惠州（波罗科旧城）相连，东与宜民县毗邻，北与永州隔老哈河相望。袅罗水从城北穿过，城北岸有武安州辽塔。辽塔高23米。

1. 辽代

《辽史》载：武安州，观察（州），唐沃州之地。太祖（耶律阿保机）俘汉民居木叶山下，因建城以迁之，号曰杏埚新城。后复以辽西户益之，更曰新州（新建之州城）。

辽太祖居于木叶山（秃顶子山，即山顶上无植被），并在木叶山修建祖庙。后称木叶山为大哈尔占山，今在翁牛特旗海力金山，俗称海金山，是辽的祖庙之地。

辽太祖修完祖庙后，将汉人及工匠迁到杏堝（杏堝的契丹语就是斡鲁朵、皇上的禁军的意思）建州城。这个城被史学界称为辽最早的斡鲁朵（斡鲁朵，指皇帝、皇后居住的宫殿或行在，暂住的地方称行在）。

杏堝城建成后，又从辽西虏来部分汉人增益城市人口，并改称新州。辽统和八年（990）更曰武安州（以武安天下）。

武安州初为刺史州，后升观察州隶辽中京道，下辖沃野县。这是辽太祖设置最早的投（头）下（任命或委任）军州的机构。为辽全面实施州县机构提供经验和实列。

2. 金代

金代，皇统三年（1143）武安州降为武安县，隶中京大定府。大定七年（1167）武安县改称武平县。承安三年（1198）武平县改隶高州。泰和四年（1204）武平县复隶大定府。

3. 元代

元代，武平县隶大宁路。

4. 明代

明初，武平县废。

5. 清代

清代武安州遗址为"查干郭尔村"，即"白塔荏子"。清代敖汉札萨克多罗郡王墨尔根巴图鲁温布时为海力王府在武安州遗址（白塔子）修建永寿寺。该寺因为白色，故称"博日勒察罕苏木"（苍白色的庙）。

1996年，武安州遗址被内蒙古自治区人民政府公布为自治区文物保护单位。2007年，内蒙古考古研究所对辽塔地宫进行清理。

2013年3月，武安州遗址被国务院公布为第七批全国重点文物保护单位。

（二）武安州遗址的结构及布局

武安州遗址位于内蒙古自治区赤峰市敖汉旗政府所在地新惠镇之东约28km的丰收乡白塔子村西侧，城北侧有叫来河支流验马河从西南向东北流去，在距城址约5km处注入叫来河。城西为一条自南向北流的季节河，当地称之为护城河。在城址的西北角处汇入验马河，两河的交汇处为开阔的扇面形冲积河滩地。再往南为验马河的第二级台地，台地之后是东西走向的群山。护城河之东侧即为武安州遗址。对着城址的东南台地上有一处辽代寺院遗址。遗址之东的台地下为一处墓地，1976年春清理一座辽代壁画墓，出土有"大康七年"款石经幢。护城河之西为吴家墩村。全村十余户人家坐落在一处辽代寺院遗址之中。验马河之北岸为浅丘陵，燕长城遗址从河北岸的台地上穿过，现地表只存两条黑土带，当地称之为"黑龙"。与城址南北相对的河北岸山岗上矗立一座砖塔，长城即从塔下穿过，向东爬向牤牛山顶。牤牛山顶部有辽代建筑遗址，并出土过螭首等建筑构件。塔西的下湾子村北坡为一处墓地，1991年在此清理被盗墓7座，其中壁画墓就有4座，与白塔子壁画墓一样，均为火葬墓。

由于多年的耕种和河水冲刷，城墙已多不存在，只有北城墙尚依稀可辨，其余为断断续续的灰土带。据当地年长百姓介绍，东墙和南墙在20世纪50年代初期尚保存土基，并有东城门和南城门遗址，在60年代初平整成平地。按当地村民所指的地点寻找，发现在东门和南门处现仍存大量残瓦。根据地表遗迹和农民提供的线索，大致可以测绘出城址现存遗迹图。从地表和断崖上观察，城墙有三重，最外的城墙基址只存在北墙靠近河的一小段，其余为不甚明显的灰土带。东墙灰土带10～20米，南墙已跨过护城河，但长度无法看出。第二重城墙略呈方形，每边长约650米，东墙仍为第一重城墙，南墙与西墙回缩。第三重城墙基部保存稍好，向北回收，略呈方形，每边长约270米。

现地表可见的建筑遗址多在第二、三城址内，而南侧所见的均为平整后的呈片状分布的砖瓦块，每一片当为一座建筑址。未被平整的高大建筑址几乎南北连成一片，有10余处建筑为高出地表3米多的高台。地表遗物十分丰富，残砖碎瓦遍地皆是。从西北的断崖上观察，文化层厚3～5米。1982年冬，在文物普查时，农民在城内的东南侧打了一眼机井，提供了另外一个断面，经实测，文化层堆积达7米。从地表现象观察，原护城河并不在城址西侧流过，而是在南荒村旁向东顺着验马河的下游流去，在建造最外一重城墙后，护城河改道，冲开南城墙，并将城冲成两半，致使此城又重建。

三、武安州辽塔历史沿革

武安州辽塔建造年代不详，历次维修情况亦不详。

清乾隆年间，哈达清格在《塔子沟纪略》卷八记载，"塔子沟东北三百八十里至塔上，蒙古名为波罗素不拉嘎，塔为素不拉嘎，泉为波罗因。山坡有古塔一座，下有水泉，遂取名波罗素不拉嘎。康熙年间敖汉王子建造庙宇一座，圣祖仁皇帝赐名永寿寺。西有城基一处，四面各长一百九十丈，并无人烟"（《辽海丛书》第910页），该记载的城垣范围和塔与今天实测大体相符。

根据2021年内蒙古自治区文物考古研究院对塔基的发掘可知，该塔塔基的包砌与维修时间可分三期。第一期为该塔的始建时期，推断应为辽代早期。初建时，所用青砖大小、薄厚统一，一顺一丁组砌，台帮砖雕似勾云纹，灰缝较厚，前部用白灰作浆，后部月澄泥砌筑，内部填馅砖规格较小，用澄泥砌筑。第二期，辽代晚期对塔基部分进行了维修，维修用砖也颇规范，用青砖将一期台明包砌一遍，并将损毁部分进行了补砌。第三期对塔身、塔基等进行了一次较大规模的维修，这次维修较为草率，所用青砖大小薄厚不等，规格不一，应是该塔被严重损毁后的补救行为。发掘中所见纴木遗迹也为三期所为，此外分布均匀的石条起到了标识和拉筋作用。此次维修现模较大，将塔基及塔身进行了全面包砌，使塔基渐宽且高，塔身也包砌变粗，从而在视觉上发生了明显改变。此次维修应该是历史上规模最大的一次，使该塔与始建时面貌发生了变化，地宫用砖填实也是本次维修所致。究其原因，可能是该塔发生了损毁。据《元史·世祖本纪》记载，至元二十七年八月"癸巳，地大震"。20世纪80年代，国家地震局对此震评估结果是："震中辽中京（宁城大明镇）一带，震中烈度9度，震级六又四分之三。"而武安州辽塔距震中颇近，这次地震可能也造成了武安州辽塔的损毁，这些大小不一的青砖也可能来自城内因地震而坍塌的衙署、民舍等。维修显得较为草率，或是信众的自发行为。

第二节　武安州辽塔建筑形制

武安州辽塔，是武安州遗址的重要构成部分，是遗址内唯一保存比较完整的地面建筑遗存。塔位于武安州遗址东侧的高地上，登临武安州辽塔西望，武安州遗址尽收眼底。武安州辽塔应该是寺院的一部分，其南侧现分布有几处建筑遗址，形成建筑群落，寺院布局需进一步进行考古以探明。

该塔早期研究资料及记载较少，研究多为近期成果。目前国内院校和科研机构对武安州辽塔做过一些专项研究，对其形制有较为科学和准确的研究成果。其中内蒙古自治区自然基金项目"内蒙古地区传统建筑数字化模型技术应用研究"完成了《赤峰市敖汉武安州塔原貌的数字化复原研究》[①]一文，较为全面地测绘记录了武安州辽塔的现状，并在此基础上进行了复原研究。

武安州辽塔的基本形制如下：

武安州辽塔为较为典型的辽金时期密檐式塔。塔平面八角，自下而上由塔下散水、塔台、塔座、塔身和13层密檐及塔刹构成。

塔身整体用黏土砖黄泥砌筑，二层塔檐下单壁中空，其余塔身为实心砌筑。

从高空正摄影像等资料推测，塔下散水为八边形三层的砂石铺设地坪。最外侧边长约为12.7m，由斗砖勾勒出边界。

塔座每边长约6.2m，高度约为7.69m，根据推测外观应为下部须弥座，上部仰莲座承托上部塔身的做法（现表面已剥蚀），塔座以下中空部分八边形，边长约1.5m，现以砖土填塞，塔身处中空部分现辟为塔心室（中宫），塔座南部中空外侧有竖向甬道与上部塔心室相通，边长约1.2m。

塔身高约2.58m（普拍枋下尺寸），八边形边长约5.1m。塔身内部中空。由下部塔座处八边形平面，转换为圆角四方形塔心室，边长约3.5m。塔心室上部叠涩砖圆形攒尖顶穹隆造型，最顶部高约6.3m。塔心室地面残破，门口处坍塌严重，上部大面积悬空（图1-1），东侧内壁有掏砖所留的孔洞（图1-2），约宽0.6m，高0.8m，深0.5m。

图1-1　武安州辽塔南侧悬空

图1-2　塔心室东壁及门口

---

① 宋沁：《赤峰市敖汉武安州塔原貌的数字化复原研究》，内蒙古工业大学硕士论文，2019年。

塔身南面正中开半圆形拱门，拱门与塔心室以廊道相连，当年应有木门，现已不存。

拱门内西侧设有上塔梯道，但仅完成部分，目前保留有10步踏步，总高约2m（上部封堵）。

除南面外，其余北、西、东三向正面都设有佛龛，佛龛构造独特，分为内外两部分，内部为方形上部叠涩圆形尖顶穹隆构造的密龛，外部为半圆拱形的佛龛，密龛与拱形佛龛间有砖砌体隔断（图1-3）。

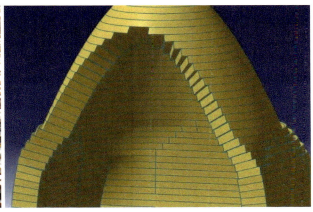

图1-3 武安州辽塔佛龛结构

其余西南、东南、西北、东北四面不开佛龛，中间设有假窗。假窗外观为横向矩形直棂窗形式，窗框窗棂为砖打磨尖角向外（图1-4、图1-5）。

图1-4 塔身假窗（东南面）　　　　　　　　图1-5 塔身假窗（西南面）

四面塔身墙体无其他装饰，素砖墙。八角形的各边应设有圆形倚柱，现已不存。

塔檐总计13层（最下面一层已脱落），从下向上成向内收分做法（收分较为生硬弧线不明晰）。

砌筑做法为，檐下部分砖叠涩出挑，下部第二、三层檐下设有砖雕仿木结构斗拱，形制清楚。全部为单抄四铺作。二层每面5攒，2攒转角斗拱，3攒补间斗拱；三层每面4攒，2攒转角斗拱，2攒补间斗拱。斗拱上承撩檐枋，然后出砖制檐椽与飞椽，椽头飞头均做收分，飞椽之上为最大出檐砖。

第四层及以上檐下无斗拱。屋面部分为砖雕仿筒砖板瓦做法，砖雕仿瓦屋面底层由砖割成斜坡，其上铺仿砖板瓦平砖一层，其上置上部略为半圆的砖雕仿砖筒瓦。

塔檐砖板瓦砖，五至六层4顺1丁，七至十一层3顺1丁，十二层2顺1丁。顺砖380mm×180mm×60mm，丁砖500mm×250mm×60mm。

斜坡砖，全部丁砖放置，五至六层用4层斜坡砖逐层叠压，七至十二层用3层斜坡砖逐层叠压，叠压长度120mm。

脊，密檐角部用条砖叠擦成角脊，脊高280~340mm。后部砖面仿凸出博脊。

翼角，实测表明，武安州辽塔各层塔檐角部均有明显的冲出和起翘。角部冲出主要是依靠塔檐靠近檐口处叠涩及砖板瓦砖从中间向两端逐瓦加大出挑尺寸形成，一般是在下表面与角梁下沿齐平（最外出檐砖及以下第五层）叠涩砖处开始增加出挑尺寸。起翘，主要利用砖的灰口厚度，也同样是在最外出檐砖及以下第五层叠涩砖处逐层加大灰口高度。起翘和冲出的尺寸受砌筑误差的影响，各层各面略有不同。最小冲出42mm，最大66mm；最小起翘为47mm，最大的起翘为90mm。一般与塔檐长度基本呈线性变化规律。

木质角梁，各层密檐角部均有木质角梁，一般为两块整木叠压而成老角梁、仔角梁做法。角梁端头勘察未见风铎，也未找到任何挂风铎的挂钩或套箍。根据残存的十二层南侧西端外露角梁看，仔、老角梁之间用2颗铁钉连接；根据六层北侧西端处距老角梁端头约100mm处残留比较完整的1枚铁钉看，铁钉径约8mm，长约300mm。该塔角梁选材比较随意，一般说来老角梁比仔角梁宽厚一些，但个别处也存在某些仔角梁用材偏大的情况。

除木质角梁外，各层塔身在檐下部位埋置有木构韧木拉接系统，均埋入塔身一定深度（多已糟朽，具体长度无法测量）。

塔顶，十三层屋面应为八角攒尖做法（现状残毁屋面基本无存），攒尖上部为塔刹，塔刹由埋入塔顶内部的木质刹柱支撑，刹顶形式已不可考。

砌筑方式，塔身大部分为青砖黄泥浆砌筑，砖块尺寸不等，大多为380mm×190mm×65mm，灰浆（黄泥浆）为当地土壤加水合成。塔体外侧约400mm厚塔身砌筑用砖较整齐，基本为顺砖砌筑，内部用砖则较随意（具体情况不详）。

屋面上部二层砖块之间用白灰浆黏结，塔身外观砖缝为白灰浆勾缝。

外观粉饰，塔身通体为白色粉饰。与同时期一般辽塔的做法相同。

附属文物，目前武安塔未发现相关的附属文物，亦无壁画、雕刻等遗迹遗存。

登塔功能，目前未发现登塔楼梯等遗存。

第三节　武安州辽塔文物价值

一、历史价值

武安州辽塔是武安州遗址目前唯一保存比较完整的地面建筑，对研究武安州遗址及辽早期的佛教文化和建筑均具有十分重要的意义。

二、科学价值

武安州辽塔结构构造比较特殊，塔身三正面采用穹顶式佛龛的建筑手法，与通常采用券龛或平砌叠涩穹顶的做法有所不同，为现存辽塔中唯一建筑实例，具有极高的研究价值。

塔历经千年，虽经自然与人为破坏，仍屹立不倒，足见其结构合理科学，建筑技术高超，充分体现出古代建筑科学发展的水平，为我们灾害防御和技术史的研究提供了宝贵的实物资料和记录。

三、艺术价值

辽代砖塔是在继承唐和五代风格的基础上按照自己民族的审美加以改造而发展起来的，它以稳重、浑厚、雄健的造型风格、复杂华丽的仿木结构砖雕斗拱和精准的雕刻装饰见长，构成了"辽式"砖塔时代上有别于唐塔，地域上不同于同时期的宋塔的自身特点和特有风格。

武安州辽塔原真性突出，弥足珍贵。据考证，敖汉武安州辽塔可能始建于辽中期偏早，对于研究辽代砖塔建筑形制的形成及演化，研究辽塔建筑手法、建筑特点等具有极高的学术价值。

四、社会价值

我国是统一的多民族国家，中华民族是多民族不断交流交往交融而形成的。中华文明植根于和而不同的多民族文化沃土，历史悠久，是世界上唯一没有中断、发展至今的文明。武安州辽塔是中国古代多民族文化融合下创造的宗教艺术结晶，是武安州遗址地面最主要的遗存，塔虽建造在辽国腹地，但却有契丹、汉等多民族文化的烙印，直观地体现辽代社会多元文化融合的特质，对于研究我国多民族文化的融合，对于落实文化自信，促进社会和谐发展具有不可或缺的价值。

塔作为一种特殊的媒介，可以激发公众对于当地历史发展的探索和对历史文化的尊重，在提升社会整体文化素养方面发挥重要作用。

第二章　武安州辽塔考古发掘报告

第一节　考古工作概况

武安州城址的考古工作开展较早。从1972年开始，邵国田先生多次踏查过武安州州城遗址。1988年对该城址进行了测绘。1993年借着在城址所在的白塔子村开展社教工作的闲暇，他在城址内外采集了数量可观的标本。1995年他又再度踏查了武安州州城遗址。

近年来塔身砖体开裂脱落，导致塔身有坍塌损毁的危险，国家文物局组织开展保护工作，并在对辽塔修缮前进行必要的考古发掘，厘清塔的形制结构和范围。2020年内蒙古自治区文物考古研究所（2021年由"所"更名为"院"）布设四条探沟。发现了塔台底部的砌砖，是在第三层硬土面之上砌筑，共三层，较为齐整，砖台顶着塔台呈丁字形砌筑，至第三层之上，开始与塔台通体砌筑。2021年对武安州辽塔塔基址进行了发掘，在塔的东南角布设了一条探沟，编号为TG1。发现该塔的基础建筑为长方形台基，其上为八角形台面，台面上建有台明，台明分为早中晚三期。

第二节　遗　　迹

2021年，通过对武安州辽塔塔基址（图2-1、图2-2）的发掘，对塔周围的遗迹有了初步了解。可以看出该塔的最基础建筑为长方形台基，其上为八角形台面，在八角形台面上建有台明，台明分为早、中、晚三期。下面对各遗迹进行逐一叙述。

一、长方形台基

方向基本为正南北，南北长，东西宽。东边和西边长41.3m，南边和北边长32.2m。台基高1.8m，皆为夯土，东、西、南三面均为砖墙包砌在夯土台基外侧，用平卧顺砖加白灰砌筑，所用砖为沟纹砖，规格39cm×20cm×6.5cm，每隔3～5m放横砖作钉，起到加固墙体的作用，墙体外立面刷白灰。南边墙体局部坍塌，最高处残存0.8m。东边墙体大部分倒塌，最高处残存0.52m。西边墙体大部分坍塌，并有部分残缺，最高处残存0.3m，该墙体西南角为较大的方石垒砌。北面包砌的砖墙在该面的东、西两段，东段长6.1m，最高处0.30m；西段长6m，最高处0.3m。两段包墙内为外凸回形台阶，从发掘遗迹现象看，可分为五层台阶，自上而下分别为：

北

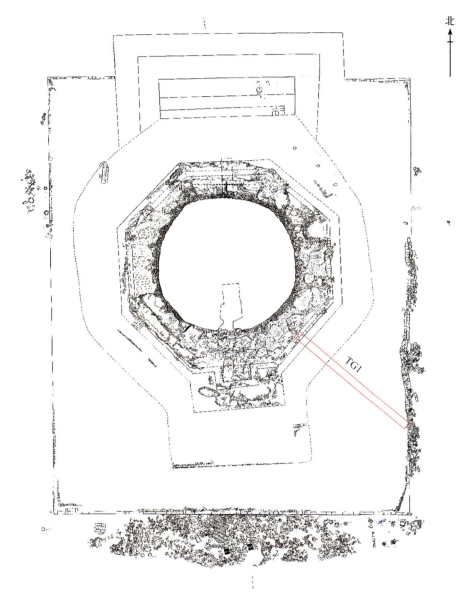

图2-1　2021年武安州辽塔塔基平面图

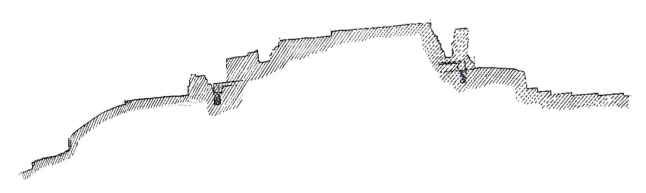

图2-2　武安州辽塔塔基剖面图（南向北）

第一层台阶长12.35m，宽0.9m，高0.25m。

第二层台阶长12.35m，宽1.05m，高0.2m。

第三层台阶长12.35m，宽1.7m，高0.2m。

第四层台阶长16.6m，宽2.1m，高0.15m。该层台阶为回字形，包在一、二、三层台阶外侧。

第五层台阶长21m，宽2.1m，高0.1m。该层台阶为回字形，根据土色可以看出整个包在第四层台阶外围。

在五层台阶中，较明显的是一、二、三层台阶，第一层台阶的台面上有平卧的大砖。第二和第三层台面有断续的平卧砖，可看出明显的台阶状。第四和第五层台阶不太明显，但从土质上可看出有明显的砌砖痕迹。

二、八角形台面

图2-3　八角形台面

在长方形台基的正中，为夯土，黑褐土质，掺加砂石颗粒及小碎砖块等。为不太规则的八边形，每边长2～2.15m，高0.2m。在南边向外突出一似"月台"的方形台面，向外突出长。东侧7.4m，西侧5.2m，台面宽12.7m。南边缘用立砖码边，所用立砖为多为残砖块，在西段立砖内侧平铺一垄3.5m长的卧砖（图2-3）。

在方台南边缘中段，有一砖铺的三角形台面，长1.25m，宽1.1m。所铺的砖有部分残砖块，还有建筑构件的砖。在东北边缘内侧，发现三个圆形柱洞，与台面的边缘基本平行，柱洞编号为Ⅰ、Ⅱ、Ⅲ。Ⅰ号柱洞距Ⅱ号柱洞2.5m，Ⅱ号柱洞距Ⅲ号柱洞2.05m。柱洞直径0.3～0.35m，深0.4～0.45m，均略向内倾斜，应为修建三期台明的脚手架柱洞。在Ⅲ号柱洞和三期台明之间，有一垄砖铺面，东南—西北向，长2m，东南端向东拐铺0.7m。应为建塔时所留下的砖面。在八角台面的西北边缘中段内侧，保留一段砖铺面，南北方向，长2.05m，宽0.55m，所铺砖为一横一顺两行，该砖面应为修建塔或台明时所残存铺面。

三、台明

分为早、中、晚三期，即一、二、三期（图2-4、图2-5）。

第一期，在八角形台面正中，平面呈八角形，包压在二、三期之下，所暴露的面积不多。东南和西南边长7.8m，南、北、东、西边长7.3m，东北边长7.1m，西北边长7.2m，台明残存最高处0.41m，最低处0.06m。在南边中部向外凸出一长方形台，外凸长1.25m，台宽2.6m。台明每边用平卧砖砌筑，白灰坐浆，磨砖对缝，所用材料统一，砖长0.38m，宽0.285m，厚0.055m。在西北和东北两边的平卧砖上面发现有墨书字迹，"子、子十一、子十二、子十三、子十九、久十一、

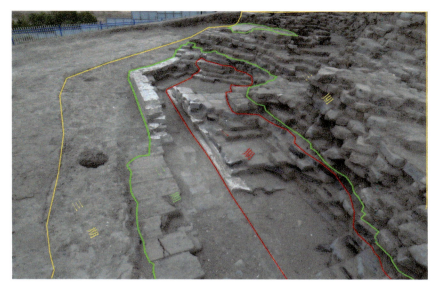

图2-4 台明一期与二、三期关系示意图

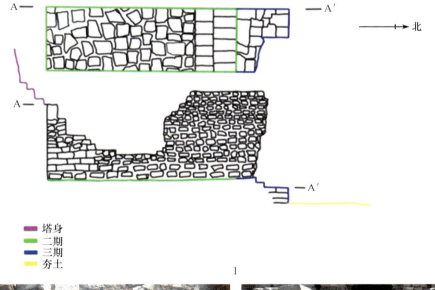

北

- 塔身
- 二期
- 三期
- 夯土

1

2

3

图2-5 台明探沟
1.台明探沟平剖图 2.俯视 3.北向南

见十七"等。每边的侧立面由下向上斜出，略呈弧形，表面均雕刻出卷云图案，通体涂抹白灰。最底一层卧砖向外出 0.25m，其上一层卧砖与卷云图案的弧壁相连（图 2-6）。

图 2-6　一期台明侧立面

第二期，包砌叠压在第一期之上，在第一期的外边向外扩了 0.5m。平面呈八角形，南边长 8.3m，北、东南边长 7.8m，西、西南、东北边长 7.75m，东、西北边长 7.7m。残存最高处 0.46m，最低处 0.08m，南边两角部向内 0.25m 处外折出 0.3m，中部向外凸出一长方形台，外凸长 1.8m，台宽 3.9m，高 0.4m。台明立面用整齐的平卧青砖砌筑，白灰作浆，磨砖对缝，垒砌齐整，整砖与一期基本相同。侧立面垂直，无装饰图案，外表涂抹白灰。台内侧砌筑的青砖多为残断，在侧立面外的地表，与立面垂直铺有一层砖，为散水。在立面下夯土内有青砖垒砌的地基，宽 0.52m，深 0.62m，为平卧八层砖，地基为将夯土挖开垒砌。

第三期，包砌叠压在第一期和第二期之上，在第二期的外边向外扩了 0.8m。平面呈八角形，东、北、西北边长 8.35m，西、东北边长 8.4m，东南边长 8.6m，西南边长 8.85m，南边向外凸出长方形台，外凸长 2.6m，台宽 8.4m，三期台明保存最高处 2.05m。外立面多已损毁，只在北边和西南边残存两段，外立面较垂直，用澄泥坐浆，平卧砖砌筑，无装饰，损毁的立面保留砌砖痕迹（图 2-7）。该期建筑十分潦草，垒砌粗糙，所用材料规格、颜色均不统一，为旧材料，多为残砖，垒砌得很不规整，有的是建筑构件的残件，砖雕件，还发现带有刻字的砖。

图 2-7　三期台明外侧台帮

在三期的台明内，每角及每边中部均有与塔相连的纵向木质拉筋，每根拉筋外侧均有横向木质拉筋相连，保存较好的在台明北侧，其他部位残存拉筋的孔洞和腐蚀的木屑。深距三期台明面 0.3～0.4m。另外，在塔身与台明内，有一圈石质拉筋，深距三期台明面 0.5m。方形条状，一圈共 17 根，在同一平面，每根之间相隔 1.1～3.5m，石条均已残缺，仅西南侧保存一根完整的石条，外暴露长度 0.75m，边长 0.13m。在台明的西南边外侧，有一砖块垒砌的墙体，与台明西南边平行，距台明外边 1.1m，墙体长 5m，宽 0.15～0.2m。用半砖块垒砌，黄泥坐浆，立面不太齐整，略显粗糙。

四、建筑

在塔台南墙外发现建筑倒塌后的堆积（图2-8，1），多为瓦砾，呈东西向，长30.8m，南北宽4.9m。中部有一处倒塌的土坯墙，其余大部分为房顶塌落的筒瓦、板瓦（图2-8，2），还有少量的兽面瓦当和滴水。在中部位置保留两个门枕石，间距2m。门枕石长0.55m，宽0.45m，根据遗迹现象和建筑位置判断，该建筑应为牌楼式山门建筑。为了更好地保护建筑址的原有状态，对该建筑址未做全面性的发掘。

1　　　　　　　　　　　　　　　　2

图2-8　塔台外的建筑堆积

1.建筑堆积（俯视拍摄）　2.砖墙

五、墓葬

在长方形台基外围有墓葬26座，南侧20座，东侧2座，西侧4座，西侧4座均靠近长方形台面包墙外侧。均为使用陶罐葬具的骨灰葬，骨灰罐多在建筑倒塌的堆积上，无圹坑（图2-9，1），有的在骨灰罐周边用碎砖块稍加垒砌（图2-9，2），罐口覆盖砖块，保存完整的骨灰罐3个，其余

1　　　　　　　　　　　　　　　　2

图2-9　M2与M15、M16

1.M2　2.M15、M16

均已残碎。从出土层位关系上看，墓葬晚于建筑物，随葬品很少，M5出土绍圣通宝残钱，M2出土一枚开元通宝和骨柄刷等，其他出土的铜钱主要为宋钱。骨灰葬所使用的陶罐有金代特征，结合铜钱的年代，推断骨灰罐墓葬应为金代时期的僧人墓。

第三节　遗　　物

出土遗物按质地可分为陶瓷、石、铁、铜等器类，共计543件（组）。陶瓷器为罐、盆、碗等容器，主要出土大量陶制建筑构件，如沟纹砖、鸱尾、脊兽、贴面砖等。还出土少量铁钉及铜钱。

1. T0203

T0203①：4，残长9.4、高7.6、厚4cm。建筑构件，兽牙，灰色泥质陶，残存一颗兽牙和断牙床（图2-10）。

T0203①：6，高13.4、宽12.4、厚6.7～8.3cm。砖雕件，黄褐色泥质陶。浮雕佛像，仅存头部，面部残破不清，左侧存佛身，头顶似有冠饰，左角不存（图2-11）。

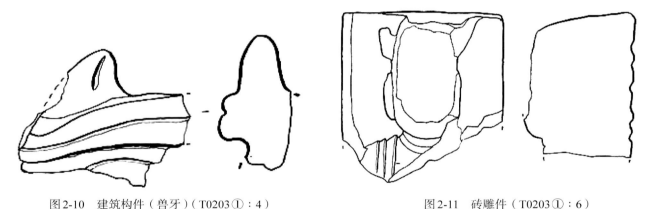

图2-10　建筑构件（兽牙）（T0203①：4）　　　　图2-11　砖雕件（T0203①：6）

2. T0204

T0204①：1，长10.2、高5.6、厚1.6～4cm。建筑构件，上平，弧面，面上戳斜三角坑点纹（图2-12）。

T0204①：3，长15.3、宽0.4～1、厚0.3cm。铁链，板状，S形，左侧有柄，柄长4cm（图2-13）。

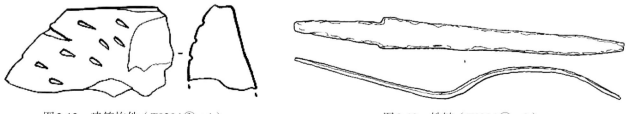

图2-12　建筑构件（T0204①：1）　　　　图2-13　铁链（T0204①：3）

T0204①：5，建筑构件，兽眼部位残缺，只存部分眼球，眼眉凸起，左上部应为翘起的残兽耳（图2-14）。

T0204①：7，残宽11.3、长9.8、面宽4.3、厚2.4～3.6cm。残滴水，面刻两道下弧深沟，口间凸起部位压印指甲纹。其下压印斜向沟槽，槽内划斜向平行纹（图2-15）。

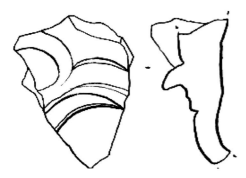

图2-14 建筑构件（T0204①：5）

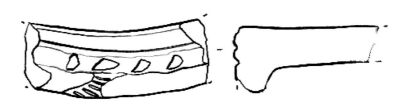

图2-15 残滴水（T0204①：7）

T0204①：10，长6.4、宽10.4、高4.5cm。滴水残块，灰色泥质陶。底缘压印水波纹，其上为一道节状纹带，在上为一道条状纹带。瓦面抹有白灰（图2-16）。

T0204①：14，长8.6、宽10.8、高4.2cm。滴水，灰色泥质陶。两端残缺，底缘压印小波纹，表面为一道节状纹带，上部为一道条状纹带。瓦片内为布纹，背为素面（图2-17）。

图2-16 滴水残块（T0204①：10）

图2-17 滴水（T0204①：14）

T0204①：15，残长13.8、宽9、厚3～5cm。兽首残块，灰色泥质陶。残存一耳，右侧有弯曲凸起的眼睑，耳根右侧有三道凹线纹（图2-18）。

T0204①：16，长22、宽14、厚3.4～6.5cm。贴面兽残块，灰色泥质陶，残存较宽的弧形凸脊，脊上压划三道凹槽纹饰，凸脊一侧下面上残存三道斜划纹和一道横向划纹（图2-19）。

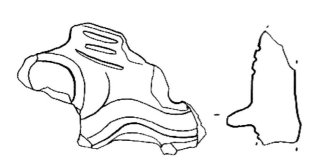

图2-18 兽首残块（T0204①：15）

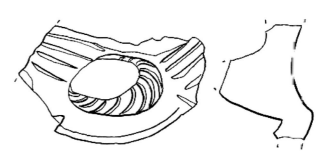

图2-19 贴面兽残块（T0204①：16）

T0204①：17，高11.6、宽9.4、厚2.8cm。建筑构件，灰色泥质陶，兽翅残块，残存翅膀上部，正面右下部饰略弧划线纹，左侧饰斜向划线纹（图2-20）。

T0204①：21，长26、宽22、厚3.8～4cm。石磨盘残块，磨面刻有斜向平行沟槽纹和平向平行沟槽纹。近中心部位下凹，底部平（图2-21）。

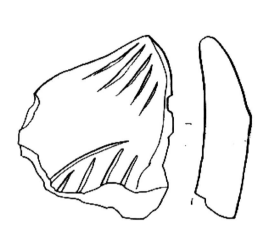

图2-20　建筑构件（T0204①：17）

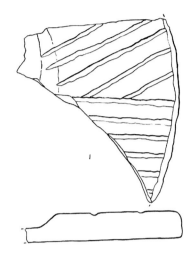

图2-21　石磨盘残块（T0204①：21）

T0204①：22-1，长12.6、高10.3、厚2.6cm。建筑构件残块，灰色泥质陶。瓦片状，整体略弯弧，表面压划同心圆上弧线纹，右下角存有同样弧形纹（图2-22）。

T0204①：22-2，长6、高5cm。兽獠牙，灰色泥质陶。残存两颗兽下颌獠牙和部分下唇，每颗獠牙外侧有一道竖线纹，表示牙的质感（图2-23）。

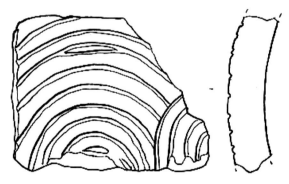

图2-22　建筑构件残块（T0204①：22-1）

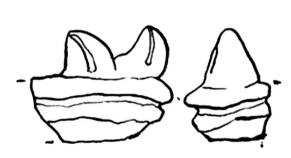

图2-23　兽獠牙（T0204①：22-2）

T0204①：24，长22、宽16、厚8cm。建筑构件残块，灰色泥质陶。存有龙躯体一段，略弯弧，下部分有两道凹槽划线纹，略上弧，其上刻划鱼鳞纹（图2-24）。

T0204①：25，直径15.5、厚2.6cm。兽面瓦当，灰色泥质陶。上部残缺，宽缘，有一圈凸起的联珠纹，内为凸起的狮面纹，圆眼，眉毛上扬，三角鼻，阔口，上侧两颗獠牙外突，嘴外围有须毛（图2-25）。

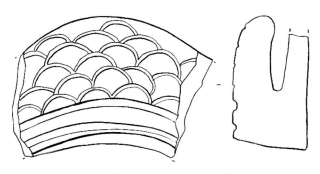

图2-24　建筑构件残块（T0204①：24）

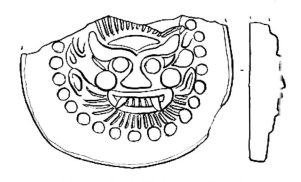

图2-25　兽面瓦当（T0204①：25）

T0204①：26，高8.7cm。陶塑残件。残件为人手的大拇指，较为形象（图2-26）。

T0204①：27，长24.3、宽17、厚7.8cm。砖雕莲座，灰色泥质陶。仅存小部分，雕刻有两个椭圆形花瓣，上部刻出一道直线凹槽纹（图2-27）。

图2-26　陶塑残件（T0204①：26）

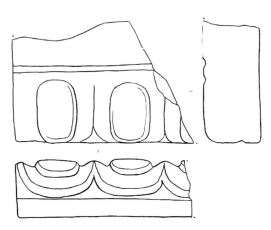

图2-27　砖雕莲座（T0204①：27）

T0204①：31，直径11.2、厚6.5cm。砖雕饰件。雕磨呈圆形（图2-28）。

T0204①：33，直径11、厚6cm。砖饰件。用青砖磨成圆墩状，外表涂白（图2-29）。

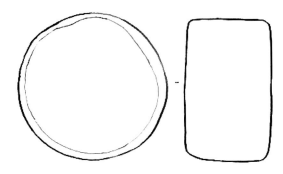

图2-28　砖雕饰件（T0204①：31）

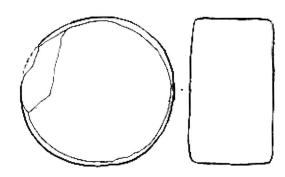

图2-29　砖饰件（T0204①：33）

3. T0205

T0205①：5，高14.5、宽10、厚3cm。砖雕件，灰色泥质陶。砖体磨制，外壁磨成圆弧状，下宽上窄，应为莲花瓣。内壁雕成凹形，内外均抹白灰（图2-30）。

T0205②：4，长14.6、高12、厚2～3.6cm。建筑构件，兽眼部残块，深灰色泥质陶。存一眼球，较大，上眼睑弯曲凸起，眼睑上存一残耳（图2-31）。

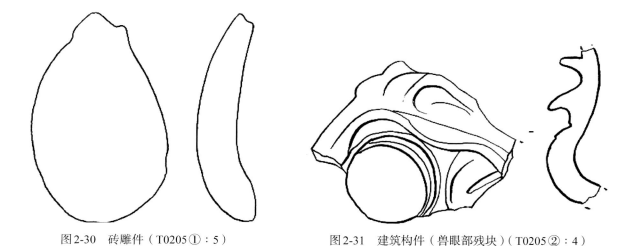

图2-30　砖雕件（T0205①：5）　　　　　图2-31　建筑构件（兽眼部残块）（T0205②：4）

4. T0301

T0301①：1-1，高14、宽14.8、厚6cm。建筑构件，花叶残块（图2-32）。

T0301①：1-2，残直径5.8～7.6、厚2.2～2.8cm。兽面瓦当。瓦当周边均破损，只存两眼和凸起的双眉（图2-33）。

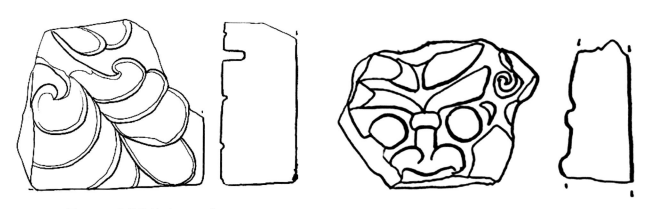

图2-32　建筑构件（T0301①：1-1）　　　　图2-33　兽面瓦当（T0301①：1-2）

T0301①：4，高11、宽10.2、厚5.8cm。建筑构件。花叶残块，叶子主脉凸起，次脉叠出，叶齿为圆弧状（图2-34）。

T0301①：7，高13、宽20.2、厚5.2cm。建筑构件，凸起的横道似兽腿，上刻有倒"↑"符号，构件上端雕有鳞状纹饰两片（图2-35）。

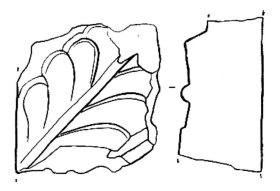

图2-34　建筑构件（T0301①：4）

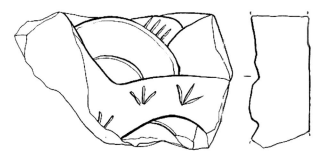

图2-35　建筑构件（T0301①：7）

　　T0301①：8，高13.6、宽12、厚5cm。建筑构件。雕件是两端均残的花叶。圆形叶齿状，叶脉用阴线表现（图2-36）。

　　T0301①：9，高12.2、宽12、厚6.2cm。砖雕件。雕件是一溅起的水花，阴线表现水纹，圆点代表水珠（图2-37）。

图2-36　建筑构件（T0301①：8）

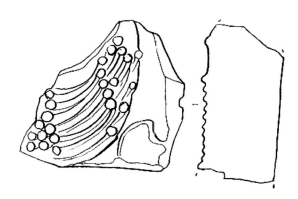

图2-37　砖雕件（T0301①：9）

　　T0301①：11-1，建筑构件。浮雕残块，雕有三道凸圆棱（图2-38）。

　　T0301①：11-2，长16.6、宽12.4、厚4～6.3cm。建筑构件。似花蔓，只存两条，每条蔓中刻一沟槽（图2-39）。

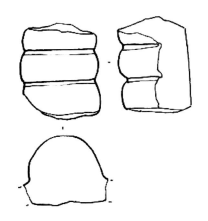

图2-38　建筑构件（T0301①：11-1）

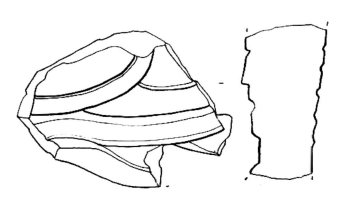

图2-39　建筑构件（T0301①：11-2）

T0301①：12，高14、宽11.6、厚3.5~5.4cm。建筑构件。人物残雕件，只存部分右上半身，肩手均残，只剩着紧袖的小臂（图2-40）。

T0301②：25，高8.6、宽12、厚5~5.8cm。泥质灰砖。雕有花叶，均破损，表面涂白（图2-41）。

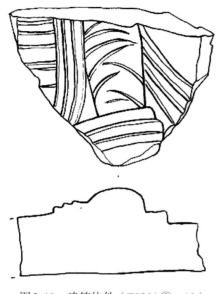

图2-40　建筑构件（T0301①：12）

图2-41　泥质灰砖（T0301②：25）

T0301②：10，高9、宽15、厚8.8cm。建筑构件。人物胸部残块，无头，只存上胸部，穿圆领内衣，着免襟外罩，右肩搭一飘带（图2-42）。

T0301②：11，高7.5、宽19.5、厚2.2~3.4cm。鸱尾残块，泥质灰陶。存四道突起的弧线竖棱，竖棱下是一道横向指压纹横道，其下存有几道斜向划纹（图2-43）。

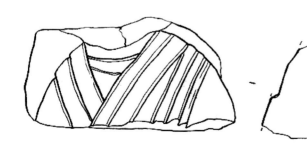

图2-42　建筑构件（T0301②：10）

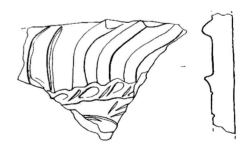

图2-43　鸱尾残块（T0301②：11）

T0301②：12，高13、宽15、厚7.5cm。建筑构件。存一竖向凸起的椭圆形。左侧存有上下相对的三角，该构件似八角处的残块（图2-44）。

T0301②：13，高10.6、断面直径4cm。建筑构件，兽角下端残断，只存两叉，主叉尖，次叉短。只有1.2cm（图2-45）。

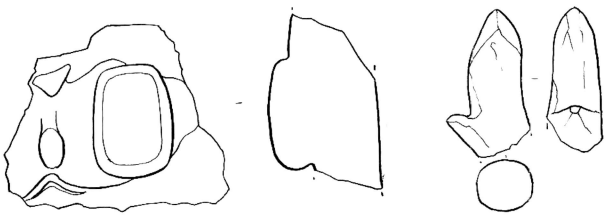

图2-44　建筑构件（T0301②：12）　　　　　图2-45　建筑构件（T0301②：13）

T0301②：17，残高8、宽16.8、长19cm。兽面瓦当，泥质灰陶。下半部残缺。宽缘，一周凸起的联珠纹，兽面，圆眼，阔鼻，两侧有鬃毛，顶部生角（图2-46）。

T0301②：23，高14.8、宽18、厚3.3～6cm。贴面兽残块，灰色泥质陶。现呈三角形，底边起一道方形凸棱，右侧上弧，横道上平面饰压划鳞纹（图2-47）。

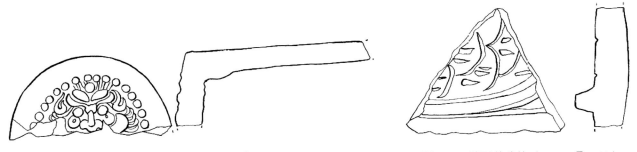

图2-46　兽面瓦当（T0301②：17）　　　　　图2-47　贴面兽残块（T0301②：23）

T0301②：35-1，长14.8、高8.2、厚2.5cm。建筑构件（龙角残段），灰色泥质陶。弯弧形似鹿角状，表面压划出三道弧线纹，右侧存一角，角上压六道交叉竖向线纹（图2-48）。

T0301②：35-2，残高16.5、宽8.8、厚1.8～3cm。建筑构件（龙角残段），灰色泥质陶。亏龙角部下半段，角体上刻带有质感的纹理（图2-49）。

图2-48　建筑构件（龙角残段）（T0301②：35-1）　　　　图2-49　建筑构件（龙角残段）（T0301②：35-2）

T0301②：93，残长13、宽4、厚2.4cm。滴水残块，灰色泥质陶。瓦面压布纹。底边为波状，花边，其上戳压节状纹带（图2-50）。

T0301②：94，残高12、断面直径7.6cm。建筑构件。柱子头似椭圆形，下部残缺（图2-51）。

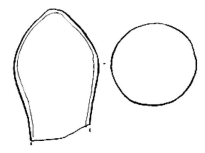

图2-50　滴水残块（T0301②：93）　　　　　图2-51　建筑构件（T0301②：94）

5. T0302

T0302①：3，高7.2、宽9、厚3cm。建筑构件（兽上颌堂残块），灰色泥质陶。残存部分上颌堂，颌堂上卷，表面有上弧凸棱纹，以表质感（图2-52）。

T0302①：7，长18.6、高9.8、厚2.2～4cm。鸱吻残块。上存三道鬃毛状凸棱（图2-53）。

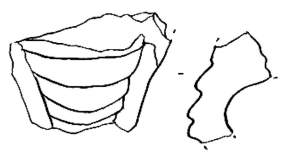
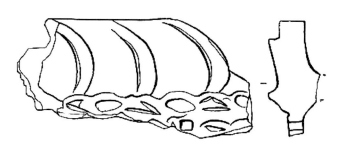

图2-52　建筑构件（兽上颌堂残块）（T0302①：3）　　　图2-53　鸱吻残块（T0302①：7）

T0302①：8，长13.4、高6.3、厚6.3～6.8cm。莲花纹瓦当，瓦当面上雕有莲花图案（图2-54）。

T0302①：9，高11、宽16.8、厚4.3～6cm。建筑构件。雕件中间刻有一鼓起的大圆，大圆中又刻小圈，似大眼球（图2-55）。

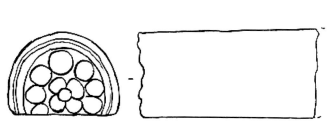
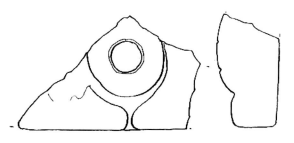

图2-54　莲花纹瓦当（T0302①：8）　　　　　图2-55　建筑构件（T0302①：9）

T0302①：10，口径10.2、高4.2、底4.2cm。陶盏。圆唇，敞口，斜弧壁，平底，口下有数到制作时留下的弦纹（图2-56）。

　　T0302①：11，高19.2、宽22.2、厚6～6.4cm。建筑构件残块，灰色泥质陶。雕件上存几片生动的花叶和花蕾，表面涂有白灰（图2-57）。

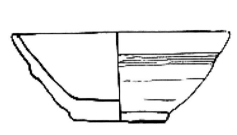

图2-56　陶盏（T0302①：10）

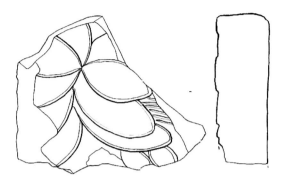

图2-57　建筑构件残块（T0302①：11）

　　T0302①：12，高14、宽13、厚8.5cm。建筑构件。人物雕件残块，应为左腿部位，存下垂的裙子和中间的腰带（图2-58）。

　　T0302①：13，长8.3cm。骨锥，兽骨磨制。属于夏家店下层文化遗存（图2-59）。

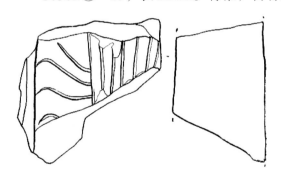

图2-58　人物雕件残块（T0302①：12）

图2-59　骨锥（T0302①：13）

　　T0302①：14，长8cm。铁钩，呈Z形，在偏下部又出一横环，应是木器上的部件（图2-60）。

　　T0302①：17-1，高23.2、宽16.4、厚5.6cm。建筑构件。底侧是雕刻的兽牙，前排三颗　两侧各一颗，牙齿呈倒三角状（图2-61）。

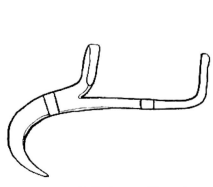

图2-60　铁钩（T0302①：14）

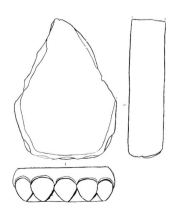

图2-61　建筑构件（T0302①：17-1）

T0302①：17-2，高24、宽19.5、厚6.4cm。建筑构件。大体呈弧底三角形，弧底面刻有七道斜向沟棱纹（图2-62）。

6. T0303

T0303①：1，残长10.1cm。铁钉，钉链截面长方形，钉帽椭圆形，钉下端残缺（图2-63）。

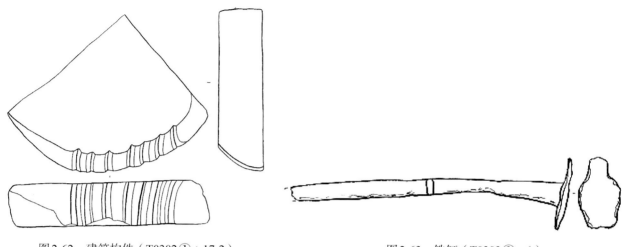

图2-62　建筑构件（T0302①：17-2）　　　　图2-63　铁钉（T0303①：1）

T0303①：4，宽7.2、厚0.6cm。罐底部残片。底部饰竖向横排篦点纹（图2-64）。

T0303①：7，长12、宽8.7、厚2~3cm。建筑构件，兽头残块。构件只存兽凸起的眉和脑门上的鬃毛，左上三角洞应为兽耳（图2-65）。

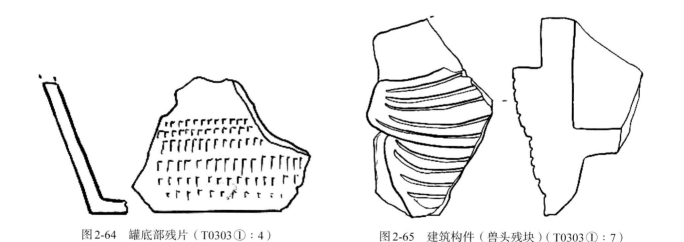

图2-64　罐底部残片（T0303①：4）　　　　图2-65　建筑构件（兽头残块）（T0303①：7）

T0303①：8，长15、宽11、厚6.5cm。建筑构件残块。残块雕有植物叶，叶脉凸起生动形象（图2-66）。

T0303①：10，残长11.9、残宽7.5、厚1.7~2.2cm。瓦当残块。兽面瓦当，横印成形，兽面只存口部及胡须，还有部分联珠纹（图2-67）。

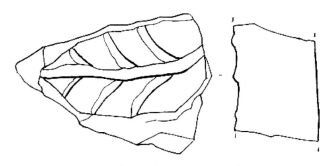

图2-66　建筑构件残块（T0303①：8）

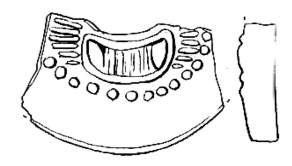

图2-67　瓦当残块（T0303①：10）

T0303①：11，高16、宽10、厚2.8～4.8cm。建筑构件（兽翅或兽须残块）。只存尾部，所雕尾部刻数道下弧深沟，表示羽或须的纹理（图2-68）。

T0303①：12，高4.6、宽8.3、厚2～4.3cm。建筑构件。下边完整。雕面下部有两道凸起的横纹，其上竖压一排长点纹（图2-69）。

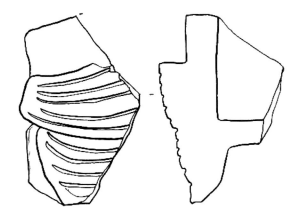

图2-68　建筑构件（兽翅或兽须残块）（T0303①：11）

图2-69　建筑构件（T0303①：12）

T0303①：14-1，长10、高4.3、厚1.8～3.2cm。瓮口沿残段，夹砂褐陶。方唇，沿内收，内壁呈黑色（图2-70）。

T0303①：14-2，直径10～10.8、厚2.5cm。圆瓷片。内外均施清深色釉，外壁平，内侧有制器时的制造痕迹（图2-71）。

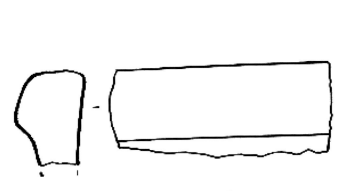

图2-70　瓮口沿残段（T0303①：14-1）

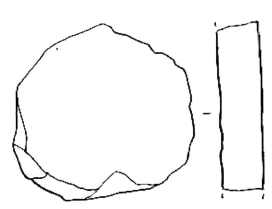

图2-71　圆瓷片（T0303①：14-2）

T0303①：19，建筑构件，兽下颌残块，泥质灰黑陶。存两颗侧面尖状牙和两颗门牙，其中一颗门牙半部残缺（图2-72）。

T0303①：20，长10、宽10.7、厚7.8cm。建筑构件。在砖的侧面雕刻有花纹，为上扬的内卷水花（图2-73）。

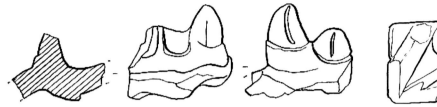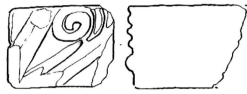

图2-72　建筑构件（兽下颌残块）（T0303①：19）　　　图2-73　建筑构件（T0303①：20）

T0303①：21，长9cm。建筑构件。兽角，角尖外撇，角下有根，根部有数道竖压纹（图2-74）。

T0303①：22，砖雕构件残块，黄褐色泥质陶。下边缘浮雕宽凸，其上为反向卷鱼尾式花蔓（图2-75）。

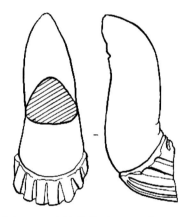

图2-74　建筑构件（T0303①：21）　　　图2-75　砖雕构件残块（T0303①：22）

T0303①：23，口径12.8、高5.8、底径6.4cm。清代青花瓷碗。敞口，斜弧壁，圆足底，豆青釉，腹部绘有圆瓣青花（图2-76）。

T0303①：24，高9.2、宽14.2、厚2.4～3.7cm。建筑构件，雕面略内凹，划有横向下弧的平行细沟纹（图2-77）。

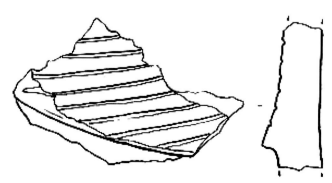

图2-76　清代青花瓷碗（T0303①：23）　　　图2-77　建筑构件（T0303①：24）

T0303①：26，长12.5、宽7.2、厚5.8cm。建筑构件。兽脚残块，脚趾关节利用深沟纹表示，生动逼真（图2-78）。

7. T0304

T0304①：2，高4.8、宽2.3cm。建筑构件。柱状，截面三角形，在斜面上刻有两个横沟，下部凸起的两个似眼的小包（图2-79）。

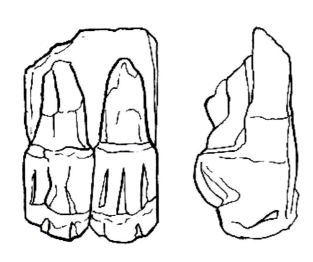

图2-78 建筑构件（T0303①：26）

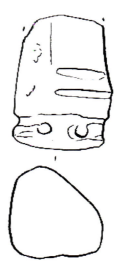

图2-79 建筑构件（T0304①：2）

T0304①：3，长16.4cm。铁钉。截面呈梯形，上粗下细，完整（图2-80）。

T0304①：7，高15.3、宽14.2、厚6.2cm。植物叶子雕件。叶脉为阴刻，叶尖上卷，左下角纹理似藤（图2-81）。

图2-80 铁钉（T0304①：3）

图2-81 植物叶子雕件（T0304①：7）

T0304①：14，建筑构件，叶子残块，只存叶子下半部，叶脉阴刻，圆形叶齿（图2-82）。

T0304①：15-1，高4.25、底径3.2cm。泥塔（塔擦），黄褐泥质。纹饰已磨光。底部略呈较厚的圆饼状（图2-83）。

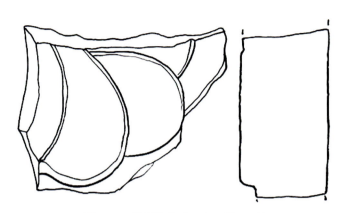

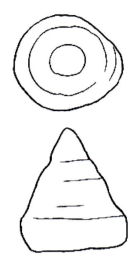

图2-82　建筑构件（T0304①：14）　　　　　图2-83　泥塔（塔擦）（T0304①：15-1）

T0304①：15-2，高3.5、底径3.5cm。泥塔（塔擦），灰褐泥质陶。模印。锥体部压印出八道凸起的竖向小联珠纹。锥体下部为一圈凸起的联珠纹。底部略呈较厚的圆饼状（图2-84）。

T0304①：15-3，高4.1、底径3cm。泥塔（塔擦），灰褐泥质陶。模压，塔形。锥体部压印出八道凸起的竖向小联珠纹。锥体下部为一圈凸起的联珠纹（图2-85）。

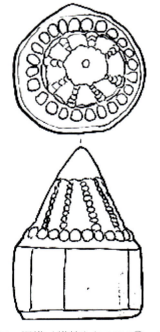

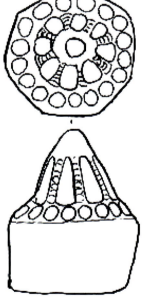

图2-84　泥塔（塔擦）（T0304①：15-2）　　　　图2-85　泥塔（塔擦）（T0304①：15-3）

T0304①：17，长7、宽0.9、厚0.4cm。朱书木条（残），扁条状，上下均残，一面有红色字，字迹不详（图2-86）。

T0304①：18，高11.4、宽12.5、厚3.6～6cm。建筑构件。植物叶残块，叶子上扬，叶面略弧，叶脉阴刻，圆形叶齿（图2-87）。

图2-86　朱书木条（残）（T0304①：17）

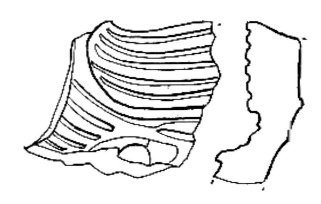

图2-87　建筑构件（T0304①：18）

　　T0304①：19，高8.2、宽11.8、厚3.4cm。建筑构件残块。近梯形，左边为完整，高出部位刻划弧状斜线，其下有横向弧状凸棱（图2-88）。

　　T0304①：20，高10、宽11、厚2～3.3cm。建筑构件。翅形残块，翅尾上扬，用深沟雕出羽纹，其下残，纹饰不详（图2-89）。

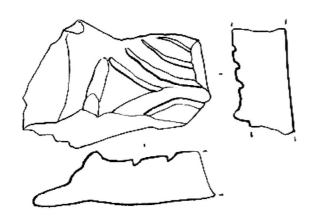

图2-88　建筑构件残块（T0304①：19）

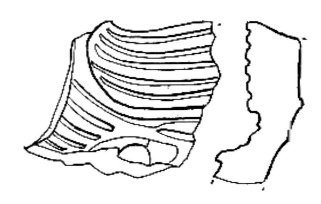

图2-89　建筑构件（T0304①：20）

　　T0304①：21，高11、宽7.8、厚5.6cm。建筑构件。兽牙残块，只存两颗牙，牙齿尖状，牙根弧柱形。各刻三道竖向深沟，突显牙的力量（图2-90）。

　　T0304①：22，高10、宽10.8、厚3.7～4.5cm。建筑构件。水波残块，水花上扬内卷，主动形象（图2-91）。

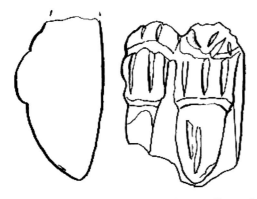

图2-90　建筑构件（兽牙残块）（T0304①：21）

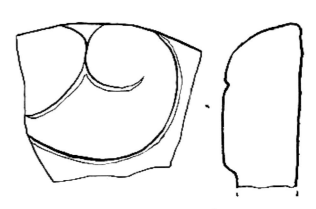

图2-91　建筑构件（T0304①：22）

T0304①：24，高6.8、宽7.8、厚3.2~4.5cm。建筑构件。兽翅残块，只存翅尾部，刻有下弧深沟，表示羽毛纹理（图2-92）。

8. T0305

T0305①：1-1，高5.6cm。建筑构件（兽牙），灰黑色泥质陶。存有一颗尖状獠牙和一颗略残的门牙，獠牙外侧有一道竖向沟纹，表示牙的质感（图2-93）。

T0305①：1-2，长9.6cm。建筑构件残块，灰黑色泥质陶。残存兽的翅尖部分，表面有三道弧线沟纹（图2-94）。

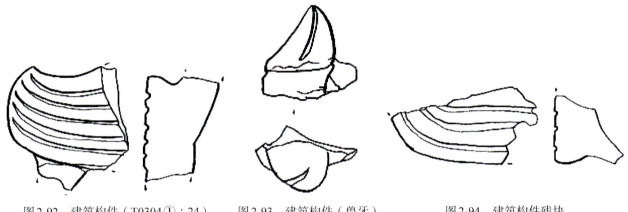

图2-92 建筑构件（T0304①：24）　　图2-93 建筑构件（兽牙）　　图2-94 建筑构件残块
（T0305①：1-1）　　　　　　　　（T0305①：1-2）

T0305①：1-3，高14、宽11、厚1.4~3cm。建筑构件（兽眼部残块），灰色泥质陶。残存半个圆形眼球，高眼睑，其上为斜向鬃毛（图2-95）。

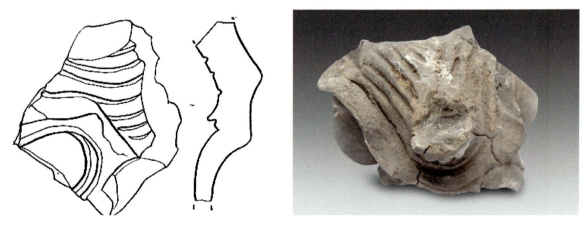

图2-95 建筑构件（兽眼部残块）（T0305①：1-3）

T0305①：1-4，高5、宽4cm。建筑构件（兽牙）。只存一颗尖牙和一个残门牙（图2-96）。

T0305①：1-5，高9.3、宽14、厚2~5cm。建筑构件。残兽头，双目圆睁，眉毛凸起，两眉间出一独角，脑门有鬃毛（图2-97）。

图2-96　建筑构件（兽牙）（T0305①：1-4）　　　图2-97　建筑构件（残兽头）（T0305①：1-5）

　　T0305①：2，高14.4、宽12、厚2.4～5.8cm。建筑构件。兽下颌残块，只存三颗门牙，口控内的肉质纹理用阴线和长窝点表现（图2-98）。

　　T0305①：4，高21.8、宽19、厚3～5.4cm。建筑构件。翅形残块，翅尖残缺，左翅中偏右和翅下各有一方形铆钉孔，孔的口部边长1～1.2cm（图2-99）。

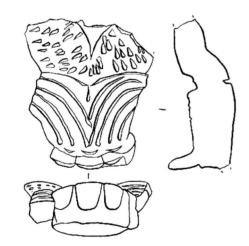

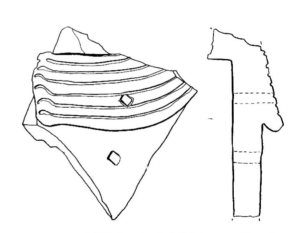

图2-98　建筑构件（兽下颌残块）（T0305①：2）　　　图2-99　建筑构件（翅形残块）（T0305①：4）

　　T0305①：5，直径23.8、高8、底径7.4cm。辽白釉瓷碗。舌唇，敞口，斜弧腹，施乳白釉，内施满釉，外侧上部施半釉，圆足底（图2-100）。

　　T0305①：6，残高14.8、宽13、厚2.6～4cm。贴面兽头部残块，灰色泥质陶。残存一耳　耳下有人字形凸起的眼睑，左侧为压划弧状鬃毛（图2-101）。

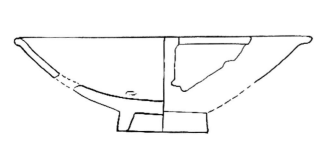

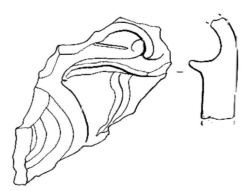

图2-100　辽白釉瓷碗（T0305①：5）　　　图2-101　贴面兽头部残块（T0305①：5）

T0305①：7，高10.8、宽16、厚7.3cm。建筑构件。右侧耳形高出，耳角上扬，其中阴线纹理上卷，左存有五道上挑鬃毛状的阴线（图2-102）。

T0305①：10，高14.2、宽11、厚2.7cm。建筑构件残块，灰色泥质陶。似砖体磨制，外磨成弧形，上大下小，内壁为凹形，内外均抹白灰（图2-103）。

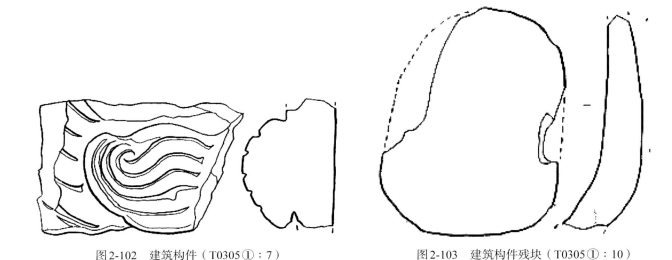

图2-102　建筑构件（T0305①：7）　　　　　图2-103　建筑构件残块（T0305①：10）

9. T0401

T0401①：5，长14.2、厚8cm。建筑构件残块，灰色泥质陶。雕刻叶脉形纹饰，表面涂白灰（图2-104）。

T0401①：11-1，长11.2、宽7.2、厚7cm。建筑构件。雕有一椭圆形物件（图2-105）。

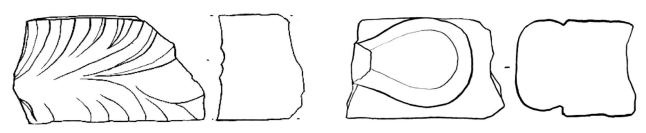

图2-104　建筑构件残块（T0401①：5）　　　　图2-105　建筑构件（T0401①：11-1）

T0401①：11-2，直径10～12、厚1.6～2.6cm。兽面瓦当。边部残缺，双目圆睁，眉毛上扬凸起，高颧骨，阔口露牙，两颗獠牙外突，胡须上炸，边上饰联珠纹，大部分残缺（图2-106）。

T0401①：12-1，高13.8、长19.4、厚2.2～3.2cm。建筑构件，兽须残块。似翅，兽须用突出的棱线表现（图2-107）。

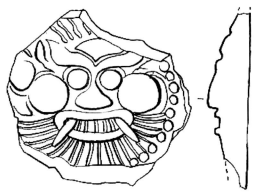

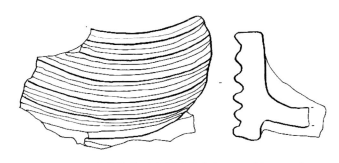

图 2-106 兽面瓦当（T0401①：11-2） 　　图 2-107 建筑构件（兽须残块）（T0401①：12-1）

　　T0401①：12-2，高 17、宽 18、厚 2.2～3.2cm。建筑构件。构件中有一突出的横棱，横棱下存乳钉纹五件，横棱上雕刻一周鬃毛状的纹饰（图 2-108）。

　　T0401①：12-3，高 13、宽 19.4、厚 2～5.4cm。建筑构件。兽眼残块，大眼突出，宽眉，左上有一兽角残断（图 2-109）。

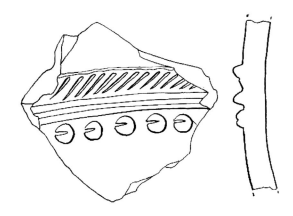

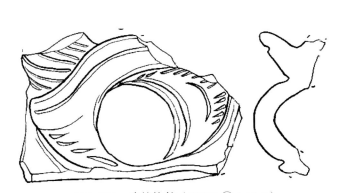

图 2-108 建筑构件（T0401①：12-2） 　　　图 2-109 建筑构件（T0401①：12-3）

　　T0401①：14，长 13、宽 8.4、厚 1.4～3cm。建筑构件。存两道弧状鬃毛，下方雕有横向的脊骨（图 2-110）。

　　T0401①：15，高 14、宽 11.2、厚 5.3cm。砖雕残块，灰色泥质陶。表面浮雕出叶片。叶片上有叶脉纹，叶片下有藤纹（图 2-111）。

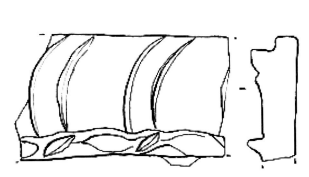

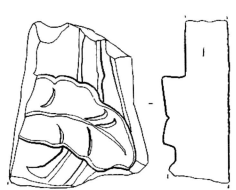

图 2-110 建筑构件（T0401①：14） 　　　图 2-111 砖雕残块（T0401①：15）

T0401①：16，长9、宽4.6cm。建筑构件残块，灰色泥质陶。残存兽的翅尖，表面有五道沟槽纹，表示羽毛质感（图2-112）。

T0401①：17，长12.8、高10、厚1.4～2.8cm。建筑构件。眼部残块，眼球残半，眼皮明显，中间眉弓凸起，上侧耳蜗较圆且深。在耳蜗的中间划一道横向深沟（图2-113）。

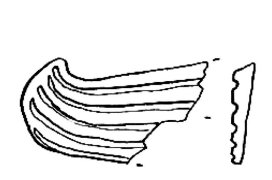

图2-112　建筑构件残块（T0401①：16）

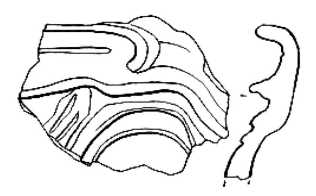

图2-113　建筑构件（T0401①：17）

T0401①：18，长16、宽16.6 cm，建筑构件。兽上颌，高额头，直鼻梁，唇部及牙齿均残，存两侧獠牙，上颚凸起三道棱，肉感极强（图2-114）。

T0401①：20，建筑构件。兽头残块，高鼻梁，鼻头残，右唇残缺，前门牙四颗均残，脸部两侧残（图2-115）。

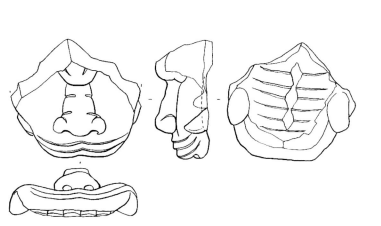

图2-114　建筑构件（兽上颌）（T0401①：18）

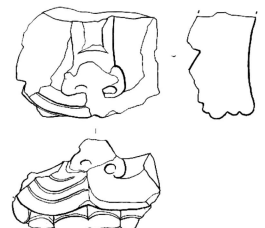

图2-115　建筑构件（兽头残块）
（T0401①：20）

T0401②：1，高10.4、宽5.4、厚2.4cm。建筑构件。兽眼残块，只剩眼球，上存眼皮（图2-116）。

T0401②：4，高12、宽14.8、厚4cm。鸱吻残块，灰色泥质陶。鸟翅或凤翅，只有尾端表面饰压顺向条纹（图2-117）。

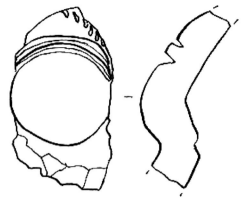

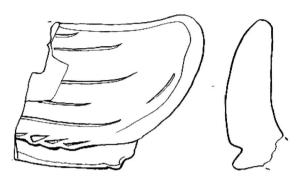

图2-116　建筑构件（兽眼残块）（T0401②：1）　　　　　　图2-117　鸱吻残块（T0401②：4）

　　T0401②：7，长15.8、宽11.7、厚4.2cm。建筑构件。构件似兽的脖子残块，筒状，内略弧，在上侧面饰三个圆钉，每个钉上压一道深沟（图2-118）。

　　T0401②：9，长15、宽8、厚3cm。建筑构件，灰色泥质陶。应为贴面兽残块，表面饰压斜向沟槽纹（图2-119）。

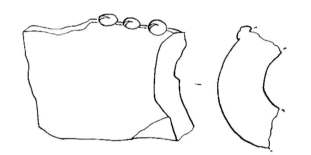

图2-118　建筑构件（T0401②：7）　　　　　　　　图2-119　建筑构件（T0401②：9）

　　T0401②：12-1，高13.3、宽15.5、厚2.5～3.5cm。鸱吻残块，灰黑色泥质陶。表面平整，存三道浮雕的鳞状鬃毛，每道鬃毛一侧划有一道弧线纹。下端横压泥条凸棱，上有指压纹和间压短斜线纹。其下残缺（图2-120）。

　　T0401②：12-2，高12、宽9.4、厚2.2～3.7cm。鸱吻残块，灰黑色泥质陶。表面平整，存两道浮雕的鳞状鬃毛，每道鬃毛一侧划有弧形纹，下部残缺（图2-121）。

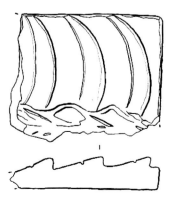

图2-120　鸱吻残块（T0401②：12-1）　　　　　　图2-121　鸱吻残块（T0401②：12-2）

T0401②：12-3，高15.4、宽10.3、厚3~4.3cm。鸱吻残块，灰黑色泥质陶。表面平整，存有两道浮雕的鳞状鬃毛，每道鬃毛一侧划有弧线纹，下端有两道横向泥条凸棱，呈沟槽状，上道泥条有指压纹，下道泥条两侧为压划的人字纹（图2-122）。

T0401②：12-4，贴面兽残块，黑色泥质陶。较平，表面有上弧深沟纹，间隔是凸线纹（图2-123）。

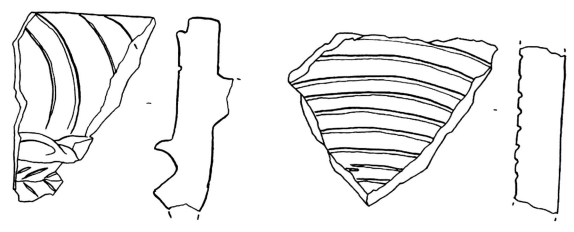

图2-122　鸱吻残块（T0401②：12-3）　　　　图2-123　贴面兽残块（T0401②：12-4）

T0401②：12-5，贴面兽残块，灰黑色泥质陶。表面有两道横向三角状凸棱，上侧凸棱一面有斜向划线纹，下侧凸棱下方贴塑两颗圆形乳凸，每颗乳凸一侧均有一道划线纹（图2-124）。

T0401②：12-6，贴面兽残块，灰黑色泥质陶。残块较小，存有兽角根部，角上有横向划纹，一道竖线纹。角根部有两道弧线纹（图2-125）。

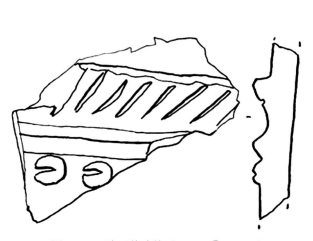

图2-124　贴面兽残块（T0401②：12-5）　　　　图2-125　贴面兽残块（T0401②：12-6）

T0401②：12-7，建筑构件，灰色泥质陶。圆柱残件，顶部有方形隼，柱内空（图2-126）。

T0401②：12-8，高11、宽10.8、厚2.4~3cm。建筑构件，灰色泥质陶。应为兽翅纹理，羽毛间用深沟纹表示，羽茎为浅沟纹表示（图2-127）。

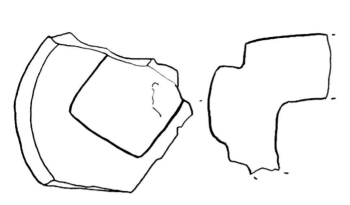

图 2-126 建筑构件（T0401②：12-7）

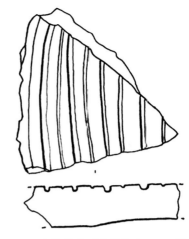

图 2-127 建筑构件（兽翅）（T0401②：12-8）

T0401①：12-9，高13.5、宽14.8、厚1.7～3cm。建筑构件。形似兽耳，耳尖上翘，阴线表示鬃毛（图2-128）。

T0401②：16-1，长9、宽10.7cm。兽首上颌残段，深灰色泥质陶，存唇部和两鼻孔，内侧上腭压印"人"字纹，两鼻孔之间压印"人"字纹（图2-129）。

图 2-128 建筑构件（T0401①：12-9）　　图 2-129 建筑构件（兽首上颌残段）（T0401②：16-1）

T0401②：16-2，高13.6、宽14.3、厚1～2.2cm。贴面兽残块，灰色泥质陶。平面呈桃形，上边压划一绺垂向鬃毛，下边压划一绺斜向鬃毛（图2-130）。

T0401②：16-3，高12、宽11、厚3cm。贴面兽龙身残块，深灰色泥质陶。所存部位为丫形，龙体上边压出斜向鬃毛，躯体上戳压三道长条坑点纹，下边横压指甲形纹（图2-131）。

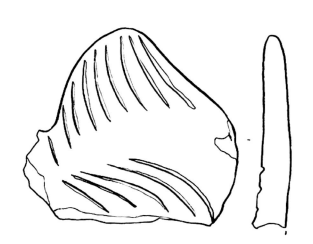

图2-130　贴面兽残块（T0401②：16-2）

图2-131　贴面兽龙身残块（T0401②：16-3）

　　T0401②：16-4，高8、宽11、厚2.1cm。贴面兽残块，深灰色泥质陶。平面近似桃形，上边压划一绺垂向鬃毛，下边压划斜向鬃毛（图2-132）。

　　T0401②：16-5，高15.6、宽11.3、厚1.6～3.3cm。鸱吻残块，深灰色泥质陶。下边有两道凸棱，上边凸棱压手指纹，手指纹之间压斜长条纹，下边凸棱在两侧压出"人"字纹。两道凸棱上部分存两道弧状凸棱纹（图2-133）。

图2-132　贴面兽残块（T0401②：16-4）

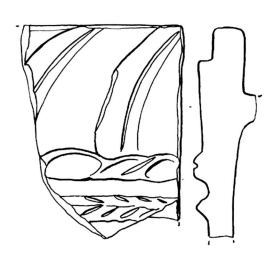

图2-133　鸱吻残块（T0401②：16-5）

　　T0401②：16-6，高14.4、残宽15.2、厚1.8cm。鸱吻残块，泥质灰陶。表面平整，上部残存两道弯弧凸棱状鬃毛，一侧鬃毛脱落，下端有两条凸棱，上端呈沟槽状。凸棱有指压纹和相隔的戳压纹，下端凸棱为两侧戳压的短线纹（图2-134）。

　　T0401②：16-7，高10.7、宽10.5、厚2～4.3cm。鸱吻残块，泥质灰陶。表面有两道弧形鳞状纹，一侧有划线纹。左下方有弯曲残断的兽角上部，角身戳压窝点纹。下端是条泥凸棱，有指压纹和斜划纹（图2-135）。

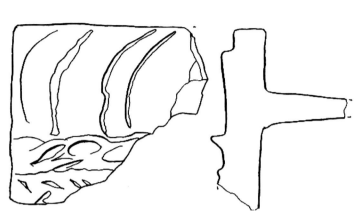

图2-134　鸱吻残块（T0401②：16-6）

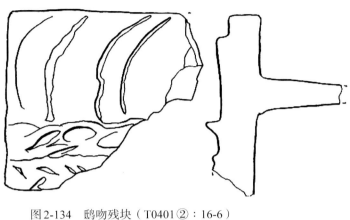

图2-135　鸱吻残块（T0401②：16-7）

T0401②：16-8，残高12.8、宽9.8、厚2~3.8cm。鸱吻残块，泥质灰陶。表面存一道弧形鳞状纹，一侧有一道划线纹。下端有泥条凸棱，上有指压纹和斜划纹（图2-136）。

T0401②：16-9，高6.4、宽13.5、厚1.2~5cm。鸱吻残块，兽眼部残缺，泥质灰陶。仅存兽眼部部分根部，根部戳压一圈长条窝纹，上侧有一绺鬃毛，鬃毛尾端内卷（图2-137）。

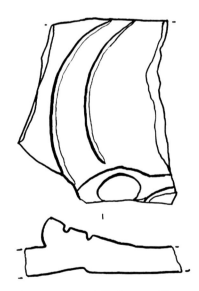

图2-136　鸱吻残块（T0401②：16-8）

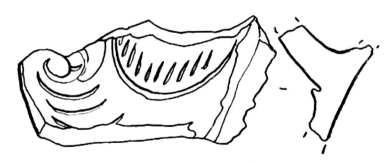

图2-137　鸱吻残块（T0401②：16-9）

T0401②：16-10，残高7cm。鸱吻残块，兽牙，泥质灰陶。兽獠牙，外侧戕划三道竖向条纹至牙尖部，牙根部有三道划线尖戳压竖坑点纹（图2-138）。

T0401②：16-11，长21、宽5.6cm。兽下颌残块，泥质灰陶。仅存下颌一侧，前端有两颗獠牙，一颗残缺，一颗残半。獠牙外侧戳压竖线纹。唇处刻划四道深沟纹，下部为戳点纹（图2-139）。

图2-138　鸱吻残块（兽牙）
（T0401②：16-10）

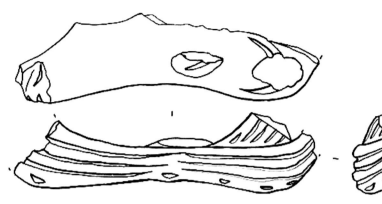

图2-139　兽下颌残块（T0401②：16-11）

　　T0401②：16-12，高10.4、宽12、厚2～3cm。建筑构件，泥质灰陶。表面平整，半浮雕卷草纹，上端有一残半的长方形钉孔（图2-140）。

　　T0401②：16-13，残高15、宽9、厚3～4cm。鸱吻残块，泥质灰陶。表面平整，存两道浮雕的弧形鬃毛，一道鬃毛残缺。鬃毛下端为泥条凸棱，上有指压纹（图2-141）。

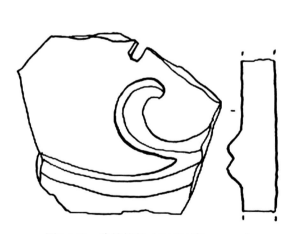

图2-140　建筑构件（T0401②：16-12）

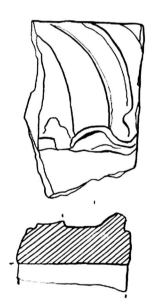

图2-141　鸱吻残块（T0401②：16-13）

　　T0401②：16-14，高13、宽8cm。鸱吻残块，灰黑色泥质陶。表面平整，存有一道浮雕鳞状鬃毛，一侧有一道弧形划线纹。下端有一道横向泥条凸棱，上有指压纹，指压纹之间有短斜线纹（图2-142）。

　　T0401②：16-15，高10.6、宽8、厚2～3.5cm。鸱吻残块，灰色泥质陶。存一绺兽鬃毛，由六道沟线纹上卷无尖部，表示鬃毛方向（图2-143）。

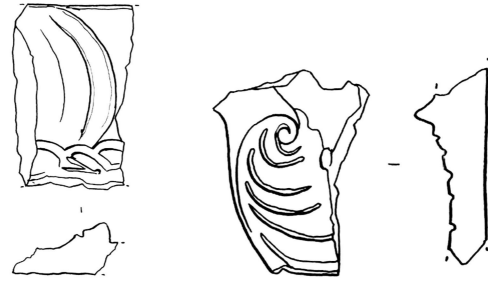

图2-142 鸱吻残块（T0401②：16-14） 图2-143 鸱吻残块（T0401②：16-15）

　　T0401②：16-16，高12.6、宽8.6、厚1～3.3cm。贴面兽残块，长条形，深灰色泥质陶。残存兽眼下部，上部有一绺鬃毛（图2-144）。

　　T0401②：16-17，高11、宽10.6、厚1.6～2.6cm。鸱吻残块，深灰色泥质陶，方形。下部有一道凸棱，压印手指纹和斜向长条纹。凸棱上部有两道弧形凸棱，凸棱一侧压划弧形凹线纹，在左侧凸棱上残存一段龙角，角上戳压坑点纹（图2-145）。

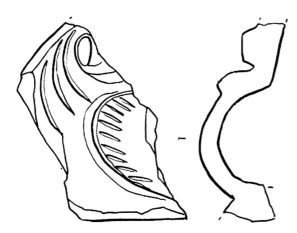 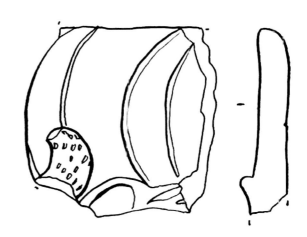

图2-144 贴面兽残块（T0401②：16-16） 图2-145 鸱吻残块（T0401②：16-17）

　　T0401②：16-18，高14、宽13.2、厚2.4～5.5cm。鸱吻残块，深灰色泥质陶。略呈三角形，面部残存，龙身残断，中部出三角形脊，脊面压划斜向长条坑纹。两侧压出凹线纹，身体一面压三角状凹坑，凹坑内压长条纹，另一面压划斜向竖线纹（图2-146）。

　　T0401②：17-1，长13、宽10、厚1～3.6cm。建筑构件，兽眼部残块，灰色泥质陶。存眼球根部，眼睑弯曲凸起，上部有一兽耳（图2-147）。

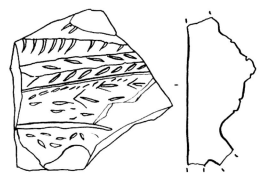

图2-146　鸱吻残块（T0401②：16-18）

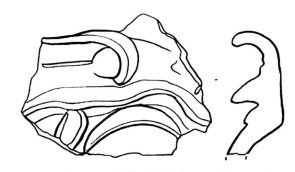

图2-147　兽眼部残块（T0401②：17-1）

T0401②：17-2，长9.6、宽5.6、厚1.4cm。兽眼残块，灰色泥质陶。存一圆形凸起的眼球，眼根部有两道凹纹（图2-148）。

T0401②：18，长19、高6cm。椽子，灰色泥质陶。由方砖磨成瓦脊状。外端雕刻花瓣状纹饰，表面均涂白灰（图2-149）。

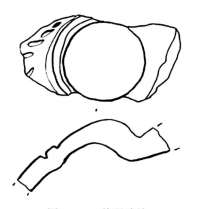

图2-148　兽眼残块
（T0401②：17-2）

图2-149　椽子（T0401②：18）

10. T0402

T0402①：1，长8、宽4.4 cm。建筑构件残块，灰色泥质陶。刻有一道凹槽纹，两侧起棱，表面涂白灰（图2-150）。

T0402①：2，高7、宽10.5、厚1～2.2cm。建筑构件，兽耳残块。耳根和耳尖均残，耳蜗明显，在耳下方有四道斜向兽毛（图2-151）。

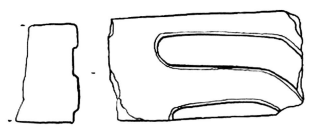

图2-150　建筑构件残块（T0402①：1）

图2-151　建筑构件（兽耳残块）（T0402①：2）

T0402①：4，高11.2、宽12.3、厚6cm。建筑构件，兽牙残块。在砖侧面雕四颗兽牙，存有牙龈（图2-152）。

T0402①：9，高9、长9.7cm。建筑构件，兽上颌残块，存三颗门牙，两颗残。兽上颌两侧一面存两颗尖牙，另一侧存一颗，唇面刻两道横纹上卷（图2-153）。

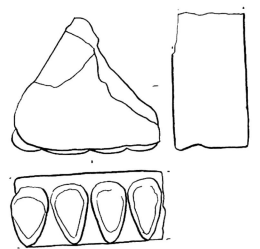

图2-152　建筑构件（兽牙残块）（T0402①：4）

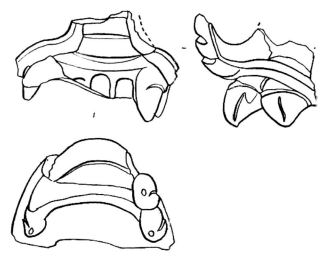

图2-153　建筑构件（兽上颌残块）（T0402①：9）

T0402①：10，高14、宽17.6、厚6.8cm。建筑构件残块，灰色泥质陶。雕刻较大的叠层叶片，叶片上有弧形叶脉纹，叶片略向下弯弧，表面涂有白灰（图2-154）。

T0402①：13，残高7.5、底径10.4、厚1cm。陶豆柄，泥质灰陶。突把喇叭形，足在器身上，留有制作时旋痕（图2-155）。

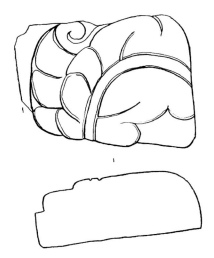

图2-154　建筑构件残块（T0402①：10）

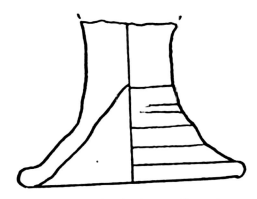

图2-155　陶豆柄（T0402①：13）

T0402①：14，长15.5、宽12cm。建筑构件残块，灰色泥质陶。表面刻有扇形荷花瓣，均涂白灰（图2-156）。

T0402①：15，宽14、高7.5cm。建筑构件，兽上颌残块。高鼻头，阔口，厚唇，唇上刻有两道唇线。雕四颗门牙，均存牙根，口腔上腔雕上弧阴线，肉感极强（图2-157）。

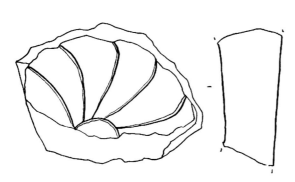

图2-156　建筑构件残块（T0402①：14）

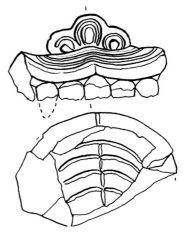

图2-157　建筑构件（兽上颌残块）
（T0402①：15）

11. T0403

T0403①：3，残高11、宽14.2、厚4.8～2.6cm。建筑构件，浮雕动物鬃毛残块，鬃毛尾部上扬，刻划四道深沟，中间有一方形铆钉孔（图2-158）。

T0403①：18，高8.5、宽11.6、厚7.5cm。建筑构件，莲花座残块，灰褐色泥质陶。存有两瓣莲花，一侧残缺（图2-159）。

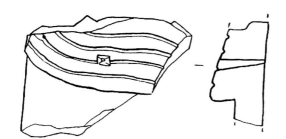

图2-158　建筑构件（浮雕动物鬃毛残块）（T0403①：3）

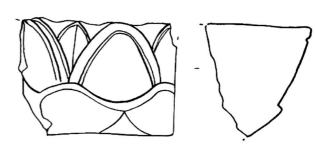

图2-159　建筑构件（莲花座残块）（T0403①：18）

T0403①：23，建筑构件，兽牙残块（图2-160）。

T0403①：25，高9.8、宽14、厚4～8cm。砖雕残块，泥质灰陶。砖面残存浮雕的飘带尾端，尾端分出两角。飘带上有两道凹纹（图2-161）。

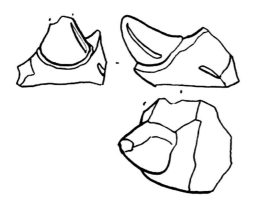

图2-160　建筑构件（兽牙残块）（T0403①：23）

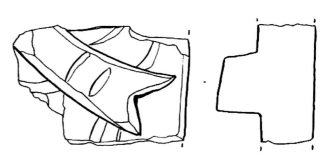

图2-161　砖雕残块（T0403①：25）

T0403①：26，残高13.5、宽11cm。砖雕残块，灰色泥质。砖面残存飘带端，为浮雕式，端尾两侧出角（图2-162）。

　　T0403①：29-1，长13.3、高14.5、厚4～8.6cm。建筑构件。表面刻有上卷的水花纹（图2-163）。

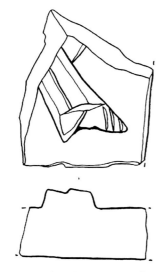

图2-162　砖雕残块（T0403①：26）

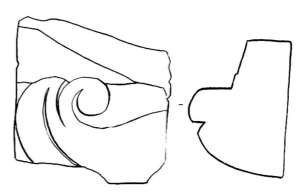

图2-163　建筑构件（T0403①：29-1）

　　T0403①：29-2，高7、宽6.6、厚4.6cm。建筑构件，兽舌残块。舌体有横向纹理，深沟，边缘凸起，左边残缺（图2-164）。

　　T0403①：29-3，高5.8、宽9.8、厚3.5cm。建筑构件，兽下颌残块。存两颗尖牙和部分下唇（图2-165）。

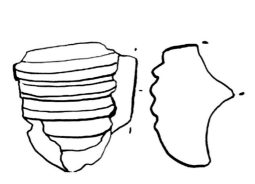

图2-164　建筑构件（兽舌残块）
（T0403①：29-2）

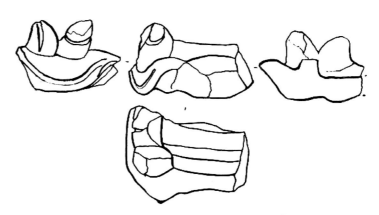

图2-165　建筑构件（兽下颌残块）（TC403①：29-3）

　　T0403①：29-4，高8.6、宽12、厚4.2～1cm。建筑构件，兽下颌残块。只存一颗右侧獠牙，三颗门牙均残（图2-166）。

　　T0403①：29-5，高6、长8、厚3.5～4.8cm。建筑构件，兽翅或兽须。右侧中部有一方形铆钉孔（图2-167）。

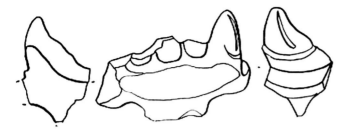

图2-166　建筑构件（兽下颌残块）（T0403①：29-4）

图2-167　建筑构件（兽翅或兽须）
（T0403①：29-5）

　　T0403①：30，高26、宽19、厚3.8～6.8cm。建筑构件，植物叶残块。叶脉凸起，叶齿卷云状（图2-168）。

　　T0403②：8，高12、宽9.3、厚7cm。砖雕残块，泥质灰陶。雕一莲花花瓣，花瓣涂红，左侧残（图2-169）。

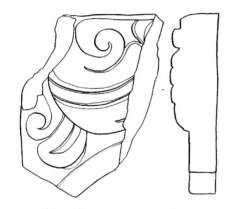

图2-168　建筑构件（植物叶残块）（T0403①：30）

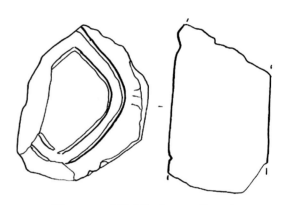

图2-169　砖雕残块（T0403②：8）

　　T0403②：12，高7.7、长10cm。建筑构件，灰色泥质陶。底边有较高凸棱，其上为斜向鬃毛（图2-170）。

12. T0404

　　T0404①：1，高7、残长14.4、厚3.2～4.6cm。建筑构件，动物羽毛或须毛。横划五道深沟纹，刻画须毛的方向，线条流畅生动（图2-171）。

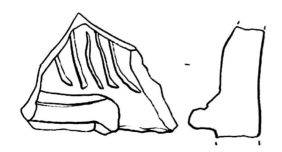

图2-170　建筑构件（T0403②：12）

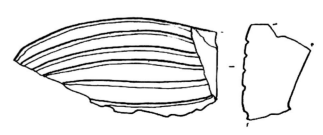

图2-171　建筑构件（动物羽毛或须毛）（T0404①：1）

T0404①：4，高13、宽20.5、厚9.7cm。佛像足部砖雕残块，泥质灰陶。脚上端两侧各存垂下一片裙帘，裙帘中还露出裤边，在脚的前侧有一垂带（图2-172）。

　　T0404①：8，高10、宽7、厚1.8～5cm。建筑构件。雕面外鼓，鼓面之上横雕两道上弧深线（图2-173）。

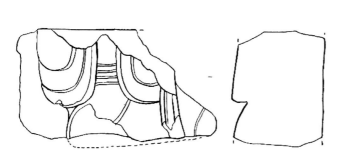

图2-172　佛像足部砖雕残块（T0404①：4）

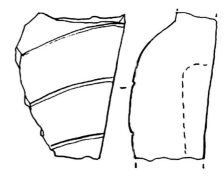

图2-173　建筑构件（T0404①：8）

　　T0404①：9，长28.6、高10.8cm。建筑构件，贴面砖残块。两端各雕一片花叶，由中间所雕藤相连（图2-174）。

　　T0404①：13，长6.6、高10.3cm。建筑构件，凤翅残块。用深沟雕出羽梗，再用细齿刮子抹出极细的羽枝，在翅尾中有一方形铆孔，铆孔边长1cm（图2-175）。

图2-174　建筑构件（贴面砖残块）（T0404①：9）

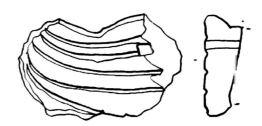

图2-175　建筑构件（凤翅残块）
（T0404①：13）

　　T0404①：18，长8.9、宽4.7、厚0.9～1.6cm。建筑构件，兽眼残块。眼珠残半，上眼皮凸起，眉上存两道鬃毛（图2-176）。

　　T0404①：19，长10.2、宽6、厚2.1～3cm。建筑构件。构件只存下端为整斜边，其余边均破损，表面戳数个斜向长圆坑点。推断斜整边为兽鼻孔（图2-177）。

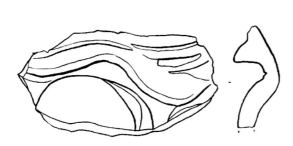

图2-176　建筑构件（兽眼残块）（T0404①：18）

图2-177　建筑构件（T0404①：19）

T0404①：20，高6、宽6cm。建筑构件，兽牙残块。只存一颗门牙和一颗尖牙，尖牙侧面刻一竖纹，使牙更加形象（图2-178）。

T0404①：21，高9.8、残宽7.6、厚3.2～3.8cm。建筑构件，动物尾部残块。主纹为横划人字纹，鱼尾状，线条刻划较深流畅（图2-179）。

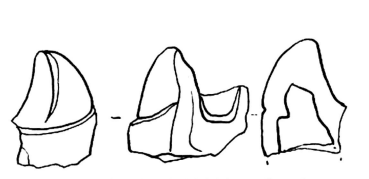

图2-178　建筑构件（兽牙残块）（T0404①：20）

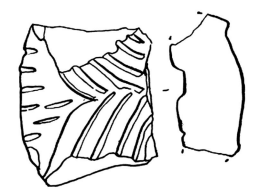

图2-179　建筑构件（动物尾部残块）
（T0404①：21）

T0404①：25，残高11.8、宽12、厚3～4.2cm。建筑构件，动物眼部残块。眼球残，只剩小部分，眼眉凸起，眉上鬃毛划刻清楚，残件右侧有一似耳圆洞（图2-180）。

T0404①：26，高14.4、宽12.2、厚2.6～4.2cm。建筑构件，翅形残块。在其雕件上有两个方孔，方孔边长1cm，下方孔残（图2-181）。

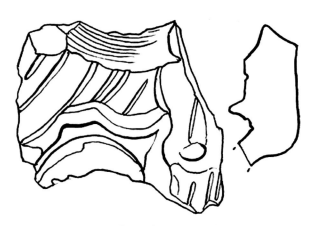

图2-180　建筑构件（动物眼部残块）
（T0404①：25）

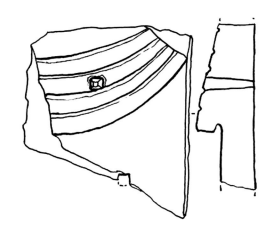

图2-181　建筑构件（翅形残块）（T0404①：26）

T0404②：25，长16.5、高9.5、厚7.2cm。建筑构件残块，砖雕件，灰色泥质陶。左侧雕刻花蔓，右侧为浮雕花叶（图2-182）。

13. T0405

T0405①：5，长12、高9、厚2.4～4.3cm。建筑构件，兽翅残块，灰色泥质陶。存有兽翅尾端，表面压划羽毛纹，翅背面为平板状，翅中部有一方形钉孔（图2-183）。

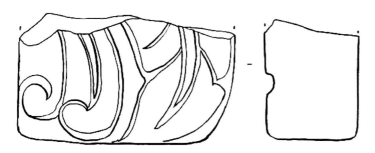

图 2-182 建筑构件残块（T0404①：25）

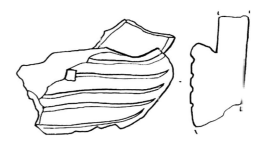

图 2-183 建筑构件（兽翅残块）
（T0405①：5）

T0405①：7，长 14.6、宽 17.5、高 8cm。建筑构件，兽下颌残块，灰色泥质陶。下颌略呈方形，唇部较高，前唇为尖状内卷。外壁有戳压坑点纹。两侧外壁有须毛，堂内有隔，应为排水的螭吻的龙头（图 2-184）。

T0405①：8，残长 21、高 6.4、厚 8.4cm。砖雕残块，灰色泥质陶。似莲花座残块，外壁雕刻花叶及藤蔓（图 2-185）。

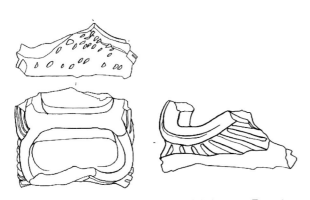

图 2-184 建筑构件（兽下颌残块）（T0405①：7）

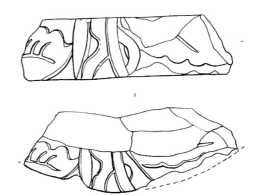

图 2-185 砖雕残块（T0405①：8）

T0405①：10，高 12.4、宽 10、厚 2～5cm。砖雕残块，灰色泥质陶。雕成圆柱体，内空。底为平面，中心雕出方形榫卯（图 2-186）。

T0405①：16，高 9.4cm。建筑构件，灰色泥质陶。应为建筑插件，下方长方形榫卯，上部呈椭圆形，顶部有四角，三角残块。表面有竖向花纹，涂有白灰（图 2-187）。

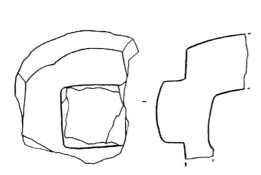

图 2-186 砖雕残块（T0405①：10）

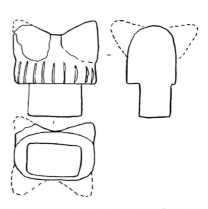

图 2-187 建筑构件（T0405①：16）

14. T0503

T0503①：1　高5.4、宽6、厚2.6cm。建筑构件，兽牙残块。只存两颗侧牙和牙床（图2-188）。

T0503②：1，高10.6、宽14、厚3.2～6cm。砖雕残块，灰黑色泥质陶。略呈梯形，浮雕出两朵未开的花苞，左侧花苞略大，雕出花瓣纹饰，右侧略小（图2-189）。

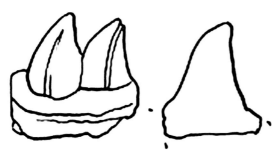

图2-188　建筑构件（兽牙残块）（T0503①：1）

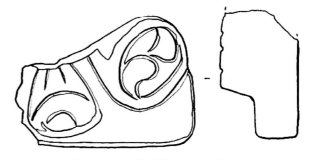

图2-189　砖雕残块（T0503②：1）

T0503②：4，直径4.5、高1.7cm。铜伞状盖。顶部有纽，并有穿孔，上部残缺（图2-190）。

T0503②：5，残高20.5cm。铁锤柱。折角状，底部尖圆，上部残缺（图2-191）。

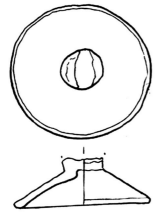

图2-190　铜伞状盖（T0503②：4）

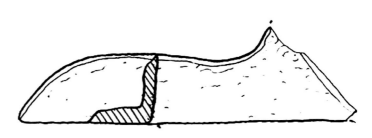

图2-191　铁锤柱（T0503②：5）

T0503②：6，高10.8、宽10.2、厚2.7～4.8cm。建筑构件，砖雕残块，灰色泥质陶。雕出花叶纹，叶尖部内卷凸起，表面涂白灰（图2-192）。

T0503②：7，高14、宽12.5、厚2.2cm。建筑构件残块，深灰色泥质陶。上部有卷状纹饰五道，卷端为圆球状突起（图2-193）。

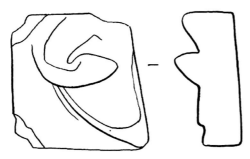

图2-192　建筑构件（砖雕残块）（T0503②：6）

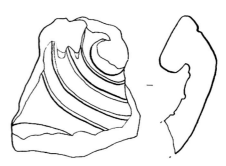

图2-193　建筑构件残块（T0503②：7）

T0503②：8，长16.6、宽15cm。建筑构件，兽上颌残块，深灰色泥质陶。为翻卷式上颌，颌内雕有横向凸起的纹理（图2-194）。

T0503②：9，长10、宽12cm。建筑构件残块，灰色泥质陶。长方形，正面刻画正反两列鬃毛（图2-195）。

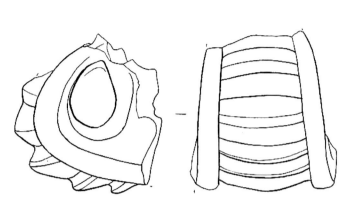

图2-194　建筑构件（兽上颌残块）（T0503②：8）

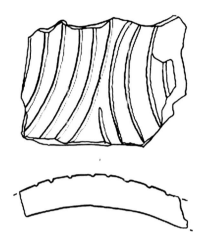

图2-195　建筑构件残块（T0503②：9）

T0503②：10，长9.2、宽10.8、厚4.3cm。建筑构件，兽尾残块，灰色泥质陶。表面刻画出"人"字形条纹，尾端部压印长窝纹（图2-196）。

T0503②：12，长15、宽9.3、高7.7、厚1.8～4cm。建筑构件，兽头残块，近长方形，灰色泥质陶。一侧存眼球，高眼睑。上部存一耳，下部有鼻孔兽头顶部有眼睑，鼻上有一孔，应为穿挂所用（图2-197）。

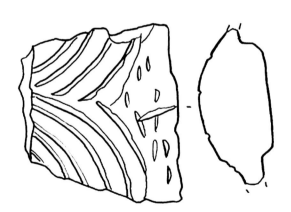

图2-196　建筑构件（兽尾残块）（T0503②：10）

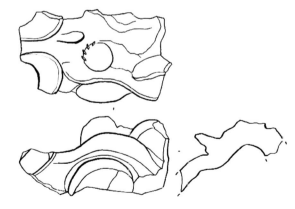

图2-197　建筑构件（兽头残块）（T0503②：12）

15. T0504

T0504①：1，宽8、高9、厚2.8～3.8cm。建筑构件残块。翅尾上扬，用深沟雕出羽纹，形象生动（图2-198）。

T0504①：2，高9.4、宽10.3、厚5cm。建筑构件，兽上颌堂，灰色泥质陶。三角状，略有弯弧，背面素面，中间有脊，内为弧状的横向凸棱，表示肌肉（图2-199）。

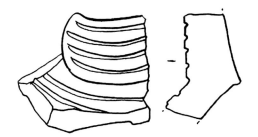

图2-198　建筑构件残块（T0504①：1）

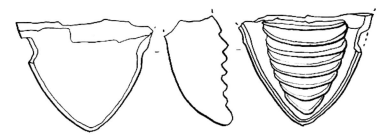

图2-199　建筑构件（兽上颌堂）（T0504①：2）

　　T0504①：5，长17、宽8.6、厚5.2cm。建筑构件，灰色泥质陶。大部分残缺，略显弧形，雕刻有叶茎和花瓣，外涂有白灰（图2-200）。

　　T0504①：6，长12.6、高11、厚2cm。建筑构件，兽眼部残块，灰黑色泥质陶。残存一只圆形眼，高眼睑，眼睑上部有鬃毛（图2-201）。

图2-200　建筑构件（T0504①：5）

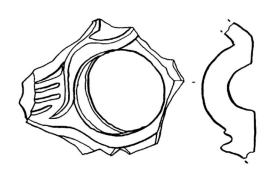

图2-201　建筑构件（兽眼部残块）（T0504①：6）

　　T0504①：9，长13.3、高7.6、厚1.5~4cm。建筑构件，兽眼部残块。眼球残半，上眼皮突出，眉毛上扬（图2-202）。

　　T0504②：1，高11.8、宽13.5、厚1.4~4.2cm。建筑构件残块，灰色泥质陶。存兽首眼部，圆眼，高眼睑，上部有鬃毛，右侧存有一耳（图2-203）。

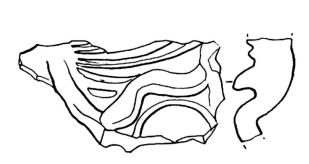

图2-202　建筑构件（兽眼部残块）（T0504①：9）

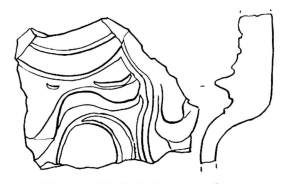

图2-203　建筑构件残块（T0504②：1）

　　T0504②：2，残长8、宽7、厚4.5cm。建筑构件，翅形，只存翅尖（图2-204）。

　　T0504②：4，残长15、宽7.7、厚2~3.3cm。建筑构件，泥质灰陶。水纹残块，水纹上卷，水花凸起呈突状（图2-205）。

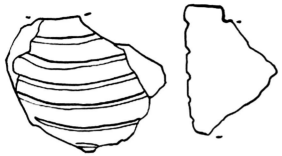

图2-204　建筑构件（T0504②：2）

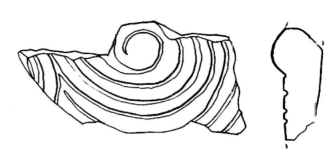

图2-205　建筑构件（T0504②：4）

T0504②：5，高7.6、厚2.2cm。建筑构件残块，灰色泥质陶。扁柱体，上下两端残缺，疑为兽角，表面有三道竖向划线纹（图2-206）。

T0504②：7，残高13、宽12、厚1～3cm。建筑构件，兽首残块，深灰色泥质陶。残存一耳，耳下部有斜向鬃毛，耳左侧残存一段凸起的眼睑（图2-207）。

图2-206　建筑构件残块（T0504②：5）

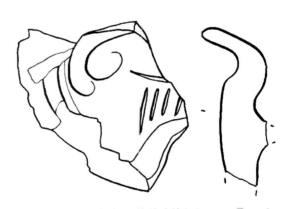

图2-207　建筑构件（兽首残块）（T0504②：7）

T0504②：8-1，残长8.6、宽10.4、厚2.8～5.5cm。建筑构件，残兽翅，泥质灰陶。只存翅尖部分，五道深沟表示羽毛（图2-208）。

T0504②：8-2，残宽14.3、高14.4、厚2.8～4.5cm。建筑构件，残兽翅，泥质灰陶。翅尖残断，在翅两端各有一方形铆钉孔，上端也存一残半铆钉孔（图2-209）。

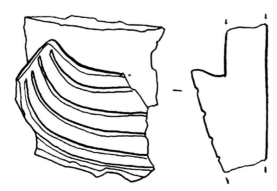

图2-208　建筑构件（残兽翅）（T0504②：8-1）

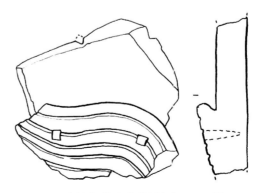

图2-209　建筑构件（残兽翅）（T0504②：8-2）

T0504②：10，长9.6、宽10.8、厚2.2～4.4cm。建筑构件，兽头部残块，灰色泥质陶。大部分残缺，仅存一绺外撇的鬃毛（图2-210）。

T0504②：11，残长11、宽8.6～9、厚1.4～2.4cm。建筑构件，兽舌根残块，灰色泥质陶。面部弯曲呈弧形，背面出脊（图2-211）。

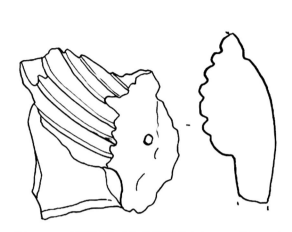
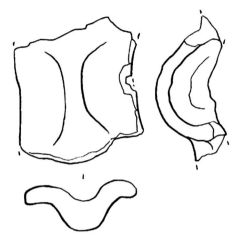

图2-210　建筑构件（兽头部残块）（T0504②：10）　　图2-211　建筑构件（兽舌根残块）（T0504②：11）

T0504②：18-1，高6cm。建筑构件，兽牙，灰色泥质陶。存有一颗獠牙和一颗门牙，獠牙为尖状，外侧有一道竖向划线纹，门牙为方形（图2-212）。

T0504②：18-2，长8、高4.3cm。建筑构件，灰色泥质陶。应为兽的鬃毛尾端，为卷曲的沟纹，至尾端成尖状（图2-213）。

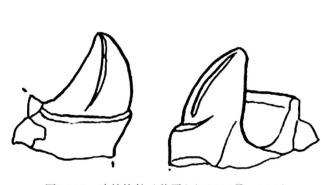
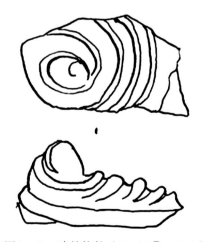

图2-212　建筑构件（兽牙）（T0504②：18-1）　　图2-213　建筑构件（T0504②：18-2）

T0504②：18-3，高5.3cm。建筑构件，兽牙，灰色泥质陶。尖状獠牙，外侧有一道竖向划线纹，表示牙的质感（图2-214）。

T0504②：21-1，残长14.5、宽11、厚2.8～4.6cm。建筑构件，龙首下颌残块，灰色泥质陶。存有下颌左侧，有一高一低两颗獠牙。外侧有弯弧形须毛（图2-215）。

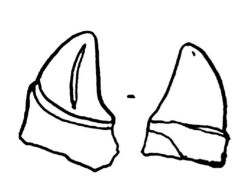

图2-214 建筑构件（兽牙）（T0504②：18-3）

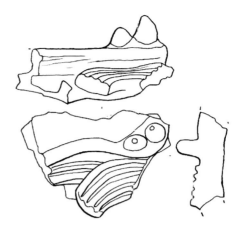

图2-215 建筑构件（龙首下颌残块）（T0504②：21-1）

T0504②：21-2，长16、宽16.4、厚2.2～4.4cm。鸱吻残块，灰色泥质陶。左下边存一翅膀尾端，表面压划顺向纹理。主体为平板状，上下有两个方形钉孔（图2-216）。

T0504②：22，残长11.2、宽11、厚5.7cm。雕件残块，泥质灰陶。鼓面，横向刻画八道横线，似羽毛（图2-217）。

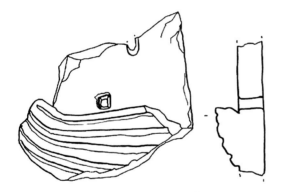

图2-216 鸱吻残块（T0504②：21-2）

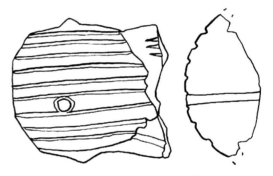

图2-217 雕件残块（T0504②：22）

T0504②：23，长9.3、宽7.3、厚1.4～3.3cm。建筑构件，兽腿部残块，灰色泥质陶。圆眼球残缺一半，高眉毛，上部有弧线纹表示鬃毛（图2-218）。

T0504②：25，长12.5、宽10、厚3～4cm。贴面兽残块，灰色泥质陶。表面压划弧形沟漕纹六道，可代表鬃毛，左下方有一排篦点纹饰。背面有折角（图2-219）。

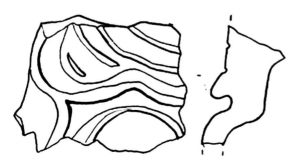

图2-218 建筑构件（兽腿部残块）（T0504②：23）

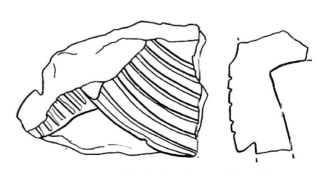

图2-219 贴面兽残块（T0504②：25）

　　T0504②：28-1，长8.8、宽6.6、柄长2.6cm。箭形铁片，锈蚀严重，下端残缺。在三角铁片的各角均有一圆形钉孔，中间有一圆形钉孔，应为固定木板所用（图2-220）。

　　T0504②：28-2，长12.3、宽1、厚0.5cm。铁钉，通体锈蚀，钉身截面为长方形，钉帽拍扁弯折成直角，钉身弯曲（图2-221）。

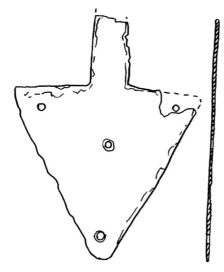

图2-220　箭形铁片（T0504②：28-1）

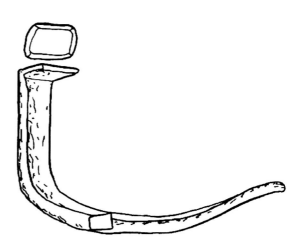

图2-221　铁钉（T0504②：28-2）

　　T0504②：30，残高10、宽6.8、厚2.6～4.2cm。残雕件，泥质灰陶。现存雕件上雕有卷起的鬃毛一绺（图2-222）。

　　T0504②：31，长12.6、宽7、厚2.3cm。建筑构件，兽翅或鬃毛残块，灰色泥质陶。只存尾端，翅膀形状，表面压划弧形沟槽纹理，代表羽毛或者鬃毛（图2-223）。

图2-222　残雕件（T0504②：30）

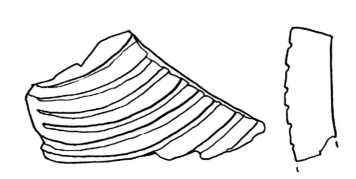

图2-223　建筑构件（兽翅或鬃毛残块）（T0504②：31）

　　T0504②：34-1，残高4.6、底径9.5cm。乳白釉粗瓷碗。仅存半个底部，斜弧壁，圈足。内满釉，外下部未施釉（图2-224）。

　　T0504②：34-2，口径17.8、残高2.8cm。青绿釉盘。只存口部，盘内满釉，盘外只有口边施釉且很窄，边缘不齐（图2-225）。

图2-224 乳白釉粗瓷碗（T0504②：34-1）

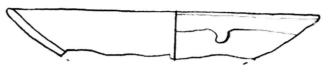

图2-225 青绿釉盘（T0504②：34-2）

16. T0505

T0505①：5-1，残长8、高7.5cm。建筑构件，残兽下颌，泥质灰陶。只存一残牙。下腭雕有横向弧状凸棱，只存三道（图2-226）。

T0505①：5-2，高6.2、宽8.8、厚5.6cm。建筑构件，兽上颌残块，灰色泥质陶。上腭存五道略弧的凸棱，外部呈脊状，截面三角形（图2-227）。

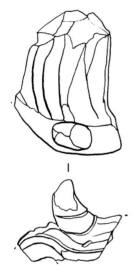

图2-226 建筑构件（残兽下颌）（T0505①：5-1）

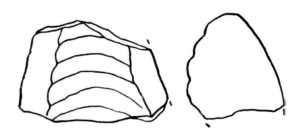

图2-227 建筑构件（兽上颌残块）（T0505①：5-2）

T0505①：6，高13、宽12.2、厚2.2cm。兽面瓦当，灰色泥质陶。边缘大部分残缺，宽缘有一圈联珠纹。内为凸起的狮面，圆眼，眉上扬，三角鼻，有两颗獠牙，口下端有须毛（图2-228）。

T0505①：8，长22cm。铁钉，锈蚀。钉体上宽下尖，截面为长方形，顶部拍扁向一侧折成钉帽状（图2-229）。

图2-228 兽面瓦当（T0505①：6）

图2-229 铁钉（T0505①：8）

T0505①：8-1，长5.2.cm。铁钉，锈蚀。钉体上部略宽，截面方形。顶部拍成长扁形，钉体弯折成直角（图2-230）。

T0505①：8-2，长6.3cm。铁钉，锈蚀。钉体截面为长方形，上部向下弯曲，顶部拍成扁状成弯卷状（图2-231）。

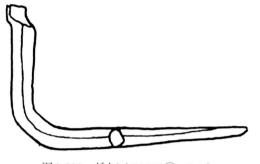

图2-230　铁钉（T0505①：8-1）

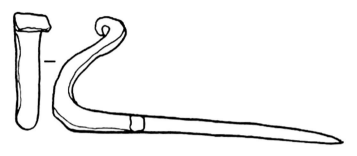

图2-231　铁钉（T0505①：8-2）

T0505①：8-3，长4.3cm。铁钉，锈蚀。截面为长方形，两端均向一侧弯成直角，钉尖部残缺（图2-232）。

T0505①：10，残高18.6、厚0.5~0.9cm。铁器残腿，锈蚀。角铁状，两侧有云状花边，底部为尖弧状（图2-233）。

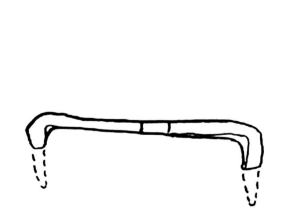

图2-222　铁钉（T0505①：8-3）

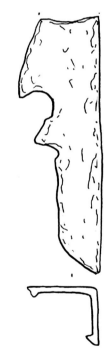

图2-233　铁器残腿（T0505①：10）

T0505①：14，长12、宽8.8、厚3.8~5cm。建筑构件，兽腿部残块，灰色泥质陶。仅存凸起的眉毛，上部为弧线纹表示鬃毛（图2-234）。

T0505①：16，高6、宽11.8、厚1~2.5cm。滴水残块，灰色泥质陶。底边为波状花边，其上为一道水波纹，中间为凸起的条格，上部压印节状纹饰（图2-235）。

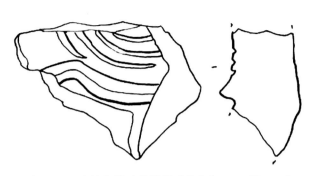

图2-234 建筑构件（兽腿部残块）（T0505①：14）

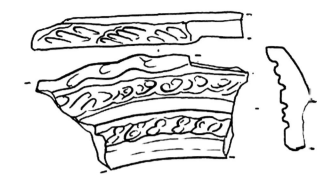

图2-235 滴水残块（T0505①：16）

T0505①：18，高10.4、宽10.6、厚3cm。兽面瓦当，灰色泥质陶。边缘残缺，宽缘有一圈联珠纹。内为凸起的狮面，圆眼，眉毛上扬，三角鼻，阔口，有两颗向下的獠牙，较长，口下端有须毛（图2-236）。

T0505①：19，高10.5、宽9.3、厚2.2～4cm。建筑构件，兽下颌残块，灰色泥质陶。存有三颗前门牙，下内膛用顺向深沟纹表示（图2-237）。

图2-236 兽面瓦当（T0505①：18）

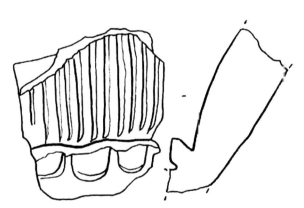

图2-237 建筑构件（兽下颌残块）（T0505①：19）

T0505①：25，高8.6、宽12.3、厚6cm。建筑构件，兽下颌残块，灰色泥质陶。仅存兽下颌前端，唇上一排牙齿，两侧獠牙残缺，唇下侧为一排须毛（图2-238）。

T0505①：26，高9.8、宽13、厚3.3cm。建筑构件残块，灰色泥质陶。表面有斜向成排的划线纹，疑为兽的鬃毛（图2-239）。

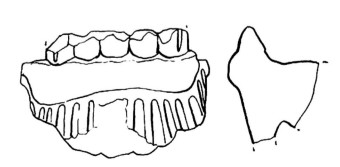

图2-238 建筑构件（兽下颌残块）（T0505①：25）

图2-239 建筑构件残块（T0505①：26）

17. T0507

T0507②：5，高22.4、宽19.5、厚1.6~5.2cm。建筑构件，兽下颌残块。兽的舌尖和獠牙均残缺，舌根两侧翘起呈弧窝状（图2-240）。

18. T0601

T0601①：1，残高16、宽16.6、厚8cm。砖雕残块。人物雕像的残袖口，线条流畅，袖两侧分别有衣带垂下（图2-241）。

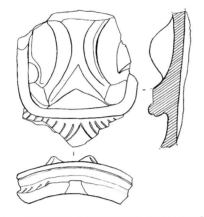

图2-240　建筑构件（兽下颌残块）（T0507②：5）

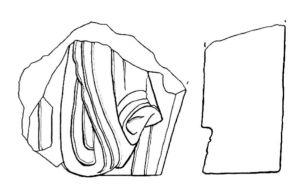

图2-241　砖雕残块（残袖口）（T0601①：1）

T0601①：2，长16、高12.4、厚2.6~4.8cm。建筑构件，兽翅或鬃毛残块，灰色泥质陶。弯曲似兽翅，表面随形压划四道深沟纹，代表羽毛或鬃毛，在中部有一方形钉孔（图2-242）。

T0601②：4-1，长9、宽2.7、厚0.15cm。长方形铁片。通体锈蚀，面上有12个大小不一的圆形钉孔。在铁片两端各有四个钉孔，钉孔一面大一面小，中段有两大两小四个钉孔（图2-243）。

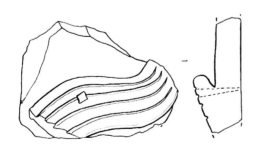

图2-242　建筑构件（兽翅或鬃毛残块）（T0601①：2）

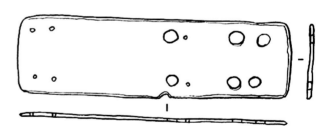

图2-243　长方形铁片（T0601②：4-1）

T0601②：4-2，长9、宽1.6、厚0.6cm。铁钉，通体锈蚀，钉身截面为长方形，钉帽为拍角弯折而成，钉尖略弯曲（图2-244）。

图2-244　铁钉（T0601②：4-2）

第四节　结　　语

　　由于武安州辽塔未发现过碑铭、记事砖等直接反映该塔时代证据的文物，文献也对塔的记载阙如，所以只能通过该塔的形制，建筑风格及装饰，并结合相关文献初步确定该塔分为三期[①]，但对该塔始建的相对准确年代、维修、废弃等时代问题都无从解决，只能通过塔的形制、中宫结构等去探索该问题[②]，由于资料不足无法形成定论。

　　该塔台明部分的考古发掘，为寻找武安州辽塔的年代依据提供了线索，通过发掘，该塔的年代大致可分为三期。

　　Ⅰ期：为塔的始建期。从台明使用的砖及黏合的澄泥、外饰白灰等因素判断，该塔的始建年代应为辽代中期偏早。始建时的形制规范，台基部分用砖雕成仰莲瓣围绕塔一周，月台位于塔的正南方（今莲瓣部分，仅留下部忍冬纹）。Ⅰ期辽塔的这些特征都与辽代中期偏早的建筑特征一致。另外，该塔中宫的顶部为攒尖顶，多数学者认为辽代建筑的顶部（包括墓葬）有从攒尖顶到穹隆顶逐渐发展的趋势，也就是说中宫的顶部也具备辽代中期偏早的特征。辽武安州据《辽史·地理志》载："武安州，观察。唐沃州地。太祖俘汉民居木叶山下，因建城以迁之，号杏埚新城。复以辽西户益之，更曰新州。统和八年改今名。"[③]从以上记载，并结合其他史料可以看出辽代武安州的始建年代应为辽太祖耶律阿保机时期，为耶律阿保机的斡鲁朵[④]（宫卫），但其号的"杏埚新城"很使人费解，其中的"杏"很可能是"新"的音转，"埚"或为"斡鲁朵"的合称，因此"杏埚"就应是耶律阿保机的新斡鲁朵之意，这与"新城"之义相合。至辽圣宗耶律隆绪时期，改新城名武安州，这与辽宋战争相关，取以武安天下之意。武安州辽塔的始建期推测为辽圣宗时期以早。

　　Ⅱ期：为武安州辽塔的第一次较大规模维修时期，这次维修很大程度上改变了该塔的面貌。首先将塔基的仰莲瓣砖饰进行了包砌，另外将塔南面的月台面积扩大，并构筑边长450厘米的方形砖制塔台，除了在砌制方形塔台之外，还在南方加盖了山门式建筑。与Ⅰ期不同，砖与砖之间的黏合料由澄泥转变为澄泥加白灰。从构筑方式、青砖以及出土包含物综合分析，这次维修应在辽代晚期。

　　在西面佛龛的内上方，见"大安三年四月一七日　赵□"划刻文。大安年号，辽道宗耶律洪基（1085～1094），西夏惠宗李秉常（1075～1085）和金卫绍王完颜永济（1209～1211）都曾经使用过，由于此地未作过西夏辖地，故西夏惠宗可以排除。而辽道宗时崇佛，史载："道以释废"，在辽地大兴土木，建筑庙宇，现存佛教辽构大多属于这一时间。而金代卫绍王大安年号时间短，而且未见崇佛的记载，故我们认为佛龛里划刻的"大安"年号应为辽道宗时期，也就是说是在辽

　　① 林林、付兴胜、陈术实：《武安州塔形制及建筑年代考》，《草原文物》2014年第1期，第132～137页。

　　② 同上。

　　③ （元）脱脱等撰：《辽史》卷39，中华书局，2016年，第547页。

　　④ （元）脱脱等撰：《辽史》卷39，中华书局，2016年，第409页。

代晚期第二次大规模维修时留下的。

Ⅲ期：为该塔的最后一次大规模维修，这次维修很大程度上改变了塔始建时的状态，与现在我们看到的塔相接近。这次将塔基、塔座、塔身等大都用砖重新包裹，使塔体变得粗大。塔基部分也进行了大规模的包砌，用砖大小不一，砖与砖之间用澄泥黏合，这次包砌将塔基抬升，而且将Ⅰ、Ⅱ期的塔基砖彻底包在里面。与Ⅰ、Ⅱ期相比，Ⅲ期的用砖粗糙，颜色、大小、薄厚不一，而且许多砖背后都有使用过的痕迹，为旧砖的重复利用，与武安州城内的古代民居房的用砌风格与样式高度一致，可以认定是利用了城内的废弃砖。

《元史·世祖本纪》①：至元二十七年（1290）八月"癸巳，地大震，武平尤甚，压死按察司官及总管府官王连等及民七千二百二十人……"，"戊申，武平地震，盗贼乘隙剽劫，民愈忧恐。平章政事铁木儿以便宜蠲租赋，罢商税，弛酒禁，斩为盗者；发钞八百四十锭，转海运米万石以赈之。"其中"武平"，据《元史·世祖本纪》，至元二十五年"改大门路，为武平路"，武平即为辽代的中京，位于今天内蒙古赤峰市宁城县。从以上记载可知，在元代至元二十七年武平发生过大地震。

另外，辽宁义县奉国寺存元代大德七年（1303）石碑上有"（奉国寺）经庚寅地震（即武平地震），欹斜骞崩，殆不可支……"等语，辽中京的辽代半截塔据推测也是由于这次大地震而被震掉塔身，可见元代至元二十七年的地震强度非常高，破坏力很强，而辽代武安州塔所处位置的敖汉旗距宁城县颇近，元代至元大地震也可能对塔产生了巨大的影响，很大程度上影响了塔的结构。义县距宁城尚远，都对奉国寺产生了如此的危害，何况不到百余里的武安州辽塔，因此我们认为Ⅲ期应是元代至元大地震后的一次维修。这次地震应造成了武安州辽塔的结构损害，所以在辽塔的外部进行了全面包砌。此外，武安州辽塔地宫也都用砖砌满，从而失去了地宫的空间，这可能是考虑到该塔的稳定性。用于包砌塔的武安州城内砖，也应是地震造成大量的民居官署倒塌产生了废砖，由信众挪作塔基的维修所用。

以上三期为武安州辽塔始建、加固、维修的三个过程。据考古发掘和包含物分析，其他时代，如金、明、清，该塔附近都有人进行过活动。地层中出土了大量具有金代风格的瓦当，说明辽代之后的金代进行过局部维修。辽武安州辽塔的佛事活动虽然依然进行，但与辽代相比，规模及程度已经有所减退。Ⅱ期修建的方形塔台的周边已经开始分布有高僧或信众的骨灰罐墓葬了。

明代，武安州辽塔的佛事活动渐衰。这是由于元末与明的战争，元朝势力北退，这里人口锐减，武安州辽塔及寺院渐荒，至明嘉靖年间，蒙古敖汉部游牧至此，在明万历年间对其辖境另一座辽塔进行了系统维修②，可能也对武安州辽塔进行了维护，但规模不大。

清代围绕着武安州辽塔也有佛事活动，特别是藏传佛教开始在此广泛传播，此地成了藏传佛教信众的活动区域，在塔北侧出土的大量泥质模制佛塔（擦擦）就与这些活动相关。

另外，此次发掘出土遗物较少，以塔的装饰砖雕及建筑构件为主，但塔身、座所装饰佛、力士等塑像发现较少，可能是由于元代地震将其震落，后由信众集中收集，统一瘗埋。

---

① （明）宋濂撰：《元史》卷16，中华书局，1980年，第339页。

② 邵国田主编：《敖汉文物精华》，内蒙古文化出版社，2004年，第46页。

第三章 武安州辽塔现状勘测

第一节 武安州辽塔现状

武安州辽塔总体保存状况较差，由于年久失修以及当地较为严酷的自然环境和人为影响，塔体结构、材料及外观均存在剥蚀、局部坍塌、裂缝、变形、局部缺失、表面风化等病害。

一、塔台

根据《辽武安州塔台明考古发掘阶段性报告》及现场调查情况，武安州辽塔塔台初步可研判由三期分建而成（图3-1）。

图3-1 塔台一、二、三期关系示意图

一期位于最下层，由于受二、三期包压，暴露面积不多。其特点为：平面呈八角形，边长7.08m，其法式高度4.70m，各面残损不一。台明侧壁用平卧砖砌筑（图3-2），白灰作浆，磨砖对缝，所用材料统一，工艺精湛。整砖长0.38、宽0.28、厚0.06m。侧立面由下向上斜出，装饰砖雕卷云图案，表面涂抹白灰。

图 3-2　塔台一期砖雕

二期包砌叠压在第一期之上，其特点是：平面呈八角形，边长 7.47m，法式高度 5.60m，各面残存不一。台明侧壁采用平卧青砖砌筑，白灰作浆，磨砖对缝，工艺较精，整砖与一期基本相同。侧立面垂直，无装饰图案，外表涂抹白灰。台内侧所铺砖则多为残断的青砖。在侧立面外侧的地表，铺有一与立面垂直的皮砖散水。

三期包砌叠压在二期之上，其特点是：平面呈八角形，边长 8.23m，南侧突出有月台。由于破坏严重，表面呈现为大小坑相连，高低起伏不平，其南侧法式高度约 2m。台明侧壁多已损毁，留有砌砖痕迹。三期台明整体砌筑杂乱无序，所用材料规格、颜色均不统一，多为残砖，掺杂少量建筑残件，使用泥浆砌筑，外立面较直，无装饰。

为查明塔体边界轮廓线，考古单位在塔体北侧盗洞外侧开挖探沟寻找塔体边界，探沟开挖至塔体边缘时，考虑塔体安全未继续向内开挖。同时配合盗洞清理工作，自北侧盗洞向塔内勘察进深约 5.7m，未在塔内原构件外侧见明显包砌边界线，亦无法从盗洞部位判断原塔座边界。

从目前考古揭露情况看，考古基本摸清了武安州辽塔塔台分为一、二、三期修筑的叠压关系。塔台一、二、三期边界及标高较为清晰，但塔体外边界不明。

二、塔座

塔座砖砌体结构稳定性较好，南面由于地震或人为拆除形成宽约 2m 的通高开口，局部存在结构失衡现象。砌体无明显开裂、沉陷现象。

塔座外包砖剥蚀严重，表层砖基本不存，内侧黄泥浆砌筑的砖砌体风化严重，凹凸不平。

塔座南侧下部方形轮廓保存较好，通往内部中空空间的水平甬道其上部叠涩穹隆后期被人为砍凿形成大致呈拱形的外观，造型粗糙。紧邻水平甬道的南侧竖向井（甬道）北侧保存有较完整墙壁，东、西两侧部分保留，南侧基本塌毁无存（图 3-3）。

塔座的下部由于常年风沙沉积，部分被掩埋，埋深约 1m，填埋物为细砂、土和垃圾形成的混合物。

塔座保存现状详列于表 3-1。

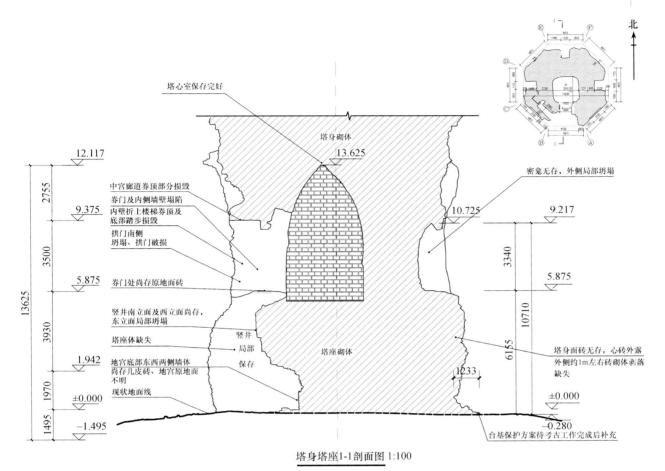

塔心室保存完好

塔身砌体
13.625

密龛无存，外侧局部坍塌

12.117

中宫廊道券顶部分损毁
券门及内侧墙壁塌陷
内壁折上楼梯券顶及
底部踏步损毁

拱门南侧
坍塌、拱门破损

券门处尚存原地面砖

竖井南立面及西立面尚存，
东立面局部坍塌

塔座体缺失

地宫底部东西两侧墙体
尚存几皮砖、地宫原地面
不明

现状地面线

塔座砌体

竖井
局部
保存

10.725　9.217

3340

5.875

10710

6155

塔身面砖无存，心砖外露
外侧约1m左右砖砌体剥落
缺失

1233

±0.000
−0.280

台基保护方案待考古工作完成后补充

2755　9.375　3500　5.875　3930　1.942　1970　±0.000　1495　−1.495

13625

塔身塔座1-1剖面图 1:100

图3-3　塔座塔身1-1剖面图

表3-1　塔座保存现状统计表

南	塔座（地上）	破损严重，面砖无存； 底部疑似水平甬道侧壁、穹顶破损，凹凸不平； 疑似竖井北、东壁较完整，外壁不存，西壁面砖不存
	塔座（地下）	三期地面砌筑杂乱，东西向凹陷有大坑，月台中间部分向西砖体不存，砖被掏空至地面夯土层，二期地面不可见，一期在掏空断面处可见，高约450mm
西南	塔座（地上）	面砖不存，底部掏蚀凹进300mm
	塔座（地下）	三期地面砌筑杂乱，西北—东南向凹陷有大坑，中间部位有2根条石，间距2m左右，距角部2m，中间偏北的条石已断裂，南边的条石保存完好，端头平整，截面尺寸为120mm×200mm
西	塔座（地上）	面砖不存，底部掏蚀凹进300mm
	塔座（地下）	三期不存，二期清晰可见，丁砖铺设，台帮丝缝墙，砌筑整齐，白灰抹面，南端角部经过考古拆解，一期台帮雕花可见
西北	塔座（地上）	面砖不存，底部掏蚀凹进250mm
	塔座（地下）	三期部分不存，二期清晰可见，丁砖铺设，台帮丝缝墙，砌筑整齐，白灰抹面
北	塔座（地上）	面砖不存，底部有宽×高×深=1800mm×2200mm×2800mm盗洞，底部掏蚀凹进200mm
	塔座（地下）	三期面砖不存，西半部分底部三层面砖清晰可见，为糙砌砖墙，二期、一期不可见
东北	塔座（地上）	面砖不存，底部掏蚀凹进200mm
	塔座（地下）	三期基本不存，底部可见二期台帮，丝缝墙，砌筑整齐，白灰抹面，一期不可见

东	塔座（地上）	面砖不存，底部掏蚀凹进650mm
	塔座（地下）	三期不存，北端角部二期台帮清晰可见，丝缝墙，砌筑整齐，白灰抹面，北端经过考古拆解，一期台帮雕花可见
东南	塔座（地上）	面砖不存，底部掏蚀凹进900mm
	塔座（地下）	三期基本不存，有凹陷大坑，二期局部可见，一期不可见

三、塔身

　　塔身整体保存较差，面砖几乎全部脱落，仅有西南和东南两个隅面残存了部分塔身的墙面砖。残存的面砖保留有直棂窗造型和素砌的塔身面砖。南侧拱门塌毁严重，其余三面密龛表面剥落导致密龛外露（图3-4）。

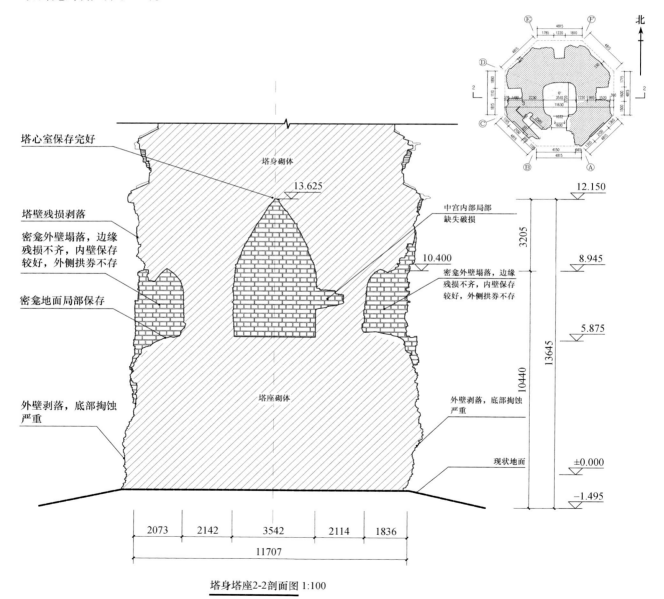

塔身塔座2-2剖面图 1:100

图3-4　塔座塔身2-2剖面图

塔身内塔心室总体保存较好，底部方形结构及上部圆形叠涩尖顶穹隆基本完整，未见裂缝、脱落等现象。

从西南和东南两面残存的塔身面砖看，塔身面砖砌筑基本以顺砖为主，淌白缝。直棂窗砌筑多使用竖向顺砖，转角和边框处穿插丁砖，砖缝干摆。

塔身保存现状详列于表3-2。

表3-2　塔身保存现状统计表

南	破损严重，面砖无存； 拱门、通往塔心室廊道侧壁及券顶大部分坍塌，西端上方坍塌延伸至二层塔檐顶面
西南	原形制为直棂窗造型，残存高约895mm，宽1315mm。现存直棂窗窗棂12根，均为整砖打磨而成，窗棂下部保存较好，上部破损。直棂窗砌筑比较紧密，磨砖对缝，窗棂空档刷白灰； 直棂窗下残存塔身墙面砖16行，保存较好； 右下部受壁内梯道及南面坍塌影响，局部坍塌，面砖不存； 梯道尽头残破严重，应为盗洞，洞深约800mm
西	塔身中间佛龛外壁剥落坍塌，残存内壁，可见为穹隆顶； 塔身芯砖裸露，两侧倚柱不存，但仍能看出当年壁柱砌筑的位置
西北	塔身面砖坍塌，芯砖裸露，该面原直棂窗亦无存； 塔身两侧倚柱不存
北	塔身中间佛龛残存内壁，可见为穹隆顶； 塔身外壁坍塌，芯砖裸露，塔身两侧倚柱不存
东北	塔身外壁全部坍塌，芯砖裸露； 参考东南、西南面现存直棂窗遗迹可以推断，该面原应有直棂窗； 塔身两侧倚柱不存
东	塔身中间佛龛残存内壁，可见为穹隆顶； 塔身外壁坍塌，芯砖裸露，塔身两侧倚柱不存
东南	塔身中间现存直棂窗窗棂11根，窗框仔边均有保存，直棂窗为整砖砍磨而成，窗棂上部破损下部保存较好。直棂窗砌筑紧密，磨砖对缝，窗棂空档刷白灰； 直棂窗下残存塔身墙面砖14行，保存较好。塔身左侧和上部面砖脱落严重，直棂窗以下部分保存较好

四、塔檐

武安州辽塔的十三层密檐均保存较差，其中第一层、第十三层塔檐屋面完全塌毁无存，第二层和第十二层局部塌毁，其余各层密檐轮廓尚完整，但均存在屋面开裂、筒瓦、屋脊缺失，檐部局部崩塌、灰浆流失、材料严重风化等问题。

第一层塔檐：第一层塔檐及檐下斗拱全部塌落，塔檐内部糙砌砖体外露。但原塔檐斜坡砖残断痕迹尚清晰可辨（图3-5）。残断痕迹以下面砖无存。由于屋檐构造向后部伸出的做法，塔檐掉落后造成塔檐后面的砖砌体明显凹进深达50mm的一圈凹槽。

第二层塔檐：南面屋檐及斗拱大部分随下部塌落而掉落，仅余东侧长约三分之一的上大下小斜角。斗拱残存补间铺作一个和东南角转角铺作。残存屋檐部分与塔身间存在约100mm宽的裂缝，补间铺作与转角铺作间存在明显的竖向裂缝，宽5～10mm。残留部分屋面檐部断裂坍塌，筒瓦及部分底瓦风化破损、散乱，椽飞部分掉落，部分前部缺失（图3-6）。木角梁掉落，插梁孔尚在。

图3-5　原塔檐第一层痕迹

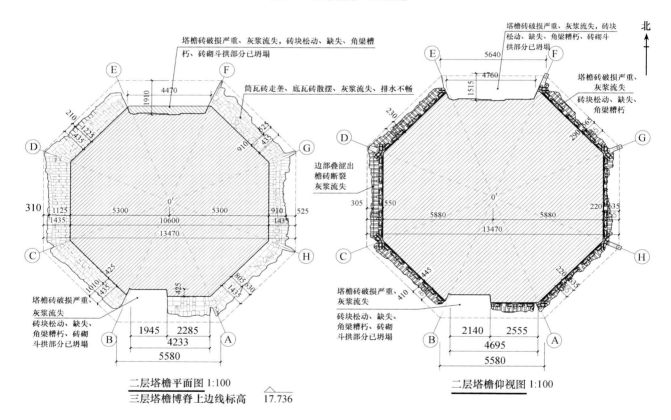

图3-6　二层塔檐平面、仰视图

北面屋檐从塔身整体剥落，后面糙砌墙身外露（图3-7）。

除塌落部分外，其余檐下斗拱保存较好，局部存在细微裂缝。

其余六面屋檐保存，但均存在与塔身间的通长裂缝，缝宽5～10mm。

第二层塔檐各角部存在明显裂缝和局部塌落缺失，个别木质角梁尚存，但风化残损严重。

第三层塔檐：各面屋檐基本保存，屋檐与塔身间存在裂缝，宽约50mm，贯通一圈。

檐下砖雕斗拱部分保存较完整，转角斗拱个别有局部缺损和开裂。塔身南面从二层塔檐延伸上来的3条裂缝贯穿塔檐，宽30～50mm。屋檐后部筒瓦保存较多，屋檐前部椽飞等构件大多断裂残毁，凹凸不齐（图3-8）。

图3-7　第二层塔檐（北面）

图3-8　第三层塔檐（东面）

　　左侧角梁梁头破损，可以清晰看出是由两根木材上下叠压形成角梁。右侧角梁全部缺失，仅存角梁窝。上部垂脊无存。

　　第四层至九层塔檐：第四层至九层屋檐保存情况大致相同，檐下为砖叠涩，各面保存基本完好。屋面上后部筒瓦保存较多，檐子前部椽、飞、筒、板瓦屋檐风化断裂较严重，造成檐口凹凸不齐。南侧及东侧竖向裂缝延伸到四层，其余各层角部存细小竖向裂缝（图3-9）。

图3-9　第四层塔檐（西南面）

　　左侧角梁端头破损，可以清晰看出是由两根木材上下叠压形成角梁。右侧角梁全部缺失，仅存角梁窝。上部垂脊无存。

　　第十层至十二层塔檐：武安州辽塔屋檐越到上层损害越严重。第十至十二层屋檐下部砖叠涩保存状况较好，但上部屋面残损严重（图3-10）。屋面上部的筒瓦及部分底瓦由于常年风霜侵袭，风化严重，上部浆砌灰浆风化后导致屋面构件成为松散堆放状态，构件移位严重，已不存在规范的屋面构造做法。塔檐有50%左右坍塌脱落，后部塔身砌体外露，缺少灰浆黏结，整体性较差。

图3-10　第十层塔檐（南面）

　　第十三层塔顶：第十三层为塔顶屋面（图3-11），原为八角攒尖顶，攒尖上部为塔刹，原塔刹不存，塔顶形成天坑，内积土、杂草；坑壁粗糙，东侧及东南侧有缺口，其余散砖干垒，高低不一，不稳定。从西南侧残状依稀可辨顶层（十三层）塔檐形制。现仅存西南角局部檐下叠涩砖标示十三层屋面的基本位置，其余上部无存。第十二层与十三层塔身中间有基本为圆形的不整齐的孔洞（天坑），直径约1.15m，深约1.2m。塔顶部砌体由于常年灰浆流失及风化，已无整体砌筑的形态，现状为不规则砖块堆积。

　　第二层至十三层塔檐保存状况统计见表3-3～表3-14。

图3-11　第十三层塔檐及塔顶（东南面）

表3-3　第二层塔檐保存现状统计表

侧面	南	西南	西	西北	北	东北	东	东南
博脊	砖体基本完整。东、西两端近中间部位裂缝分布有4条垂直向裂缝,贯通至上下塔檐部	砖体基本完整。两端及中间部位裂缝贯通及中间部位裂缝贯通上下塔檐面有不同程度风化	砖体基本完整。中间部位裂缝1处贯通上下塔檐。砖体表面有不同程度风化	砖体基本完整。南北靠近两端头处中间部位各有1处裂缝贯通上下塔檐	砖体基本完整。中间部位及东端角部裂缝贯通上下塔檐	砖体基本完整。有多处裂缝,北端竖直向通连缝贯通上下塔檐	砖体基本完整。南端及中间部位从下层延伸上来的垂直向通连缝贯通至上层塔檐	砖体基本完整。中间部位垂直向通缝贯通至下层
垂脊	全部缺失	全部缺失	全部缺失	全部缺失		全部缺失	全部缺失	全部缺失
筒瓦	塔檐西段约1/2塌毁,东段塔檐根部塔心处砖墁残存7垄筒瓦,灰浆流失,结构松散,多有移位	筒瓦砖缺失60%,残存伴风化严重,灰浆流失,结构松散,多有移位	筒瓦砖缺失55%,残存伴风化严重,灰浆流失,结构松散,多有移位	筒瓦砖缺失60%,残存灰浆流失,结构松散,多有移位		筒瓦砖缺失60%,残存伴风化严重,灰浆流失,结构松散,多有移位	筒瓦砖缺失80%,残存伴风化严重,灰浆流失,结构松散,多有移位	筒瓦砖缺失80%,残存伴风化严重,灰浆流失,结构松散
板瓦	塔檐西段约1/2塌毁,板瓦不存,东段塔檐根部残存3行顺斜坡砖口2行斜坡砖风化残断	檐口丁砖及外侧1行板瓦顺砖部分风化坠落不存,残存伴风化严重	檐口丁砖及外侧1行顺砖部分风化坠落不存,残存伴风化严重	檐口砖风化坠落不存,残存伴风化严重		檐口2行砖风化坠落不存,残存伴风化严重。瓦面植物滋生	除塔檐根部高存2行板瓦,余风化坠落不存,残存伴风化严重	除塔檐根部高存2行板瓦外,余风化坠落不存,残存伴风化严重
斜坡砖	塔檐西段约1/2塌毁,东段塔檐根部2行斜坡砖风化残断	接近檐口2行砖风化断,余基本完好	接近檐口1行砖风化断,余基本完好	接近檐口处风化断,余基本完好		檐口2行砖残断,余基本完好	缺失50%,余者风化严重	缺失50%,余者风化严重
出檐	塔壁。塔檐椽出挑以外部分塌毁。塔檐出挑部分与塔身东段残存塔檐顶面根部椽处塌毁约600mm。塔檐顶面根部塔身相交处(受拉区)存,残存上宽约80mm,残存塔檐随时有进一步坠落风险。从一层塔檐延伸上来的3条裂缝贯穿劈塔檐	飞椽不存。南缺失5椽条,余基本完整。塔檐出挑部分与塔身东段残存塔檐处椽处塌毁约1800mm,中间及南端均有局部塌毁。塔檐顶面根部塔身相交处(受拉区)存在1条裂缝横向延伸,在沿相贯线横向延伸裂缝	飞椽不存。檐椽靠北中间靠段6,南段靠端头7,基本完整。塔檐出挑部分从北端椽处塌毁约1800mm,中间及南端部分塌毁,北端局部塌毁。塔檐顶面根部塔身相交处(受拉区)存1条裂缝从二层塔檐延伸上来横穿塔檐延伸上至上层	飞椽不存。中段缺2,南端缺2,余基本完整。塔檐椽出挑以外部分塌毁,断面及根部顺塔檐顶面风化不齐。	塔檐及椽下铺作下铺作顺塔檐面表面风化。塔檐及椽下铺作顺塔檐面断折塌落,部分椽折断折塌落。原有瓦面、椽飞、斗拱等全部无存	飞椽不存。中段缺2,端北端4,南端缺2,余基本完整。塔檐椽出挑以外部分塌毁。塔檐椽北,南端局部塌毁。塔檐北,南端及中间部位皆有1条裂缝间贯穿塔檐缝贯穿塔檐延伸至上下层	飞椽、檐椽不存。除南端檐椽保留约1500mm出挑以外,其余体檐椽以外塌毁。塔檐椽从挑以外塌毁,余体檐椽以外塌毁。塔檐中间从二层塔檐延伸上来的1条裂缝贯穿塔檐延伸至上层	飞椽风化坠落不存。檐椽缺失80%,余基本完整。塔檐椽出挑以下塌毁。塔檐中间从二层塔檐延伸上来的1条裂缝贯穿塔檐延伸至上层

续表

侧面	南	西南	西	西北	北	东北	东	东南
铺作	东段残存撩檐枋尚完好。东段补残存1攒转角斗栱及1攒补间斗栱，余不存。东头间斗栱与转角斗栱间1竖向裂缝联结上下塔檐	撩檐枋基本完好。存北端转角斗栱及3攒补间斗栱，缺失南端转角斗栱。北端转角斗栱内侧，中间补间斗栱内侧，南端转角斗栱内侧1裂缝贯穿上下塔檐	撩檐枋基本完好。5攒斗栱基本保存完好。北端转角斗栱内侧，中间补间斗栱内侧，南端转角斗栱内侧，各有1裂缝贯通上下塔檐	撩檐枋基本完好。北端转角斗栱存本侧面半部，其余4攒斗栱总体保存较好。中间补间转角斗栱及南端转角斗栱内侧，各有1裂缝贯通上下塔檐		撩檐枋基本完好。除北端转角斗栱毁失外，余4攒斗栱总体保存较好。各斗栱之间均有竖向裂缝贯通上下塔檐	撩檐枋尚存，破碎。5攒斗栱皆存。南端转角斗栱内侧，中间补间斗栱处，下部裂缝贯通直接上下塔檐。裂缝宽约5～8mm	撩檐枋基本完好。5攒斗栱基本保存完整。北两补间斗栱内侧间1竖向裂缝贯通上下塔檐
角梁	西端塌毁，角梁不存。角部1裂缝下接中宫顶面，上穿四层塔檐，缝宽最大处约150mm，周围砌体结构松散	北端仔角梁缺失。存老角梁槽杙，周围砌体基本完好	两端角梁不存。角梁周围砌体角部均有上下贯通裂缝完好	存北端角梁，周围砌体结构松散	东端角梁外露，槽杙，西端角梁处唯留孔洞	南端角梁槽杙，周围砌体保存尚好	南端角梁不存。唯留孔洞。周围砌体破损较多	南端角梁斗破损，角尾部残存，周围有风化，残尾部残存，梁身基本尚完整

表3-4 第三层檐椽保存现状统计表

侧面	南	西南	西	西北	北	东北	东	东南
博脊	砖体基本完整。东、西两端及中间部位裂缝及中间部位裂缝贯通至上下塔檐	砖体基本完整。两端部位裂缝贯通上下塔檐	砖体基本完整。中间部位2处裂缝贯通上下塔檐，砖体表面有不同程度风化	砖体基本完整。中间部位1处裂缝贯通上下塔檐，砖体表面风化	砖体基本完整。中间部位及东端角部裂缝贯通上下塔檐，砖体表面有不同程度风化	砖体基本完整。裂缝，北端垂直向通缝贯通连续至下部塔檐	砖体基本完整。中间部位从下层延伸上来的垂直向通缝贯通至上层塔檐	砖体本基本完整。中间部位垂直向通缝贯通至上下层
垂脊	全部缺失	全部缺失	全部缺失	全部缺失	全部缺失	全部缺失	全部缺失	全部缺失
筒瓦	筒瓦缺失55%，残存伴风化严重，灰浆流失，结构松散，多有移位	筒瓦缺失50%，残存伴风化严重，灰浆流失，结构松散，多有移位	筒瓦缺失55%，残存伴风化严重，灰浆流失，结构松散，多有移位	筒瓦缺失80%，残存伴风化严重，灰浆流失，结构松散，多有移位	筒瓦缺失65%，残存伴风化严重，灰浆流失，结构松散，多有移位	筒瓦缺失70%，残存伴风化严重，灰浆流失，结构松散，多有移位	筒瓦缺失80%，残存伴风化严重，灰浆流失，结构松散，多有移位	筒瓦缺失70%，残存伴风化严重，灰浆流失，结构松散，多有移位
板瓦	檐口砖风化坠落不存，残存伴风化严重	檐口砖风化坠落不存，残存伴风化严重	檐口砖风化坠落不存，残存伴风化严重	檐口砖风化坠落不存，残存伴风化严重	檐口砖风化坠落不存，残存伴风化严重。瓦面植物滋生	檐口砖风化坠落严重，残存伴风化，瓦面植物滋生	除南端约1/4塔檐根部尚存1行外，檐口砖风化坠落不存，残存伴风化，结构松散	除南端约1/4塔檐保存1行外，余仅存1行板瓦，残存伴风化，结构松散严重

续表

侧面	南	西南	西	西北	北	东北	东	东南
斜坡砖	接近檐口处风化残断，余基本完整。	接近檐口处风化残断，余基本完好。	接近檐口处风化残断，余基本完好。	接近檐口处风化残断，余基本完好。	接近檐口处风化残断，余基本完好。	接近檐口处风化残断，余基本完好。	缺失50%，余者风化严重。	缺失50%，余者风化严重。
出檐	飞椽风化坠落不存，余者基本完整。塔檐出挑部分西，东端各毁约350mm。塔檐顶面根部与塔壁相交处（受拉区）存在沿相贯裂缝，残裂缝上宽约60mm，残存塔檐基本与塔檐脱离，随时有进一步坠落风险，从二层塔檐延伸上来的3条裂缝贯穿塔檐。	飞椽残存北端3处，飞椽坠落不存，余坠落不齐。塔檐出挑部分北端塌毁约350mm。塔檐顶面根部与塔壁相交处（受拉区）存在沿相交处（受拉区）裂缝横向延伸裂缝。在沿相贯裂线横向延伸裂缝。	飞椽残存北端3处。塔檐出挑与转角斗拱塌毁，余坠落不齐。塔檐出挑部分北端塌毁约300mm。	飞椽残存北端3处，余椽基本保存，南端5处。塔檐椽出挑以外塌毁，分基本塌毁，断面风化不齐。塔檐中部从二层塔檐延伸上来的1条裂缝延伸至上层。贯穿塔塔檐延伸至上层。	飞椽残存东端2处，余坠落不齐。南端5处，椽檐基本完整。塔檐椽出挑以外塌毁，分基本塌毁，断面风化不齐。塔檐中部从二层塔檐延伸上来的1条裂缝延伸至上层。贯穿塔结檐延伸至上层。	飞椽残存南端3处，余坠落不存。椽檐南端缺2处，端缺1处，余基本完整。塔檐椽出挑以外塌毁，分基本塌毁，断面风化不齐。塔檐北端从二层塔檐延伸上来的1条裂缝贯穿塔檐延伸至上层。	飞椽风化坠落不存，余者风化60%，基本完整。南段塔檐椽出挑以外塌毁，北段撩檐枋以外塌毁。塔檐中间从一层塔檐延伸上来的1条裂缝贯穿塔檐延伸至上层。	飞椽风化坠落不存，余者基本完整。南段塔檐椽出挑以外塌毁，北段撩檐枋以外塌毁。塔檐中间从二层塔檐延伸上来的1条裂缝贯穿塔檐北端发育1层，1条裂缝延伸至上一层。
铺作	撩檐枋基本完好。4攒斗拱全部保留。西端补间斗拱栌斗及外跳华栱缺失，形成向上的裂缝。	撩檐枋基本完好。4攒斗拱全部保留。	撩檐枋基本完好。4攒斗拱基本保存。南补间与转角斗拱间有1裂缝贯通上下塔檐。	撩檐枋基本完好。4攒斗拱总体保存较好。两转角斗拱内侧均有竖向裂缝贯通上下塔檐，裂缝宽度约10mm。	撩檐枋基本完好。4攒斗拱总体保存较好。两补间斗拱内侧均有竖向裂缝贯通上下塔檐，裂缝宽度约15mm。	撩檐枋基本完好。4攒斗拱总体保存较好。两转角斗拱内侧均有竖向裂缝贯通上下塔檐。北端裂缝宽度约15mm。	撩檐枋基本完好。4攒斗拱保存较好。两补间斗拱间的裂缝贯通上伸下塔檐。南端转角斗拱内侧竖向裂缝贯通斗拱。	撩檐枋基本完好。北端斗拱半面塌毁，余基本完整。两补间斗拱间有竖向裂缝贯通上下塔檐，裂缝宽度约10mm。
角梁	两端仔角梁缺失。周围砌体结构松散。	北端仔角梁糟朽，周围砌体结构松散。	北端角梁梁头破损，由两根木材上下叠压而成。北端角梁周围砌体基本完好。	北端角梁木构糟朽松散，两端砌体有上下贯通裂缝。	东端仔角梁糟朽，角梁下部伴有灰浆流失，结构松散。	南端角梁缺失，角明塌角孔洞，余保存较好。	南端角梁糟朽，根部保存尚好。周围砌体破损较多。	两端角梁糟朽，根部保存尚好。北端角梁砌体破损严重。

表3-5 第四层塔檐保存现状统计表

侧面	南	西南	西	西北	北	东北	东	东南
博脊	砖体基本完整。东、西两端及中间部位分布4条垂直向裂缝,贯通至檐部	砖体基本完整。中间部位裂缝贯通上下塔檐。砖体表面不同程度风化	砖体基本完整。中间部位及中间裂缝贯通上下塔檐。砖体表面不同程度风化	砖体基本完整。中间部位裂缝贯通上下塔檐。砖体表面不同程度风化	砖体基本完整。中间部位及东端角部裂缝贯通上下塔檐。砖体表面同程度风化	砖体基本完整。北端垂直向通缝贯通塔檐。裂缝、多处垂直	砖体基本完整。多处垂直裂缝、中间部位缝贯通至上层、向通缝贯通至上层	砖体基本完整。中间部位垂直向通缝贯通至上下层
垂脊	全部缺失	北端有残存垂直脊遗迹,余缺失	两端有残损垂直脊遗迹,可辨识原始武样	两端有残损垂直脊遗迹,可辨识原始武样	西端有残损垂直脊遗迹,余缺失	北端缺失,南端有残损垂直脊,可辨识原始武样	西端有残损垂直脊遗迹,可辨识原始武样	北端有残损垂直脊遗迹,余缺失
筒瓦	筒瓦砖8垄,每垄残存200~380mm,灰浆风化严重,结构松散,有流失,有移位。瓦垄位置清晰	筒瓦砖12垄,每垄残存200~380mm,残,灰浆风化严重,存件流失,结构松散,有移位。瓦垄位置清晰	筒瓦砖14垄,每垄残存200~380mm,残,灰浆存件风化严重,流失,结构松散,有移位。瓦垄位置清晰	筒瓦砖13垄,每垄残存200~380mm,残,灰浆存件风化严重,流失,结构松散,有移位。瓦垄位置清晰	筒瓦砖7垄,每垄残存200~380mm,残,灰浆风化严重,结构松散,有移位。垄位置清晰	筒瓦砖13垄,每垄残存200~380mm,残,灰浆存件风化严重,流失,结构松散,有移位。瓦垄位置清晰	筒瓦砖14垄,每垄残存200~380mm,残,灰浆存件风化严重,流失,结构松散,有移位。瓦垄位置清晰	筒瓦砖10垄,每垄残存200~380mm,残,灰浆存件风化严重,流失,结构松散,有移位。瓦垄位置清晰
板瓦	檐口砖风化坠落不存,残存件风化严重	檐口砖风化坠落不存,残存件风化严重	檐口砖风化坠落不存,残存件风化严重	檐口砖风化坠落不存,残存件风化严重	檐口砖风化坠落不存,残存件风化严重。瓦面植物滋生	檐口砖风化坠落严重,残存件风化严重。瓦面植物滋生	檐口一侧2砖风化坠落不存,残存件风化严重。瓦面植物滋生	檐口砖风化坠落严重,残存件风化严重
斜坡瓦	接近檐口处风化残断,余基本完好	接近檐口处风化残断,余基本完好	接近檐口处风化残断,余基本完好	接近檐口处风化残断,余基本完好	接近檐口处风化残断,余基本完好	接近檐口处风化残断,余基本完好	接近檐口处风化残断,余基本完好	接近檐口处风化残断,余基本完好
叠涩砖	上部接近檐口2行叠涩砖风化折断塌落,西侧个别砖件保持原有出挑长度。下层砖件塔檐渗漏致中间东端砖角破碎脱落严重。砖表面污迹斑斑,砖表面凹凸不平,有青苔。砖表面有不同程度风化现象	上部接近檐口2行叠涩砖风化折断塌落,北端4砖件保存较好。下层其余砖件保存完好。南端角破碎脱落严重。塔檐渗漏致中间部位砖表面污迹斑斑,砖表面凹凸不平,有青苔。砖表面有不同程度风化现象	上部接近檐口2行叠涩砖风化折断塌落,北端4砖件保存较好。下层其余砖件基本保存完好。有缝隙较好。塔檐渗漏致中间部位砖表面污迹斑斑,有青苔。砖表面有不同程度风化现象	上部接近檐口2行叠涩砖风化折断塌落,南端北端2砖件保存较好。下层4砖件保存好,中间部位直贯通裂缝。塔檐渗漏致表面污迹斑斑,表面风化侵蚀破损	上部接近檐口2行涩砖风化折断塌落,余破损。断裂,灰浆流失,结构松散好,中间部位直贯好,裂缝。塔檐渗漏致表面污迹斑斑,表面风化侵蚀破损	上部接近檐口处有2砖件保持有出檐尺寸。余上部2行叠涩砖残缺。下层砖件北段约1/2保存较好,南端塌350mm,最5行砖。余灰浆流失严重	上部接近檐口处3行涩砖风化折断塌落。叠涩砖2砖件残缺。中下部砖件保存较好,中间1竖直走向裂缝,缝宽约15mm,贯通上下数层塔檐。塔檐渗漏致表面污迹斑斑,有青苔	上部接近檐口处2行叠涩砖风化折断塌落。叠涩砖2砖件残缺。中下部砖件保存较好,中间1竖直走向裂缝,贯通上下数层塔檐。塔檐渗漏致表面污迹斑斑,有青苔

续表

侧面	南	西南	西	西北	北	东北	东	东南
角部	西端角梁糟朽，外露部分不存。角部西端有下部延伸上来的裂缝，宽度最大处约40mm。角梁与砖体脱节，结构松散	北端仔角梁糟朽，外露部分不存。角体基本完整	两端角梁均保留根部，角梁头朽损	端角梁糟朽，外露部分不存。两端角部均有上下贯通裂缝	东端仔角梁糟朽，角梁下部砖件灰浆流失，结构松散	南端角梁缺失，唯留孔洞。两端角保存较好	南端角梁糟朽严重，仅存部分仔角梁。角梁下部砌体、灰浆流失，结构松散	南端角梁轻微糟朽，基本保留原出挑长度。南端角保存较好

表3-6　第五层塔檐保存现状统计表

侧面	南	西南	西	西北	北	东北	东	东南
博脊	砖体基本完整。东西两端各有1条垂直向裂缝，中间至角梁底1条裂缝，上下贯通至角梁底。中间部位1条垂直向裂缝贯通至檐部。砖表面不同程度风化	砖体基本完整。中间部位1条裂缝，上下贯通至檐部。砖表面不同程度风化	砖体基本完整。中间部位1条垂直向裂缝延伸至檐部。砖表面不同程度风化	砖体基本完整。中间部位1条垂直向裂缝延伸至檐部。砖表面不同程度风化	砖体基本完整。中间部位1条竖向裂缝，延伸至檐部。砖表面不同程度风化	砖体基本完整。北端直向通缝贯通至角梁	砖体基本完整。中间部位1条垂直向通缝贯通至檐部	砖体基本完整。中间部位1条垂直向通缝贯通至上层。北端直向通缝贯通至上层
垂脊	全部缺失	北端有残损垂脊，可辨识原始式样	全部缺失	全部缺失	全部缺失	全部缺失	全部缺失	全部缺失
筒瓦	筒瓦砖仅存10垄且每垄残存200~300mm，风化严重，灰浆流失，结构松散，多有移位。瓦垄位置清晰	筒瓦砖仅存9垄且每垄残存200~300mm，风化严重，灰浆流失，结构松散，多有移位。瓦垄位置清晰	筒瓦砖仅存9垄且每垄残存200~300mm，风化严重，灰浆流失，结构松散，多有移位。瓦垄位置清晰	筒瓦砖仅存6垄且每垄残存200~300mm，风化严重，灰浆流失，结构松散，多有移位。瓦垄位置清晰	筒瓦砖仅存2垄且每垄残存200~300mm，风化严重，灰浆流失，结构松散，多有移位。瓦垄位置清晰	筒瓦砖仅存4垄且每垄残存200~300mm，风化严重，灰浆流失，结构松散，多有移位。瓦垄位置清晰	筒瓦砖仅存10垄且每垄残存200~300mm，风化严重，灰浆流失，结构松散，多有移位。瓦垄位置清晰	筒瓦砖仅存8垄且每垄残存200~300mm，风化严重，灰浆流失，结构松散，多有移位。瓦垄位置清晰
板瓦	檐口板瓦砖全部风化坠落，基本无存，残存瓦伴风化严重	檐口板瓦砖全部风化坠落，基本无存，残存瓦伴风化严重	檐口板瓦砖全部风化坠落，基本无存，残存瓦伴风化严重	檐口板瓦砖全部风化坠落，基本无存，中间部位伴风化严重。杂积土，滋生杂草	檐口板瓦砖全部风化坠落，残存瓦伴风化严重。瓦面积土，草丛生	檐口板瓦砖全部风化坠落，基本无存，伴风化严重。杂积土，杂草丛生	檐口板瓦砖全部风化坠落，残存瓦伴风化严重	檐口板瓦砖全部风化坠落，基本无存，残存瓦伴风化严重
斜坡砖	檐口处风化残断，余基本完好	檐口部分残断，余基本完好	檐口部分残断，余基本完好	檐口部分残断，余基本完好	檐口残断，余基本完好	檐口残断，余基本完好	檐口残断，余基本完好	檐口完好

续表

侧面	南	西南	西	西北	北	东北	东	东南
叠涩砖	11层叠涩砖折断严重，10层西侧有个别砖件保存良好，具有原出挑长度。下层砖件基本保存完好。东端砖风化酥碱至角部个别，西端1/3以上，且砖表面有凹凸不平，有起皮现象，砖表面有不同程度风化现象	11层叠涩砖破损严重。10层北端2砖件破损较为严重。下层其余砖件基本保存完好，塔檐渗漏致叠涩砖上部砖表面污迹斑斑，凹凹不平，有青苔，砖表面有不同程度风化	11层叠涩砖南端、北端2砖件破损严重，具有原出挑长度。10层西侧2砖件保存较好，具有原出挑长度。下层其余砖件基本保存完好。下层砖件部位破损较长度以上，有原出挑现象	11层叠涩砖南端、北端各2砖件保存较好，其余破损严重，灰浆流失，砖件松动。10层中间部分破损较严重，南端2砖件保存较好。下层其余砖件基本保存完好。塔檐渗漏致叠涩砖表面污迹斑斑，凹凹不平，有青苔，砖表面有不同程度风化破损	11层除西端保存较好，余破损、断裂，东端破损严重。下层其余砖件基本保存完好。东端贯通裂缝，有下沉趋势。塔檐渗漏致叠涩砖表面污迹斑斑，凹凹不平，有青苔，砖表面有不同程度风化破损	11层南端1砖件保持原尺寸，其余残断。下层其余砖件保存完好，北端角砖，垂直贯通裂缝，部分砖件酥碱。塔檐渗漏致叠涩砖表面污迹斑斑，凹凹不平，有青苔，砖表面有不同程度风化侵蚀破损	11层全部折断。10层南端1砖件保持原有出檐尺寸，其余残断。下层其余砖件保存完好，部分酥碱，塔檐渗漏致叠涩砖表面污迹斑斑，凹凹不平，砖表面侵蚀风化侵蚀破损	11层、10层全部折断。9层南端4砖件保持原有出檐尺寸，其余残断。下层其余砖件保存完好，塔檐渗漏致叠涩砖表面污迹斑斑，凹凹不平，砖表面风化侵蚀
角部	角梁槽朽，外露部分有下部延伸裂缝，最宽处约10mm。角梁与砖脱节，灰浆流散，结构松散	角梁槽朽，外露部分不完整，角梁四周砖体松散，灰浆流失	角梁槽朽，外露部分造型不完整。角梁	角梁槽朽，外露部分造型不完整。角梁西侧砖风化酥碱严重，灰浆流失，结构松散	角梁槽朽，西侧角部造型不完整，砖体缺失，下部灰浆流失严重，角梁与砖体脱节，结构松散	角梁槽朽，外露部分造型不完整。角梁北侧砖体酥碱严重，灰浆流失，结构松散	角梁槽朽，外露部分造型不完整	角梁槽朽，外露部分分造型不完整

表3-7 第六层塔檐保存现状统计表

侧面	南	西南	西	西北	北	东北	东	东南
博脊	砖体基本完整。西端中间部位有1条垂直裂缝，延伸至下檐部。东端砖碎裂，个别砖件碎裂，其余砖件基本完好	砖体基本完整。西端中间部位有1条垂直裂缝，延伸至下檐部。第5层，砖体表面不同程度风化	砖体基本完整。砖体表面不同程度风化	砖体基本完整。中间部位有1条垂直裂缝，延伸至下檐部。砖体表面不同程度风化	砖体基本完整。中间部位1条垂直裂缝，延伸至下檐部。砖体表面不同程度风化	砖体基本完整。东端至延伸至下檐部，砖体表面不同程度风化破损	砖体基本完整。中间部位1条垂直至下檐部，南端1条垂直裂缝，延伸至角梁底	砖体基本完整。中间部位1条垂直通缝贯通
垂脊	全部缺失	全部缺失	全部缺失	全部缺失	全部缺失	全部缺失	全部缺失	全部缺失
筒瓦	筒瓦仅存8垄目每垄残存200～300mm，风化严重，灰浆流失，结构松散，多有移位。瓦垄位置清晰	筒瓦全部缺失。筒瓦瓦垄位置清晰	筒瓦仅存8垄目每垄残存200～300mm，风化严重，灰浆流失，结构松散，多有移位。瓦垄位置清晰	筒瓦仅存6垄目每垄残存200～300mm，风化严重，灰浆流失，结构松散，瓦垄位置清晰	筒瓦仅存4垄目每垄残存200～300mm，风化严重，灰浆流失，结构松散，多有移位。瓦垄位置清晰	筒瓦仅存4垄目每垄残存200～300mm，风化严重，灰浆流失，结构松散，多有移位。瓦垄位置清晰	筒瓦残存200～300mm，风化严重，灰浆流失，结构松散，多有移位。瓦垄位置清晰	筒瓦无存，瓦垄位置清晰

续表

侧面	南	西南	西	西北	北	东北	东	东南
板瓦	檐口板瓦砖全部风化坠落，残存瓦件风化严重，表面凸凹不平	檐口板瓦砖全部瓦件风化坠落，残存瓦件表面风化严重，表面凸凹不平	檐口板瓦砖全部瓦件风化坠落，残存瓦件伴风化严重，表面凸凹不平	檐口板瓦砖全部瓦件风化坠落无存，残存瓦件风化严重	檐口板瓦砖全部风化坠落，残存瓦件风化严重，瓦面积土，杂草丛生	檐口板瓦砖全部风化坠落，残存瓦件无存，基本伴风化严重	檐口板瓦砖全部风化坠落，基本无存，残存瓦件伴风化严重	檐口板瓦砖全部风化坠落，基本无存，残存瓦件伴风化严重
斜坡砖	檐口处风化残断，余基本完好	檐口部分残断，余基本完好	檐口部分残断，余基本完好	檐口部分残断，余基本完好	檐口残断，余基本完好	檐口残断，余基本完好	檐口残断，余基本完好	檐口残断，余基本完好
叠涩砖	11层叠涩砖折断严重，10层西侧两端风化酥碱至西角砖侧面和中间个别砖出挑原有挑长度。其余砖件保存良好，具有原出挑长度。下层其余砖件基本保存完好。塔檐渗漏致塔东、西两端砖风化酥碱严重。角梁侧面、砖表面污迹斑斑，凸凹不平。砖表面有轻度风化现象	11层叠涩砖南端端破损严重，西端2砖件保存较好，可见原出挑长度。10层全部折断。其余砖件基本保存完好。下层其余砖件基本保存完好。塔檐渗漏致叠涩砖表面污迹斑斑，凸凹不平。砖表面有轻度风化现象	11层叠涩砖南端端破损严重，北端4砖件保存较好，可见原出挑长度。10层叠涩砖中间部分可见原出挑长度。下层其余砖件保存较好，其余砖件基本完好。塔檐渗漏致叠涩砖表面污迹斑斑，凸凹不平。砖表面有轻度风化现象	11层叠涩砖全部残断，10层砖件保存较好，可见原出挑长度。下层其余砖件基本完好。塔檐渗漏致叠涩砖表面污迹斑斑，凸凹不平。砖表面风化侵蚀同程度破损	11层叠涩砖西端端保存较好，可见原出挑长度。东端端破损严重。10层砖件基本保存完好，东端角浆流失。下层其余砖件基本完好，结构松散。塔檐渗漏致叠涩砖表面污迹斑斑，凸凹不平。砖表面有青苔。砖表面不同程度风化破损	11层叠涩砖南端端2砖件保存原有尺寸，其余砖件保存较好。10层砖件个别残断，北端个别残断。其余砖件基本保存完好，东端可见原出挑长度。下层其余砖件基本保存完好，西、南、北端角个别灰浆松散。其余砖件风化酥碱较严重。塔檐渗漏致叠涩砖表面污迹斑斑，有青苔。砖表面风化侵蚀破损	11层叠涩砖全部残断。10层叠涩砖南端端砖件残断，北端个别残断。下层其余砖件保存完好，个别砖件断裂风化酥碱。塔檐渗漏致叠涩砖表面污迹斑斑，凸凹不平。砖表面不同程度风化侵蚀破损	11层全部折断。10层叠涩砖北端有出挑原有尺寸，保持原有出挑尺寸，其余残断。下层其余砖件基本保存完好。个别砖件伴风化酥碱严重。塔檐渗漏致叠涩砖表面污迹斑斑，凸凹不平。砖表面风化侵蚀同程度破损
角部	角梁糟朽，外露部分造型不完整，结构砖脱节，角梁与砖体风化酥碱严重，灰浆流散，结构松散	角梁糟朽，外露部分造型不完整。角梁四周砖体风化酥碱严重，灰浆流失	角梁糟朽，外露部分造型不完整。角梁下部砖梁周边灰浆流失	角梁糟朽，外露部分造型不完整。角梁下部灰浆与砖体脱节，结构松散	角梁糟朽，外露部分造型不完整。角梁下部砖浆流失严重，结构松散	角梁糟朽，外露部分造型不完整。角梁下部砖体风化酥碱，灰浆与砖体脱节，结构松散	角梁糟朽，外露部分造型不完整	角梁糟朽，外露部分造型不完整。分造型北端砖边风化酥碱严重

表3-8 第七层塔檐保存现状统计表

侧面		南	西南	西	西北	北	东北	东	东南
博脊		砖体基本完整。西端竖直向裂缝1条延伸至叠涩第4层，角部砖破碎，其余基本完好	砖体基本完整。南端、东端砖角部缝延伸至叠涩第3层，砖体面不同程度风化	砖体基本完整。南端下部1条裂缝延伸至叠涩第3层，砖体面不同程度风化	砖体基本完整。南端角梁下部1条裂缝延伸至叠涩第2层，砖体面不同程度风化	砖体基本完整。砖体表面不同程度风化	砖体基本完整。砖体表面不同程度风化	砖体基本完整。南部砖角部砖压碎、松动、裂	砖体基本完整。北端角部砖松动、个别劈裂坠落
垂脊		全部缺失	全部缺失	全部缺失	全部缺失	全部缺失	全部缺失	全部缺失	全部缺失
筒瓦		筒瓦砖仅存6垄且每垄残存200~300mm，风化严重，灰浆流失，结构松散，多有移位。瓦垄位置清晰	筒瓦砖仅存6垄且每垄残存200~300mm，风化严重，灰浆流失，结构松散，多有移位。瓦垄位置清晰	筒瓦砖全部不存。瓦垄位置清晰	筒瓦砖仅存4垄且每垄残存200~300mm，风化严重，灰浆流失，结构松散，多有移位。瓦垄位置清晰	筒瓦砖仅存8垄且每垄残存200~300mm，风化严重，灰浆流失，结构松散，多有移位。瓦垄位置清晰	筒瓦砖仅存5垄且每垄残存200~300mm，风化严重，灰浆流失，结构松散，多有移位。瓦垄位置清晰	筒瓦砖仅存2垄且每垄残存200~300mm，风化严重，灰浆流失，结构松散，多有移位。瓦垄位置清晰	筒瓦砖无存、瓦，残存瓦件风化严重。瓦垄位置清晰
板瓦		檐口板瓦砖全部风化坠落、残存瓦件伴风化严重，表面凹凸不平	檐口板瓦砖全部分风化坠落、残存瓦件伴风化严重，表面凹凸不平	檐口板瓦砖全部分风化坠落、残存瓦件伴风化严重，表面凹凸不平	檐口板瓦砖全部坠落、基本无存，残存瓦件伴风化严重	檐口板瓦砖全部风化坠落、基本无存、残存瓦件伴风化严重。瓦件凹凸积土生长杂草、苔藓	檐口板瓦砖全部风化无存、基本无存、残存瓦件伴风化严重	檐口板瓦砖坠落、基本无存、残存瓦件风化严重	檐口板瓦砖全部风化坠落、基本无存、残存瓦件风化严重
斜坡砖		檐口处风化残断、余基本完好	檐口部分残断、余基本完好	檐口部分残断、余基本完好	檐口部分残断、余基本完好	檐口残断、余基本完好	檐口残断、余基本完好	檐口残断、余基本完好	檐口残断、余基本完好
叠涩砖		10层叠涩砖全部折断，9层西端3砖伴保存良好，中间具有原有出挑长度，其余较伴保存好。8层西端个别砖折断。下层其余砖件基本保存完好。塔檐渗漏致叠涩砖缝灰浆流失严重，表面凹凸不平，砖表面有风化现象	10层叠涩砖全部折断，9层西端3砖伴保存良好，具有原有出挑长度，其余砖部分折断。8层西端个别砖折断。下层其余砖件基本保存完好。塔檐渗漏致叠涩砖缝灰浆流失严重，表面凹凸不平，砖表面风化斑斑，凸凹不平，砖表面有轻度风化现象	10层叠涩砖南端4砖伴保存较好，个别砖件保存较好。9层叠涩砖伴保存较好，可见原有出挑长度。其余砖件出挑长度。檐口部分残断，余基本完好。塔檐渗漏致叠涩砖表面污迹斑斑，凸凹不平，风化侵蚀破损	10层叠涩砖两砖伴保存较好，可见原有出挑长度。9层叠涩砖伴保存较好，可见原有出挑长度。其余砖件保存基本完好。塔檐渗漏致叠涩砖表面污迹斑斑，凸凹不平，风化表面侵蚀破损	10层叠涩砖保存较好，可见原有出挑长度。其余个别砖件风化酥碱较严重。塔檐渗漏致叠涩砖表面污迹斑斑，有青苔，砖表面不同程度风化侵蚀破损	10层叠涩砖出挑断，9层砖件保存个别残断，其余可见原有出挑长度。北端叠涩砖出挑断裂，砖件风化酥碱严重。塔檐渗漏致叠涩砖缝边沿，砖表面污迹斑斑，砖表面不同程度风化侵蚀破损	10层叠涩砖南端3砖断、9层叠涩砖南端3砖伴保持原有出檐尺寸，其余砖残断。8层砖残断。北端砖体压碎、劈裂、外闪，结构松散有坠落趋势。南端已坍塌，坍塌面积约1m²，深约400mm。塔檐渗漏致叠涩砖表面不同程度破损。风化侵蚀致破损	10层全部折断。9层叠涩砖南端残3砖，9层叠涩砖保持原有出檐尺寸，其余砖残断。8层砖有残断，北端砖体压碎，劈裂、外闪，结构松散有坠落趋势。南端已坍塌，坍塌面积约1m²，深约400mm。塔檐渗漏致叠涩砖表面不同程度破损。风化侵蚀致破损

续表

侧面	南	西南	西	西北	北	东北	东	东南
角部	角梁槽朽，外露部分造型不完整。角梁边砖体松散，灰浆流失，角梁与砖体脱节	角梁槽朽。外露部分造型不完整。角梁四周砖体灰浆流失	角梁槽朽。外露部分造型不存，灰浆流失	角梁槽朽，外露部分造型不完整。角梁周边灰浆流失	角梁槽朽，外露部分造型不完整。角梁周边砖体酥碱严重，结构松散	角梁槽朽，外露部分造型不完整。角梁周边砖体风化酥碱严重，灰浆流失，结构松散	角梁槽朽，外露部分造型不完整	角梁槽朽，外露部分造型不完整。角梁边砖体明塌致角梁边砖体脱散，角梁与砖体脱节，结构松散

表3-9 第八层塔檐保存现状统计表

侧面	南	西南	西	西北	北	东北	东	东南
博脊	砖体基本完整。各层东端部青砖残损，残角部青砖残缺，砖体表面不同程度风化	砖体基本完整。中间部位有细小的裂缝，砖体表面不同程度风化	砖体基本完整。中间部位有细小裂缝，砖体表面不同程度风化	砖体基本完整。表面不同程度风化	砖体基本完整。砖体表面凹凸不平，侵蚀现象污迹斑斑，砖体表面不同程度风化	砖体基本完整。3层破损严重。西北侧角部第1、2块青砖折断破损，中间一扶青砖缺失	砖体基本完整。砖体表面不同程度风化	砖体基本完整。中间有3条裂缝出现。最西端裂缝最为严重，垂直延伸到檐部
垂脊	全部缺失	全部缺失	北端有残损垂脊，可辨识原始式样	全部缺失	全部缺失	全部缺失	全部缺失	全部缺失
筒瓦	筒瓦砖仅存6垄且每垄残存200~300mm，灰浆伴风化严重，结构松散，瓦垄有移位，多瓦垄位置清晰	筒瓦砖仅存10垄且每垄残存200~300mm，残存伴风化严重，灰浆流失，结构松散，多有移位，瓦垄位置清晰	筒瓦砖仅存10垄且每垄残存200~300mm，残存伴风化严重，灰浆流失，结构松散，多有移位，瓦垄位置清晰	筒瓦砖仅存11垄且每垄残存200~300mm，残存伴风化严重，灰浆流失，结构松散，多有移位，瓦垄位置清晰	筒瓦砖仅存11垄且每垄残存200~300mm，残存伴风化严重，灰浆流失，结构松散，多有移位，瓦垄位置清晰	筒瓦砖仅存5垄且每垄残存200~300mm，残存伴风化严重，灰浆流失，结构松散，多有移位，瓦垄位置清晰	筒瓦砖仅存9垄且每垄残存200~300mm，残存伴风化严重，灰浆流失，结构松散，多有移位，瓦垄位置清晰	筒瓦砖仅存8垄且每垄残存200~300mm，残存伴风化严重，灰浆流失，结构松散，多有移位，瓦垄位置清晰
板瓦	檐山砖风化坠落人部分不存，仅存3块约200mm残存伴风化严重	檐口砖残断凹凸不平，残存伴风化严重	檐口砖残断凹凸不平，残存伴风化严重	檐口砖残断凹凸不平，残存伴风化严重	檐口砖残断凹凸不平，残存伴风化严重	檐山砖残断凹凸不平，残存伴风化严重	檐口砖风化坠落不存，残存伴风化严重	檐口砖风化坠落严重
斜坡砖	接近檐口处风化残断，余基本完好	檐口部分残断，余基完好	檐口部分残断，余基本完好	檐口部分残断，余基本完好	檐口部分残断，余基本完好	檐口部分残断，余基流失，结构松散	接近檐口处风化完好，余基本完好	接近檐口处风化残断，余基本完好

续表

侧面	南	西南	西	西北	北	东北	东	东南
叠涩砖	9层全部折断。8层全部折断破损，灰浆流失严重，结构松散。6层、7层东端角部风化、砖表面风化无存，塌落无存，砖表面风化，结构松散。下层砖件基本保存完好，灰浆流失。东南端角部坍塌无存，结构松散。砖表面有不同程度风化现象	9层西端3砖3伴保存较好。其余均已折断缺失。8层西端角部保存较好，其余折断破损。下层砖件基本保存完好，灰浆流失，结构松散。塔檐渗漏致中间部位砖表面污迹斑斑，表面凸凹不平，有青苔，砖表面有不同程度风化现象	9层北端1砖1伴保存较好。8层北端已折断2块，中间各1砖，南端角部，8层两端角部保存较好，其余折断破损。下层其余砖件基本保存完整，塔檐渗漏致中间部位砖表面污迹斑斑，并有青苔出现。砖体表面有不同程度风化现象	9层3砖3伴相对较好。其余青砖均已折断破损。8层两端角部，7层两端角部缺失。下层其余砖件基本保存完整，塔檐渗漏致中间部位砖表面污迹斑斑，表面凸凹不平，有青苔，砖表面有不同程度风化侵蚀破损	8层西端保存基本完好。东端大面积坍塌。7层东端角部缺失。下层东端坍塌无存，角部位垂直方向通缝失，灰浆流失严重。西端垂直裂缝，砖体脱节、结构松散	9层全部折断。8层东南端保存基本完好。西北端破损严重，7层砖角角部。两端角部完整。灰浆流失严重。下层东南断裂、局部下沉。中间部位下沉。西北下沉移位。局部灰浆流失严重，端灰浆流失严重，下沉	9层南端1砖1伴保存较好。8层2砖2伴保存完整，其余均已破损，7层2砖2伴保持好。北端原有的出檐尺寸、端角坍塌，南端下沉。中间部位扭曲下沉。下层灰浆流失，角部灰浆流失，松散。下层砖面有不同程度的风化现象	9层两端角均部已坍塌无存。没有保留完好的外层青砖。8层西南角部坍塌无存，内部结构裸露，塔檐部渗漏致砖表面污迹斑斑，并有青苔出现。灰浆流失严重，结构松散
角部	角梁槽杅。西南端角梁。下有垂直方向贯通的长裂缝。角梁与砖体脱节、结构松散	角梁槽杅。两端角部灰浆流失，角梁与砖体脱节、结构松散	角梁槽杅。两端角部灰浆流失，角梁与砖体脱节、结构松散	角梁槽杅。两端角梁下有垂直方向贯通的裂缝。角梁与砖体脱节、结构松散	角梁槽杅。东端角部坍塌下沉。灰浆流失严重。西端角部垂直向裂缝。角梁与砖体脱节、结构松散	角梁槽杅。两端角部下沉。灰浆流失严重。两端角梁破损，结构松散。梁角与砖体脱节、结构松散	角梁槽杅。角部断裂。角梁破损。灰浆流失，结构松散。梁角与砖体脱节、松散	角梁槽杅。西南端角部断裂。东北端角梁至塔檐部裂缝破损。灰梁与砖体脱节、结构松散

表3-10 第九层塔檐保存现状统计表

侧面	南	西南	西	西北	北	东北	东	东南
博脊	砖体基本完整。东端有垂直至角角裂缝贯通。砖体表面不同程度风化	砖体基本完整。有细小的裂缝，砖体表面不同程度风化	砖体基本完整。有细小裂缝，砖体表面不同程度风化	砖体基本完整。多条裂缝。西南端裂缝较为严重，砖体表面不同程度风化	砖体基本完整。有垂直自向通缝。砖体表面不同程度风化	砖体基本完整。有多处裂缝。中间自向裂缝明显，砖体表面不同程度风化	砖体基本完整。角部劈裂缺失，砖体表面不同程度风化	砖体基本完整。有细小垂直向裂缝处出现。砖体表面不同程度风化
垂脊	全部缺失	全部缺失	全部缺失	北端有残损垂直，可辨识原始式样	全部缺失	全部缺失	全部缺失	全部缺失
筒瓦	筒瓦砖仅存6垄目每垄残存200~300mm，残存件风化严重，灰浆松散，结构松散，多有移位。瓦垄位置清晰	筒瓦砖仅存10垄目每垄残存200~300mm，灰浆松散，结构松散。瓦垄位置清晰	筒瓦砖仅存9垄目每垄残存200~300mm，灰浆松散，结构松散。瓦垄位置清晰	筒瓦砖仅存10垄目每垄残存200~300mm，灰浆松散，结构松散。瓦垄位置清晰	筒瓦砖仅存8垄目每垄残存200~300mm，灰浆松散，结构松散。瓦垄位置清晰	筒瓦砖仅存7垄目每垄残存200~300mm，灰浆松散，结构松散。瓦垄位置清晰	筒瓦砖仅存6垄目每垄残存200~300mm，灰浆松散，结构松散。瓦垄位置清晰	筒瓦砖仅存8垄目每垄残存200~300mm，灰浆松散，结构松散。瓦垄位置清晰

续表

侧面	南	西南	西	西北	北	东北	东	东南
板瓦	檐口砖风化坠落不存，残存伴风化严重	檐口砖风化坠落不存，残存伴风化严重	檐口砖残断凹凸不平，残存伴风化严重	檐口砖残断凹凸不平，残存伴风化严重	檐口砖残断凹凸不平，残存伴风化严重	檐口砖残断仅存1块约200mm，残存伴风化严重	檐口砖风化坠落不存，残存伴风化严重	檐口砖风化坠落不存，残存伴风化严重
斜坡砖	接近檐口处风化残断分残损，余基本完好	檐口部分残断，余基本完好	檐口部分残断，余基本完好	檐口部分残断，余基本完好	檐口部分残断，余基本完好	檐口部分残断，余基浆流失，结构松散，缺损破损严重，灰	檐口部分残断，余基本完好	檐口部分残断，余基本完好
叠涩砖	8层全部折断。7层西端伴砖伴保存较完整，其余全部折断。6层西端3砖伴折断，其余3砖保存较好，塔檐渗漏致砖表面出现污迹斑斑，凹凸不平，有青苔。东端角折断部分残损无存	8层全部折断。7层西端端保持原有的出檐尺寸，其余部位砖均已破损。6层其余部位砖保存基本完好，砖体有不同程度的风化现象。下层其余部位砖基本保存完好，灰浆流失严重，灰檐渗严重，西南角部位砖体断破损	8层3砖伴保存基本完好。其余部位砖均已破损。7层3砖保存基本完好，其余部位砖体均已破损。角部灰浆流失严重，中间部位个别砖无存。下层保存基本完好，灰浆流失严重，砖表面出现风化侵蚀破损	8层南端端保存基本完好，中间部位略散下沉。7层两端砖基本无存，灰浆流失严重，西南端部位砖裂缝下沉，砖劈裂破损6层，其余部位砖体均已破损，中间部大面积角劈裂破损，砖部有垂直向的裂缝贯通角梁底，有不同程度的风化	8层东角部劈裂，大面积缺失，局部砖体移位，中间部位个别砖折断、移位，结构松散。下层东端角部部位砖大面积缺失，局部砖体移位。中间部位砖基本完好，结构松散，灰浆流失严重，砖表面有不同程度的风化现象	8层仅西北端1砖伴保持原有的出檐尺寸。其余均已破损。东南端部局部坍塌。西北端角部劈裂无存。7层南端角劈裂破损。7层角部劈裂无存，6层由于东南端上部局部劈裂坍塌。下层东南端角部部位灰浆流失严重。西北端角部灰浆无存，灰浆流失，中间部位缺失严重	8层全部折断。北部角部劈裂破损。角部砖层全部损坏。7层南端角部破损，南端角部劈裂严重，7层南端角劈裂破损，6层南端角部坍塌。下层南端角梁以下部分保存基本完好，角梁水平出现端部角劈裂严重，角部砖裸露，结构松散	8层东南端角部均已坍塌无存。下层西南端角部大面积塌落无存，内部结构裸露。东北端角保存较为完好。东北角有明显的通缝出现。延伸到檐部
角部	角梁槽朽。西端角梁斜出现，角梁与砖通长裂缝，东端角缝体脱节，结构松散	角梁槽朽。南端有垂直向裂缝出现，灰浆梁底流失严重，角梁与砖体脱节，结构松散	角梁槽朽。南端角部劈裂缺失严重，结构松散节，角梁与砖体脱节，结构松散	角梁槽朽。南端角部劈裂缺失严重。灰浆与砖体松散，两端角梁与砖部保存基本完好结构松散	角梁槽朽。东端角部劈裂缺失严重。灰浆与砖体松散。结构保存基本完好有垂直向裂缝	角梁槽朽。东南端角部灰浆流失严重。西北部下沉移位。端部角梁缺失，结构脱节。梁与砖体松散	角梁槽朽。南端角部坍塌下沉。灰浆流失无存，角梁与砖体脱节，结构松散	角梁槽朽。西南端角部坍塌无存，内部保存。东北端角灰浆流失大，角梁与砖体脱节，结构松散

表3-11 第十层塔檐保存现状统计表

侧面	南	西南	西	西北	北	东北	东	东南
博脊	砖体基本完整。东端砖有裂缝出现。砖体表面不同程度风化	砖体基本完整。中间砖有细小的裂缝，砖体表面不同程度风化	砖体基本完整。砖体表面不同程度风化	砖体基本完整。中间的垂直向裂缝有细微的裂缝。砖体表面不同程度风化	砖体基本完整。砖体表面不同程度风化	砖体基本完整。西北端砖有垂直向通缝出现。砖体表面不同程度风化	砖体基本完整。南端砖有裂缝出现向裂缝出现。北端垂直砖体表面风化	砖体基本完整。西南端砖角部有裂缝出现。砖体表面不同程度风化
垂脊	全部缺失	全部缺失	全部缺失	全部缺失	全部缺失	全部缺失	全部缺失	全部缺失
筒瓦	筒瓦砖仅存2垄且每垄残存200~300mm，砖散落于零乱的板瓦砖中间。瓦垄位置清晰	筒瓦砖仅存2垄且每垄残存200~300mm，灰浆流失，多有移位。瓦垄位置清晰	筒瓦砖仅存8垄且每垄残存200~300mm，残存伴风化严重，灰浆流失，结构松散移位。瓦垄位置清晰	筒瓦砖仅存9垄且每垄残存200~300mm，灰浆流失，结构松散移位。瓦垄位置清晰	筒瓦砖仅存6垄且每垄残存200~300mm，残存伴风化严重，灰浆流失，结构松散移位。瓦垄位置清晰	筒瓦砖仅存4垄且每垄残存200~300mm，残存伴风化严重，灰浆松散移位。瓦垄位置清晰	筒瓦砖仅存3垄且每垄残存200~300mm，位置零散。瓦垄位置清晰	筒瓦砖仅存1垄且每垄残存200~300mm，瓦垄位置清晰
板瓦	檐口1处风化坠落不存，残存伴风化残损严重	檐口砖残断凹凸不平，残存伴风化残损严重	檐口砖中部2块约18mm，残存伴风化残损严重	檐口砖残断凹凸不平，残存伴风化残损严重	檐口砖残断凹凸不平，残存伴风化残损严重	檐口砖残断凹凸不平，残存伴风化残损严重	檐口砖风化坠落不存，残存伴风化残损严重	檐口砖南风化坠落不存，北端残断凹凸不平，残存伴风化严重
斜坡砖	接近檐口1处风化残断，余基本完好	檐口部分残断，余基本完好	檐口部分残断，余基本完好	檐口部分残断，余基本完好	檐口部分残断，余完好	缺失、破损严重，结构松散	接近檐口1处风化残断，余基本完好	接近檐口处风化残断，余基本完好
叠涩砖	8层破损折断。7层仅1砖件保存较好，其余部分砖修缮破损，7层两端有出挑尺寸。6层东面砖表面缺失，其余砖表面基本完好。5层东面砖个别折断破损，个别缺失断裂，仅有轻微风化现象	8层仅1砖件保存较好，其余砖基本完好。7层两端有4砖件破损，其余砖保存较好。5层砖表面有风化现象，余砖体基本保存。下层砖余基本完好，塔檐修缮偏致，凸砖表面污迹斑，凸凹不平，砖有青苔出现，并有不同程度的风化现象	8层北端2砖件保存基本完好。其余砖基本完好。7层断裂原尺寸。2砖件均保存较好，其余砖表面有风化现象。余砖体均已破损。下层余砖修缮已破损，整个砖层灰浆流失，砖体松动	8层破损严重，仅两端各1砖件保留原有的出檐尺寸。7层砖均已折断破损。6层已折断破损最为严重，其同部位破损最为严重，个别缺失，表面有风化现象。整个砖层灰浆缺失，灰浆流失	8层东端角部劈裂缺失，局部砖体移位。灰浆流失严重，结构松散。中间部位破损，结构松散，其余砖表面有的出檐尺寸，基本完好，表面有风化现象。7层程度风化缺失，东端砖角部劈裂无存，局部结构移位	8层南端仅1件砖件保存相对完好外，其余砖全部砖角破损。中间有裂缝，结构松散，7层南角部2砖件保持原砖件保存完好。6层南端角部劈裂存，西南端角部劈裂无存，内部结构裸露。下层两角部均劈裂缺失，灰浆流失严重，同中间部位下部保存相对较好	8层全部破损折断。7层南端角部坍塌，内部表层砖缺失，扭曲移位，结构裸露，保持原位。6层南端部劈裂存。5层南端角坍塌。下层南端部劈裂严重，灰浆流失严重。北端砖部劈裂缺失，有不同程度的风化现象	8层全部破损折断。7层西南角已坍塌，内部结构裸露，6层南端角部大面积塌落，坍塌范围逐层住上扩展。东北端保存较为完好

续表

侧面	南	西南	西	西北	东北	北	东	东南
角部	角梁槽杆。西端出现通长裂缝，下端出现通长裂缝，东端角部坍塌无存	角梁槽杆。两端角部保存基本完好。灰浆流失严重，角梁与砖体脱节，结构松散	角梁槽杆。两端角梁保存基本完好。灰浆流失严重，角梁与砖体脱节，结构松散	角梁槽杆。两端角梁结构松节，结构松散	角梁槽杆。角部劈裂缺失，灰浆流失严重，结构松节，角梁与砖松散	角梁槽杆。两端角部均劈裂缺失，灰浆流失严重，角梁与砖体脱节，结构松散。西北端有垂直向裂缝出现	角梁槽杆。北端角梁以下部分劈裂无存。角梁水平部位大面积坍塌，破损严重，灰浆流失严重，结构松散，砖体脱节，结构松散	角梁槽杆。西南端角部坍塌。东北端角梁下部保存较好。水平位置砖体缺失。角梁与砖灰浆流失，角梁与砖体脱节，结构松散

表3-12 第十一层塔檐保存现状统计表

侧面	南	西南	西	西北	东北	北	东	东南
博脊	砖体基本完整。东端角部灰浆流失严重、其余基本完好	砖体基本完整。砖体表面不同程度风化	砖体基本完整。北端角部有1条砌筑通缝，砖体表面不同程度风化	砖体基本完整。砖体表面不同程度风化	砖体基本完整。砖体表面不同程度风化	砖体基本完整。表面不同程度风化	砖体已坍塌、中间部分仅保留4砖件基本完整。两端角部全部坍塌	轮廓清晰，表层砖体已折断坍塌
垂脊	全部缺失	全部缺失	全部缺失	全部缺失	全部缺失	全部缺失	全部缺失	全部缺失
筒瓦	筒瓦砖仅存1垄且每垄残存200~300mm，风化严重、灰浆流失、全部结构松散，瓦垄位置可辨瓦垄移位	筒瓦砖仅存2垄且每垄残存200~300mm，风化严重、灰浆流失、全部结构松散，瓦垄位置可辨瓦垄移位	筒瓦砖仅存3垄且每垄残存200~300mm，风化严重、灰浆流失、全部结构松散，瓦垄位置可辨瓦垄移位	筒瓦砖仅存2垄且每垄残存200~300mm，风化严重、灰浆流失、全部结构松散，瓦垄位置可辨瓦垄移位	筒瓦砖仅存5垄且每垄残存200~300mm，风化严重、灰浆流失、结构松散，多有移位，瓦垄位置清晰	筒瓦砖仅存5垄且每垄残存200~300mm，风化严重、灰浆流失、结构松散，多有移位，瓦垄位置清晰	筒瓦无存	筒瓦无存
板瓦	檐口板瓦砖全部风化坠落，残存瓦伴风化严重，表面凸凹不平。有上层掉落的砖块	檐口板瓦砖全部风化坠落，残存瓦伴风化严重，表面凸凹不平。有上层掉落的砖块	檐口板瓦砖残存风化坠落，残存瓦伴风化严重，表面凸凹不平。有上层掉落的砖块	檐口板瓦砖东端部分风化坠落，西端挑部分无存，残存瓦伴风化严重，表面凸凹回平	檐口板瓦砖东端部分风化坠落，西端挑部分无存，残存瓦伴风化严重，表面凸凹回平	檐口板瓦砖东端残断，西端部分风化坠落，残存瓦伴风化严重，瓦面生长青苔	板瓦砖全部无存	板瓦砖全部无存
斜坡砖	东段因角坍塌缺失2排斜坡砖，西端檐口部分残断	东段因角坍塌缺失，西端檐口2排斜坡砖，局部分残断	檐口部分残断，余基本完好	檐口部分残断，余基本完好	檐口残断，余基本完好	檐口残断，余基完好	全部无存	全部无存

续表

侧面	南	西南	西	西北	北	东北	东	东南
叠涩砖	8层叠涩砖全部折断，东端叠涩砖近半断裂坠落。7层西端砖件基本保存完好，具有原出挑长度。下层西端砖件缺失。塔檐渗漏致灰缝流失严重，砖面凹凸不平，砖表面有风化现象	8层叠涩砖全部折断，7层中间部分5砖件保存良好，具有原出挑长度。东端原出挑折断缺失。下层西端砖件基本保存完好。塔檐渗漏致叠涩砖上部灰浆流失，表面污迹斑斑，凹凸不平，表面有风化现象	8层叠涩砖南端破损严重，北端3砖件保存较好，可见原出挑长度。下层其余砖件基本保存完好，个别砖件风化破损。塔檐渗漏致叠涩砖表面污迹斑斑，凹凸不平，砖表面有轻程度风化现象	8层叠涩砖全部折断。下层其余砖件基本保存完好。塔檐渗漏致叠涩砖表面污迹斑斑，凹凸不平，砖表面风化侵蚀破损	8层叠涩砖保存较好，可见原出挑长度，东端个别折断。下层其余砖件基本保存完好。个别砖件伴作风化酥碱，灰浆流失严重，结构松散。塔檐渗漏致叠涩砖表面污迹斑斑，凹凸不平，有青苔，砖表面不同程度风化侵蚀破损	8层叠涩砖出挑部分残断。可见原出挑长度，两端个别残断，其余可见原出挑长度。下层砖件基本保存完好，北端个别砖件伴作风化酥碱，挑断裂，南端叠涩砖局部坍塌，其余砖件风化酥碱严重。塔檐渗漏致灰缝裂隙破损，砖表面污迹斑斑，有不同程度风化侵蚀破损	叠涩砖全部坍塌。下层博脊完好	叠涩砖基本全部坍塌，仅有博脊。下层博脊局部完好
角部	角梁槽朽，外露部分造型不完整。角梁边砖，灰浆流失，结构松散，砖体脱节，与角梁砖缺失	角梁槽朽，外露部分。角梁四周砖体灰浆流失严重	角梁槽朽，外露部分。角梁四周砖体灰浆流失严重	角梁槽朽，外露部分。角梁同造型不完整，边灰浆流失	角梁槽朽，外露部分。角梁同造型不完整，边灰浆流失严重，角梁同砖体脱节，梁与砖体松散	角梁槽朽，外露部分。角梁同造型不完整，边砖体折断坍塌，角梁砖浆流失严重，砖体脱节，结构松散	角梁槽朽，外露部分。角梁同造型不完整，边砖坍塌致角梁不稳固	角梁槽朽，外露部分。角梁同造型不完整，边砖坍塌致角梁不稳固

表3-13　第十一层塔檐保存现状统计表

侧面	南	西南	西	西北	北	东北	东	东南
博脊	轮廓清晰。砖体表面风化酥碱、灰浆流失严重	轮廓清晰。砖体表面风化酥碱、灰浆流失严重	轮廓清晰。风化酥碱、灰浆流失严重	轮廓清晰。风化酥碱、灰浆流失严重	砖体基本完整。表面风化酥碱、灰浆流失严重	砖体基本完整。砖体表面风化酥碱、灰浆流失严重	砖体已全部坍塌	砖体全部坍塌
垂脊	全部缺失	全部缺失	全部缺失	全部缺失	全部缺失	全部缺失	全部缺失	全部缺失
筒瓦	因檐部坍塌筒瓦砖滑落无存	因上部坍塌筒瓦砖滑落无存	因上部坍塌筒瓦砖滑落无存	筒瓦砖全部缺失	筒瓦砖全部缺失	筒瓦砖全部缺失	筒瓦砖无存	筒瓦砖无存

续表

侧面	南	西南	西	西北	北	东北	东	东南
板瓦	因檐部坍塌板瓦砖无存。	檐口板瓦砖全部坠落。残存瓦件风化严重，表面凸凹不平。有上层掉落的砖块	檐口板瓦砖全部坠落，残存瓦件风化严重，表面凸凹不平。有上层掉落的砖块	檐口板瓦砖挑出部分残存、全部折断坍塌。残存瓦件风化严重，表面凸凹不平。有上层掉落的砖块	檐口板瓦砖仅剩3块且残存瓦件全部残断。风化严重。瓦面生长青苔。有上层掉落的砖块	檐口板瓦砖全部缺失、残存瓦件风化严重，砖体风化严重。长满青苔	板瓦砖全部无存	板瓦砖全部无存
斜坡砖	因檐部坍塌无存	檐口部分残断、余基本完好	檐口部分残断、余基本完好	檐口残断、余基本完好	檐口残断、余基本完好	全部无存	全部无存	全部无存
叠涩砖	叠涩砖全部坍塌，下层叠涩面堆积和所塌落砖块，随时有掉落风险	8层叠涩砖全部折断，7层中间部分保存良好，具有原出挑长度。南端角梁周边坍塌。其余砖件不同程度残损。塔檐渗漏致叠涩上部砖缝灰浆流失严重，凸凹不平。砖表面有风化侵蚀现象	8层叠涩砖两端破损严重，中间偏北砖件保存较好，可见原出挑长度。下层其余砖件保存较好，叠涩砖件整体部分别砖件破损。塔檐渗漏致叠涩表面污渍斑斑，凸凹不平。砖表面风化侵蚀破损严重	8层叠涩砖保存较好，可见原出挑长度。东端6、7、8层掉落。下层其余砖件保存较好，叠涩砖件整体风化酥碱。灰浆流失严重。塔檐渗漏致叠涩砖表面污渍斑斑，凸凹不平。砖表面风化侵蚀破损严重	8层叠涩砖保存较好，东上部有掉落砖块夹在5、6、7、8层，竖向错乱排列。下层其余砖件基本保存好。叠涩砖件整体风化酥碱。灰浆流失严重，结构松散。塔檐渗漏致叠涩砖表面污渍斑斑，有青苔。砖表面风化侵蚀破损严重	8层叠涩砖全部塌落。7层仅中间部分1砖件保存较好，可见原出挑长度。南端大面积坍塌。叠涩砖基本无存。其余砖件保存较好。叠涩砖件整体风化酥碱。灰浆流失严重，结构松散。有外闪	叠涩砖全部坍塌	表面叠涩砖大面积坍塌，仅南端角梁上部有4行内层砖，且灰浆流失，结构失稳，随时有坠落趋势
角部	角梁糟朽。外露部分造型不完整。角梁四周边坍塌致角梁不稳固，裸露端根部稳固，裸露端太长有拆接，悬挑端太长有下沉趋势	角梁糟朽。外露部分造型不完整。角梁四周边坍塌致角梁不稳。砖体与角梁脱节，裸露端根部结构松散	角梁糟朽。外露部分造型不完整。角梁四周边坍塌致角梁不稳。砖体脱节，裸露端根部稳固，角梁与墙体结构松散	角梁糟朽。外露部分造型不完整。角梁与砖体脱节，裸露端根部稳固，灰浆流失严重，结构松散	角梁糟朽，外露部分造型不完整。角梁与砖体脱节，砖体脱节严重，灰浆流失，结构松散	角梁缺失。坍塌致内部结构裸露，残留角梁体折断，灰浆流失严重，结构松散失稳	角梁缺头。坍塌致南端构结构裸露，剔柱坑清晰可辨	角梁糟朽，外露部分造型不完整。边体坍塌，灰浆流失严重，结构失稳失稳

表3-14　第十三层塔檐保存现状统计表

侧面＋角部	南	西南	西	西北	北	东北	东	东南
博脊	无存	无存	无存	无存	无存	无存	无存	无存
垂脊	全部缺失	全部缺失	全部缺失	全部缺失	全部缺失	全部缺失	全部缺失	全部缺失
筒瓦	筒瓦砖无存	筒瓦砖无存	筒瓦砖无存	筒瓦砖无存	筒瓦砖无存	筒瓦砖无存	筒瓦砖无存	筒瓦砖无存
板瓦	板瓦砖无存	板瓦砖无存	板瓦砖无存	板瓦砖无存	板瓦砖无存	板瓦砖无存	板瓦砖无存	板瓦砖无存
斜坡砖	斜坡砖无存	斜坡砖无存	斜坡砖无存	斜坡砖无存	斜坡砖无存	斜坡砖无存	斜坡砖无存	斜坡砖无存
叠涩砖	仅存2行砖体。砖体表面风蚀酥碱严重，灰浆流失，长满青苔、杂草	仅存2行砖体。砖体表面风蚀酥碱严重，随时有坠落。下部表面叠涩砖基本无存。内层砖面出现不同程度的折断、破损、掏蚀，结构松散，南端角部坍塌严重，残存基本不可以辨识，砖行清晰可辨	仅存4行砖体。砖体表面风蚀酥碱严重，灰浆流失，长满青苔、杂草，凌乱。上部砖体移位，随时有坠落风险。下部砖体乱散落，随时有坠落风险。下部砖体出现折断、破损、掏蚀，结构松散，南端角部坍塌下沉。砖行清晰可辨	仅存6行砖体。砖体表面风蚀酥碱严重，灰浆流失，长满青苔、杂草，凌乱。上部砖体移位，凌乱散落。下部砖体乱散落，出现折断、破损、掏蚀严重。砖行清晰可辨	仅存6行砖体。砖体表面风蚀酥碱严重，灰浆流失，长满青苔、杂草。上部砖体移位，凌乱散落。下部砖体乱散落，出现折断、破损、掏蚀严重。砖行清晰可辨	北端仅存4行砖体，南端坍塌。塌端端头处砖行清晰可辨。砖体有下沉外闪，砖体表面风蚀酥碱严重，灰浆流失严重。满青苔、杂草，砖体移位、凌乱散落。砖行清晰可辨	叠涩砖全部坍塌。坍塌端头处砖行清晰可辨。内部结构裸露，刹柱坑清晰可辨	叠涩砖全部坍塌。坍塌端头处砖行清晰可辨。内部结构裸露，刹柱坑清晰可辨
角部	角梁无存。角梁位置痕迹不可辨	角梁无存。角梁位置痕迹不可辨	角梁无存。角梁位置置痕迹可辨。灰浆流失严重，结构松散	角梁存。角梁可辨。砖体置痕迹可辨。灰浆流失严重，结构松散	角梁无存。角梁位置痕迹不可辨	角梁无存。角梁位置痕迹无存考究	角梁无存。角梁位置痕迹无存考究	角梁无存。角梁位置痕迹无存考究

五、倾斜状况

武安州辽塔无既往倾斜监测数据，依据本次勘察三维扫描数据分析，塔目前倾斜约0.7°，尚属端正。根据中铁西北科学研究院有限公司2020年5月提交的《内蒙古敖汉旗辽武安州白塔倾斜观测报告》[①]：武安州白塔倾斜方向测绘结果为四层至十一层水平向西北偏移0.21m，高度为11m，偏移角度为1.04°。现场测量的现有塔高为30.2m，由第四层至十一层偏移角度反推计算塔身整体偏移0.67m。综合塔地基特点及现场目测情况看，武安州辽塔目前尚属端正，倾斜值较小。

六、塔地基及周边排水

根据辽宁省建筑设计研究院岩土工程有限责任公司2019年4月提供的《武安州白塔保护维修工程岩土工程勘察报告（详细勘察）》[②]。

勘察场地位于内蒙古赤峰市敖汉旗丰收乡白塔子村西侧，饮马河北岸山岗之上，地貌单元属于丘陵，钻孔揭露地层岩性主要为全风化砂岩（图3-12）。

天然地基方案：本工程白塔基础持力层原为全风化砂岩②层，经地质勘查，基础持力层砂岩②较为稳定，承载力相对较高，未发现地基破坏现象。

武安州辽塔位于山岗之上，地势较高，排水良好。

图3-12 武安州辽塔周边地形

七、安防与防雷

武安州辽塔无安防和防雷设施。

八、周边环境

武安州辽塔位于内蒙古自治区赤峰市敖汉旗丰收乡白塔子村西200m处的一处高地上，视野辽阔。塔南侧约100m处为叫来河支流验马河，与河西南方向的辽代武安州城址隔河相望，城址向南1km处有东西绵延的群山。武安州辽塔西、北为起伏的丘陵，燕长城遗址从验马河北岸的台地上穿过，现地表只存三条黑土带，当地称之为"黑龙"。塔北侧约100m处为寺庙遗址。

武安州辽塔南侧7～8m处，有高7～8m边坡，受季节雨水冲刷，有坍塌可能，对塔体稳定有一定威胁（图3-13）。

---

① 《内蒙古敖汉旗辽武安州白塔倾斜观测报告》为中铁西北科学研究院有限公司2020年5月提供。

② 《武安州白塔保护维修工程岩土工程勘察报告（详细勘察）》为辽宁省建筑设计研究院岩土工程有限责任公司2019年4月提供。

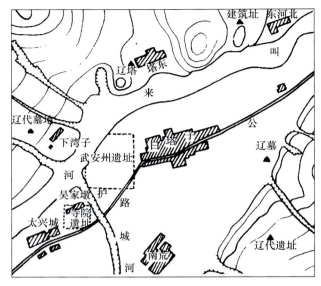

图3-13　武安州辽塔周边地形图

第二节　武安州辽塔残损情况及原因分析

为方便叙述，避免产生歧义，本报告对武安州辽塔平面轴网（坐标）、竖向塔檐层号及塔檐各构件名称分别标示为图3-14~图3-16：

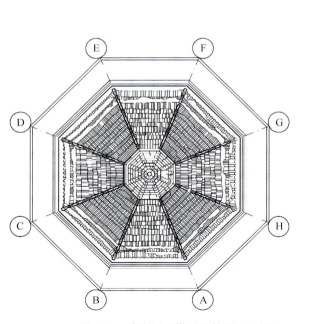

图3-14　武安州辽塔平面轴网（坐标）

图3-15　武安州辽塔塔檐层号

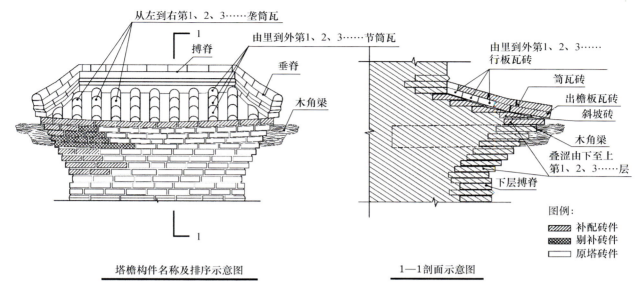

从左到右第1、2、3……垄筒瓦
1
搏脊
由里到外第1、2、3……节筒瓦
垂脊
木角梁

由里到外第1、2、3……行板瓦砖
筒瓦砖
出檐板瓦砖
斜坡砖
木角梁
叠涩由下至上第1、2、3……层
下层搏脊

图例：
▨ 补配砖件
▩ 剔补砖件
□ 原塔砖件

塔檐构件名称及排序示意图　　　　　　　1—1剖面示意图

图3-16　武安州辽塔塔檐构件名称

一、武安州辽塔残损情况

塔体竖向裂缝主要分布于一至四层密檐上下，每边大致分布3～4条缝，竖向，上下贯通，缝宽5～80mm（图3-17）。塔体竖向分布的较长裂缝对于塔体安全是致命的。塔截面整体性已被破坏，塔截面被裂缝分割为若干小截面柱体，极易受压失稳而导致塔体破裂坍塌。正式施工前针对塔体裂缝采取了对应的加固措施。

塔体二层塔檐南北两面有部分塌落，其余残存部位与塔体间存在较大裂缝（图3-18、图3-19），随时有塌落风险。塔体三层塔檐上部受拉区域亦存在裂缝，有坠落风险。

图3-17　武安州辽塔主要结构病害（一）

塔身部位中心设塔室，东、西、北三边置佛龛，南侧置廊道，截面削弱较多，竖向承载力本来相对较弱，加之南侧塌毁严重，故塔体在该部位竖向受力尚存在偏心，是塔体在竖直维度上最薄弱的环节。

塔基座底部保存极差，面砖无存，底部有多处盗洞。塔东南侧底部掏蚀凹进900mm，东侧凹进670mm。塔基座底部本来竖向压应力较大，加之头重脚轻，严重影响塔体稳定性。

塔檐从上至下，风化、残损极其严重，塔檐边部出挑防雨构件基本塌落不存，塔檐上部残存瓦、脊等构件断裂、移位、风化严重，手可以捏碎，塔檐基本丧失防雨功能，严重影响塔檐结构平衡与防水功能，有随时坠落的可能，也会成为塔檐及塔体进一步破坏的诱因。

图3-18 武安州辽塔主要结构病害（二）

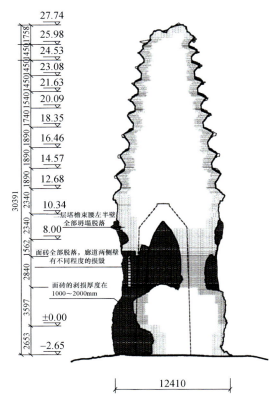

图3-19 武安州辽塔主要结构病害（三）

二、残损原因分析

武安州辽塔损伤和病害的形成，有其自身方面的原因，也有外部的客观原因，后者又可分为自然因素与人为因素两个方面。

（一）内因

（1）与大多数古塔建筑类似，武安州辽塔的砌块材料质地密实，质量良好，比较耐风化，但黏结材料基本采用黄泥，遇水易软化流失，这是塔体（特别是塔顶与塔檐部位）残损的最主要内因。

（2）武安州辽塔建造时布置有比较多的桩木，这可以从塔体内部残留的空洞得到证实。这些纤木对于加强塔体在横截面内的整体性发挥了重要作用，但与大多数古塔建筑建造工艺类似，其面砖与芯砖砌筑工艺多不同。面砖外形规整，砌筑工艺细腻，多用条砖；芯砖则多散乱，砌筑工艺粗糙；面砖与芯砖间多拉结不够。纤木日久糟朽，加之砌筑工艺的缺陷，是塔体（特别是外表）残损的主要内因。

（3）前已述及，武安州辽塔结构在竖向布置上存在固有缺陷，比较精细的力学分析也说明，由于承担了塔身二层以上荷载及拱结构受力特点的影响，塔中宫拱顶，东、西、北侧拱券顶部存在局部拉应力，该拉应力是二层塔檐处塔体出现竖向裂缝的直接因素，也是前期塔体围箍加固的最主要力学背景。由于塔体结构竖向存在偏心，加之塔底座和中宫层南侧受损严重，塔体应力集中现象比较明显，塔体在该部位亦有明显的侧向变形突变（图3-20）。

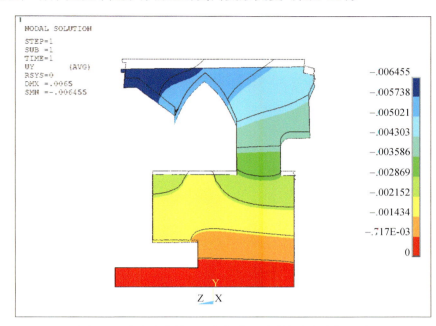

图3-20 南北向中轴面竖向位移云图（缩放因子为100）

（二）自然原因

自然原因主要有风雨剥蚀、冻融、雷电、地震等方面。

（1）敖汉旗属于温带大陆性半干旱气候，温差较大（极端最高温度39.7℃，极端最低气温－30.7℃），冬春季节多大风（2019年5月17日，敖汉旗遭遇冰雹袭击，其中部分乡镇出现9级大风）。极端的气候条件极易造成塔顶、塔檐等突出与外露的一些构件的风化破坏。一些构件的破坏加速了雨、雪水渗入塔体，变化无常的温度使渗入水分反复冻胀融化；另一方面，以黄泥为黏结材料的塔体结构基本不具备抵抗膨胀拉应力的能力，塔体内部频繁的涨缩使砖体产生许多裂隙并逐渐发育延伸，严重者则与前述局部集中应力产生叠加效应，逐渐发展为沿塔体竖向分布的贯通裂缝。

武安州辽塔所在地主导风向为北风及西北风，塔檐及塔体的破损主导风向方位保存较好，严重者恰恰在背风面。当地村民解释，迎风面雪不容易停留，少有雪水入渗塔体，冻胀冻融自然较轻。这一现象至少提示了两点：①雨雪因素对于塔体破坏有重要影响，②塔檐对于保护塔体有重要作用。

前已说明，塔体竖向分布的较长裂缝对于塔体安全的威胁是致命的，陕西法门寺塔、河北蓟县料敌塔皆因此而坍塌。

（2）从地质构造看，敖汉旗虽然不在地震带上，但却在断裂带上。在赤峰地区，八里罕—嫩江断裂带刚好从赤峰南北向穿过，它同时也是蒙古高原和东北平原分割带，地质活动非常活跃；另外，赤峰—开原（辽宁境内）方向的断裂带则从东西方向穿过赤峰，一直向西绵延到阴山一带；在赤峰境内还有西拉木伦断裂带，而且已经形成比较壮观的景象，周边的岩体像用刀削过的一样，垂直感强烈。历史上元朝大宁路地震就曾波及敖汉地区，武安州辽塔塔刹坠落及塔体裂缝的产生与扩展与地震灾害不无关系。但从塔体裂缝的走向看，地震不是导致塔体裂缝产生的主要因素。

（三）人为破坏

武安州辽塔二层塔檐以下塔身的破损，应当主要是人为破坏所致。历史上塔历经多次战争兵燹破坏，寺院毁坏后，塔长期无人管理及维护，这是塔体严重毁坏的因素之一。村民回忆"文化大革命"期间曾组织拆塔砖以修建兔舍，塔体下部的盗洞也是例证。

第三节　武安州辽塔安全稳定性评估

一、塔体原有砌筑材料

（1）武安州辽塔砌筑用砖材为烧结普通黏土砖，主要黏接材料为纯黄泥，仅在塔檐上叠涩外皮2层砖处及塔体高度方向大致每10皮砖处以纯白灰膏砌筑。灰缝厚度以6mm为基本值，塔檐处依造型适当调整。塔外表以白灰勾缝及涂面。

（2）砖件规格：武安州辽塔砖件分方砖与条砖2种，方砖以400mm×400mm×60mm居多数，少量500mm×500mm×60mm。方砖主要用于塔檐（塔身）角部。

原塔使用条砖规格比较杂乱，主要有380mm×190mm×60mm，520mm×220mm×60mm，400mm×200mm×60mm，460mm×220mm×60mm，塔檐（塔身）除去角部的其他部位多以条砖砌筑。塔檐檐砖主要采用丁砖砌法，塔身外皮露明砖则主要采用顺砖砌法，塔身外皮露明面磨砖。

塔檐筒瓦规格：380mm×120mm×80mm，400mm×120mm×80mm。

（3）塔体砖材根据赤峰时代检测有限公司2020年7月出具的《烧结普通砖检测报告》[①]，塔体原砖材轴压强度标准值为4.2MPa。

（4）采用日本理学Smart Lab X射线衍射仪对现场样品进行分析检测，结果表明，砖体样品中含有大量的方解石（$CaCO_3$，97.6%～98.6%）和少量的石英（SiO_2，1.4%～2.4%），灰层样品本体为石灰材质。

（5）通过对现场样品进行离子色谱检测结果显示，黄泥土样品检测到的可溶盐含量较高，阴阳离子总浓度大于250mg/L，阴离子中Cl^-和SO_4^{2-}含量较高，均超过70mg/L，阳离子则以Na^+、Mg^{2+}和Ca^{2+}为主，多在20mg/L以上。砖样品检测到可溶盐含量较低，总浓度小于60mg/L，但顶层砖样品中离子浓度相对下层较高，说明风化较明显。

---

① 《烧结普通砖检测报告》由赤峰时代检测有限公司2020年7月提供。

二、塔体现状稳定性评估

依据西安建筑科技大学2020年12月出具的《武安州辽塔塔檐维修后塔体力学状态分析》[1]报告，武安州辽塔中宫拱肩标高为对塔体最不利的危险截面，该截面上部塔檐加固维修完成后，按风荷载与自重作用不利组合下，全截面处于受压状态，未出现零应力区；塔体横截面南端压应力0.36MPa。根据最不利截面应力状态和现行规范规定，可以认为塔整体尚处于稳定状态。

从现场勘察的情况看：武安州辽塔地基情况良好，塔虽然破损严重，但塔地基情况良好，目前尚比较端正（无既往监测数据，三维扫描数据显示塔目前倾斜大致为0.7°），塔重心偏离不大，受拉边未见明显水平裂缝。

根据现行国家民建规范《建筑地基基础设计规范》[2]（GB 50007—2002），表5.3.4建筑物的地基变形允许值规定，当高耸结构在20＜Hg≤50范围时，其基础的倾斜应不大于0.006［Hg为自室外地面起算的建筑物高度（m）；倾斜指基础倾斜方向两端点的沉降差与其距离的比值］。武安州辽塔依据倾斜0.7°计算，倾斜率约0.012，约为规范标准的2倍。

根据既往古塔表现，综合判断：如无大的人为破坏或大地震等严重自然灾害，武安州辽塔目前尚不存在倾斜倒塌的可能性。

武安州辽塔受极端自然因素的影响，塔体破损亦确实比较严重，存在以下风险：①塔体一层塔檐上下存在竖向贯通塔檐的裂缝，塔体有破裂趋势；②塔体南北两面二层塔檐残存部位歪闪，有塌落风险；③一层塔檐下残存的极其珍贵的窗棂遗迹也基本与塔主体剥离，存在塌落风险。

三、武安州辽塔安全性评估

武安州辽塔保护加固工程在第五至十三层及塔顶修缮完成后，下部未修缮的情况下，管理方组织建筑安全检测机构中冶建筑研究总院有限公司做了武安州辽塔安全性评估，评估结论为："现状情况下，武安州辽塔整体结构的安全性等级评定为四级，即结构安全性严重不满足要求，需整体采取措施。不满足的主要原因为塔心室处部分砌体受压承载力不满足要求，塔心室内有多处裂缝，1层塔檐～5层塔檐外侧墙体有多处裂缝。"

其处理建议为：①建议对第1～5层塔檐进行修复处理，修复完成后进行抱箍处理。②建议对塔身进行增大截面处理，处理后进行抱箍处理，提高塔整体受压承载力。③建议对塔进行监测，主要监测塔心室及塔檐处已有裂缝的变化以及塔的整体变形，以便发现问题及时处理。

见附录二，5附《武安州辽塔安全性评估报告》，由中冶建筑研究总院有限公司2021年3月15日提供。

---

① 《武安州辽塔塔檐维修后塔体力学状态分析》由西安建筑科技大学2020年12月提供。
② 《建筑地基基础设计规范》（GB 50007—2002），表5.3.4建筑物的地基变形允许值。

加固维修篇

第四章　加固维修工程概述

为贯彻落实中央及内蒙古自治区领导关于武安州辽塔加固维修工程的重要批示精神，敖汉旗委、旗人民政府在各级领导的关心支持和社会各界的广泛关注下，高度重视、迅速行动、周密部署，在武安州辽塔加固维修工程上做了大量卓有成效的工作，取得了实质性进展，确保了中央重要批示精神和各级领导安排部署落到实处。整个修缮工程坚持最小干预、可识别等国际文化遗产保护通用准则，最大限度地兼顾了塔体安全系数与结构稳定性、真实性和完整性。在施工过程中使用传统工艺及材料，系统解决了武安州辽塔结构安全问题。在开展维修工程的同时，同步开展了振动检测、三维扫描、裂缝监测、数字建模等工作，并对辽塔塔心室、中宫及塔台区域进行考古发掘，明确了辽塔始建年代与建筑特征。按施工计划，历时15个月圆满完成了武安州辽塔加固维修工程。

第一节　工程组织与实施

一、工程立项与方案编制

1. 工程立项

鉴于辽塔的珍贵价值及辽塔历经千年损毁严重的现状，2013年9月，敖汉旗文化广电体育局委托辽宁省文物保护中心、内蒙古自治区文物保护中心编制武安州辽塔维修设计方案。两家单位对武安州辽塔的赋存环境及保存状态进行了全面深入的现场调查与勘察研究，提出第一版初步设计方案，即《武安州遗址—武安州塔保护维修工程方案》。

2015年，因文物保护工程申报程序调整的缘故，敖汉旗文化广电体育局于12月进行了武安州辽塔保护维修工程立项申报工作。2016年8月，国家文物局批复同意该工程立项（图4-1）。

2. 方案编制

立项批复后，辽宁省文物保护中心、内蒙古自治区文物保护中心两家单位在第一版初步设计方案的基础上，于2018年3月提出第二版设计方案，即《武安州遗址—武安州塔保护维修方案》。2019年7月，在吸纳专家评审意见基础上，提出了第三版设计方案《武安州遗址—武安州塔保护维修方案》，为后期加固维修工程的全面展开奠定了良好的基础。

在2020年5月实施紧急除险预加固工作的同时，敖汉博物馆（原内蒙古史前文化博物馆）委托陕西省文化遗产研究院、陕西普宁工程结构特种技术有限公司对武安州辽塔加固维修工程进行

国 家 文 物 局

文物保函〔2016〕1411号

关于武安州遗址—武安州塔保护
加固工程立项的批复

内蒙古自治区文物局：

你局《关于内蒙古武安州遗址—武安州塔保护维修工程立项报告的请示》（内文物发〔2016〕142号）收悉。经研究，我局批复如下：

一、原则同意武安州塔保护加固工程立项。

二、在编制工程技术方案过程中应注意以下几个方面：

（一）应坚持最小干预原则，以塔体现状加固、消除安全隐患为主，严格控制工程规模、范围和强度，减少对塔体的干预，避免过度保护。

（二）应切实做好前期勘察、研究和试验，加强对文物本体现状的调查评估，明确文物残损程度及范围，查明病害类型及成因，评估病害对塔体的危害程度及塔体的稳定性，了解武安州塔原形制、结构、材料和工艺，为工程技术方案编制提供科学依据。

（三）做好前期考古及研究工作，确认地宫和天宫的保存情况，开展相关历史图像资料的搜集和研究，为方案编制提供

依据。

（四）开展专项评估，重点评估塔基、塔身等不同部位的倾斜程度和稳定性，并查明原因，据此提出有针对性的保护加固措施。若塔体已基本稳定且不存在进一步变化的风险，原则上不宜进行过多干预。同时，应对影响塔身稳定的裂缝和盗洞采取加固措施，消除塔身结构安全隐患。

（五）应对残损较严重的塔身墙砖、塔檐和塔顶构件进行适当修补，明确修补的标准和范围，避免大规模替换而导致修葺一新的效果。

（六）进一步明确已缺失或损坏的塔刹等部位的保护加固措施，如无依据不应进行复原处理。

（七）进一步校核工程预算，控制规模和范围，补充预算依据，科学编制预算。

三、请你局组织专业机构根据上述意见和《文物保护工程设计文件编制深度要求（试行）》的有关规定，编制工程技术方案，委托或组织第三方咨询评估机构进行方案技术评审，并依据第三方咨询评估机构的评估结论进行审批。

四、请你局督促促地方人民政府切实加强武安州遗址的保护和管理，做好日常巡查和看护，确保遗址安全。

国家文物局
2016年8月8日

公开形式：主动公开

抄送：中国文物信息咨询中心，本局办公室。

国家文物局办公室秘书处　　　　　　2016年8月15日印发

初校：刘清　　　终校：李晓蕾

- 1 -　　　　　- 2 -

图4-1　国家文物局批复立项文件

进一步的深化研究与方案设计工作。2020年5月19日设计单位交付第1稿加固维修方案，2020年5月21日内蒙古自治区文物局"内文物保函〔2020〕75号"文对该设计方案提出批复，"原则同意该方案"，并提出了相应的修改意见。

二、工程开工及实施情况

（一）开工筹备

2020年6月11日，内蒙古自治区文物局印发《内蒙古自治区文物局关于转发武安州辽塔加固工程预算的通知》（内文物保函〔2020〕88号），要求建设单位尽快启动招投标程序。

陕西普宁工程结构特种技术有限公司主要从事古建筑的保护、工程结构的技术改造、补强及防风化处理等工程内容，且该公司拥有一批高素质管理人才，施工队伍构成合理，建筑、结构、文保、水、暖通、机械、经济、工程管理等专业配套齐全。因此，2020年6月，武安州辽塔加固维修工程采用邀请招标的方式，最终确定由陕西普宁工程结构特种技术有限公司承建武安州辽塔加固维修工程。同时经招投标后，确定由河北木石古代建筑设计有限公司履行监理工作。

（二）抢险预加固

根据武安州辽塔的现状险情及国家文物局提出的工作思路，2020年5月6~11日，由陕西普宁工程结构特种技术有限公司对辽塔实施了紧急除险预加固工作，主要加固措施为对塔身采用6道钢丝绳箍和3道钢板箍进行围箍加固。2020年7月3日，抢险加固工程通过验收（图4-2）。比次预加固工作基本消除了塔体出现大的紧急险情的隐患，为后续加固维修工作创造了比较安全的环境。

图4-2 武安州辽塔抢险加固工程验收会议

（三）正式开工

2020年7月13日，加固维修工程正式开工，至9月末，完成了第五至十三层塔檐及塔顶部的加固维修工作，并通过了内蒙古自治区文物局的阶段性评估和中期验收。随后因本地区的气候特点，基于对工程安全的考虑，辽塔加固维修工程进入冬季停工安全值守阶段。

（四）正式复工

2021年5月20日，武安州辽塔加固维修工程正式复工，至9月19日，完成了第一至四层塔檐、一层塔身、塔座及塔基的加固维修工作。至此，武安州辽塔加固维修工程总体完工。

（五）工程竣工

1. 竣工初验

2021年9月22日，国家文物局和内蒙古自治区文物局组织专家对武安州辽塔加固维修工程进行了初步验收，与会专家一致认为辽塔险情得以排除，结构加固和外观效果达到了预期目标，验收合格（图4-3）。初验合格后，业主方及施工方逐项落实完成9月22日初步验收会议中国家文物局领导及专家提出的整改意见，9月25日施工方将辽塔施工现场移交给业主方后撤离。与此同时，

图4-3　武安州辽塔竣工初验评审会

敖汉旗公安局、业主方、丰收乡政府继续联合加强对辽塔的日常巡查及值守、病害监测等，确保辽塔本体安全。

2. 竣工终验

2022年8月25日，敖汉旗文物局申请对武安州辽塔加固维修工程项目进行终验。

2022年9月26日，国家文物局、内蒙古自治区文物局联合组织专家组，对武安州辽塔加固维修项目进行了竣工终验。经实地查看（图4-4）、听取汇报、审查资料、质询提问，专家组认为，武安州辽塔加固维修工程按照设计方案要求，完成了修缮内容与合同约定，工程质量和效果符合要求，外观风貌较为协调，内部结构合理，险情有效排除，结构加固和外观效果达到了预期目标，一致同意武安州辽塔加固维修工程竣工终验通过（图4-5）。

图4-4　与会领导、专家实地查看辽塔工程质量

图4-5　武安州辽塔竣工终验评审会

（六）工程档案管理情况

施工过程中，施工单位按《建筑工程资料管理规程》，安排专人对施工过程的全部资料进行记录、收集和整理，建设单位密切配合。随着工程的进展，建设单位及施工单位共同对资料进行检查、核对和确认。整个维修过程中，建设单位、监理单位及施工单位资料较齐全，也及时根据专家提出的整改意见进行了整改完善。

三、稳妥推进工程实施保障措施

为确保武安州辽塔加固维修工作顺利进行，稳妥推进工程实施，敖汉旗委、旗人民政府开展了大量切实可行的工作部署，具体工作情况如下：

（1）加强组织领导。成立了由旗委书记任组长，旗长、分管副旗长任副组长的武安州辽塔加固维修工作领导小组和武安州辽塔加固维修工程现场指挥部，统筹安排调度武安州辽塔加固维修工作。成立了武安州辽塔加固维修工程筹备办公室，选聘杨新、陈平、沈阳等4名专家作为武安州辽塔加固维修工程技术顾问，组建了抢救性加固技术团队。

（2）增设文保力量。增加全旗文物管理机构的编制，成立了敖汉旗文物保护中心，增加人员编制8个；成立了武安州文物管理所，安装了现代化的监控设施，配备了文保员、民警和执法车辆，对施工现场实行24小时值班值守。在武安州辽塔周围建设了两道保护性围墙，确保文物安全和施工安全。

（3）加大资金投入。切实提高对文物保护工作重要性的认识，正确处理经济建设、社会发展与文物保护的关系。累计投入旗级资金770万元，用于武安州辽塔围封、开展加固维修辅助工程等工作。

（4）落实属地责任。出台了《敖汉旗文物保护管理办法》，划定文物保护的红线和底线；全面推行文物（长城）长制，印发了《敖汉旗全面推行文物（长城）长制工作方案》，将全旗文物保护工作责任明确到单位和个人。

（5）保障信息畅通。对武安州辽塔加固维修工作实行日调度、旬报告、月报告制度，已上报旬报告34期、月报告11期。加大宣传力度，积极营造全民参与文物保护的浓厚氛围，及时向社会各界公布武安州辽塔加固维修相关信息，强化舆情管控，加强正面引导，及时回应社会关切。

第二节　驻场督导与评审

一、驻场督导

为确保武安州辽塔加固维修工程顺利实施，国家文物局和内蒙古自治区文物局及赤峰市文物局分别派遣驻场督导孙书鹏、张宝虎和马天杰、孙金松及马凤磊对整个辽塔加固维修工程进行督导，积极稳妥推进工程实施。

（一）国家文物局驻场督导工作内容

国家文物局派驻山西省古建筑集团工程有限公司孙书鹏总工程师对整个辽塔保护维修过程进行督导，其主要督导内容为梳理相关行政公文、工程材料、评审意见等，核查管理部门存档，检查设计、施工、监理单位各类资料内容要素、意见落实情况，全面记录和备份，同时对施工现场的新发现和考古资料进行补充完善；详细掌握工程进展，记录方案设计变更、施工工序调整等情况；参与设计交底会、工程例会、节点验收、竣工验收等并做好记录；每日独立编写督导日志并进行周总结、月总结，分段编写督导汇报报告。督导报告与内蒙古自治区文物局每周报告的内容错位互补。

（二）内蒙古自治区文物局主要督导工作内容

内蒙古自治区文物局于2020年、2021年先后派遣内蒙古自治区文物局副局长马天杰、内蒙古文物考古研究所孙金松副所长进行督导。督导主要内容侧重于对武安州辽塔加固维修工程相关程序的把控，具体包括辽塔抢险加固项目的审核批复、邀请专家对辽塔加固维修工程设计方案的评审批复、辽塔加固维修工程的资金评审、施工程序的报批等；随时传达国家文物局对辽塔的指示精神，并随时上报辽塔加固维修的工作进度；全程参与设计交底会、工程例会、节点验收、竣工验收等并做好记录。大量督导工作的有力落实，助推了武安州辽塔加固维修工程顺利竣工并通过了验收。

（三）赤峰市文物局主要督导工作内容

赤峰市文物局委派赤峰市博物馆马凤磊副馆长进行督导。主要督导内容为协助内蒙古自治区文物局做好对武安州辽塔加固维修工程相关程序的把控及施工期间现场技术问题探讨、考古发掘等事宜，具体包括辽塔相关项目的报批、工程进度的上报下达、邀请文物古建专家对辽塔设计方案进行评审、竣工验收、指导考古发掘及后勤保障等内容，在关键时刻对武安州辽塔加固维修工程给予了重要指导。

（四）建设单位驻场协调工作

建设单位为了配合各方做好加固维修工作，也为了做好上请下达、与专家团队保持密切联系、对重大问题和工程阶段的疑难杂症等事宜及时与专家团队联系请求给予支持等工作，设置现场协调组，派驻1名工作人员长期驻场，每日到施工现场查看，负责每日编写工作日志，并将工作日志上报至资料管理处，由资料管理员将每周编写好的周报逐级上报至内蒙古自治区文物局，整理好的旬报、月报统一上报至敖汉旗人民政府，由旗人民政府统一上报至内蒙古自治区文物局；同时负责协助现场各种会议的组织、实施、汇总上报等工作。现场所有事项均汇总在现场协调组，由其统一筛选后，分类向指挥部上报。施工期间，共召开了13次四方现场会议，及时解决了现场人力资源以及各单位之间相互配合的问题，以及现场实际技术性等问题，落实了合同约定以及突发事件的应急措施的实施。

二、方案评审与验收

为了优化设计方案，并为科学维修辽塔提供有力的依据，自武安州辽塔加固维修工程开工以来，敖汉旗人民政府共组织了11次专家评会，前后邀请了文物古建行业23位专家对设计方编制的方案进行不断细化修改。主要评审内容有：一是国家文物局2020年11月4日召开武安州辽塔冬季临时支护视频会议，除商讨冬季临时支护方案是否可行外，与会专家还对已有档案资料和勘察资料提出整改意见。二是陕西省文化遗产研究院、陕西普宁工程结构特种技术有限公司根据专家意见完善了武安州辽塔加固维修工程照片集、施工图、现状勘察补充测绘、勘察与维修资料、专家整改意见说明等工作。三是内蒙古自治区文物局于2020年11月17日主持召开武安州辽塔冬季保护工作专题会议，研究落实探沟回填和拆除脚手架等相关事宜。四是2021年3月12日陕西文化遗产研究院与陕西普宁工程结构特种技术有限公司完成《武安州辽塔1—4层加固维修（补充设计）方案》，并根据杨新、孙书鹏、黄滋、兰立志等专家初评意见完成修改。五是2021年3月29日国家文物局组织召开了《武安州辽塔1—4层加固维修（补充设计）方案》视频评审会，为完善方案奠定了更加坚实的学科基础。六是陕西省文化遗产研究院和陕西普宁工程结构特种技术有限公司，根据3月29日视频会专家的评审意见于4月6日深化了《武安州辽塔加固维修工程补充设计（备选方案）》。七是2021年9月22日，国家文物局和内蒙古自治区文物局组织专家对武安州辽塔加固维修工程进行了初步验收，验收合格。八是2022年9月26日，国家文物局、内蒙古自治区文物局联合组织专家组，对武安州辽塔加固维修项目进行了竣工终验，终验合格。

先后参加武安州辽塔加固维修工程方案评审与工程验收的专家有王立平、齐杨、张治强、曹建恩、赵江滨、贺林、李俊连、孙金松、付清远、沈阳、杨新、黄滋、董新林、兰立志、汤羽扬、葛家琪、井晓光、孙书鹏、刘智敏、盖之庸、张晓东（内蒙古将军衙署博物院）、张晓东（内蒙古大学）、王大方。

具体的专家信息详见表4-1。

表4-1　武安州辽塔加固维修工程专家组名单

姓名	单位	职务/职称
王立平	中国文物信息咨询中心	研究员
齐 杨	陕西省文物保护研究院	研究员
张治强	中国文化遗产研究院	研究员
曹建恩	内蒙古自治区文物考古研究所	所 长
张晓东	内蒙古大学历史与旅游文化学院	副教授
赵江滨	呼和浩特市文物保护中心	研究员
贺 林	陕西省文化遗产研究院	研究员
李俊连	机械工业勘察设计研究院有限公司	研究员
孙金松	内蒙古自治区文物考古研究所	副所长
张晓东	内蒙古将军衙署博物院	研究员
付清远	中国文化遗产研究院	研究员
沈 阳	沈阳文化遗产设计院	研究员
杨 新	中国文化遗产研究院	研究员
黄 滋	浙江省古建筑设计研究院	研究员
董新林	中国社会科学院考古研究所	研究员
兰立志	辽宁有色勘察院	工程师
汤羽扬	北京建筑大学	教 授
葛家琪	中国航空规划设计研究总院	总工程师
井晓光	沈阳九一八历史博物馆	研究员
孙书鹏	山西省古建筑集团工程有限公司	总工程师
刘智敏	河北省文物局	研究员
盖之庸	内蒙古自治区文物考古研究所	副所长
王大方	内蒙古自治区文物局	研究员

注：专家的单位及职务、职称均以当年信息为准

三、工作中的几点认识

（一）提高认识，加强对文物保护工作的组织领导

政府应高度重视文物保护工作，充分认识到做好文物保护工作的重要性和紧迫性，站在落实科学发展观的高度，按照《中华人民共和国文物保护法》，正确处理好经济建设、社会发展与文物保护的关系，把文物保护纳入我旗经济和社会发展计划，纳入城乡建设规划，纳入体制改革等，并建立健全文物保护责任制度和责任追究制度，从而更好地开展文物保护、抢救、利用、管理等各项工作。

武安州辽塔加固维修工程自开工以来，敖汉旗人民政府高度重视，全力配合国家、内蒙古自治区、赤峰市各级文物部门在该项目中所皆配备的督导人员，在人力、物力、后勤保障工作上予以支持，各级部门在工作上有机配合，为工程的顺利实施发挥了各自不同的作用。

（二）依法、科学修缮文物古建

为了更好地保护文物古建，使文物古建实现可持续发展，要依据《中华人民共和国文物保护法》，明确古建筑修缮相关手续和流程，明确其工作职责，提高文物部门依法管理及保护古建筑的责任感。

2021年4月7日内蒙古自治区文物考古研究院和敖汉旗博物馆组成联合考古队正式进驻辽塔考古发掘工地，对塔基进行了考古发掘，经过三个多月的发掘，取得了重要收获，揭露出塔基、明确了塔基一、二、三期的筑造风格和一期砖雕艺术品的建筑形制，分析出三个时期的维修年代，出土了飞天、兽鼻、兽獠牙、凤翅等重要的建筑构件和建筑饰件，尤其是弄清楚了塔基的内部结构和形制，为设计方和施工方科学修缮武安州辽塔提供了科学化、规范化的依据。

武安州辽塔加固维修工程考古与保护的衔接，遵守了不改变文物原状的原则，修复过程中保护了现存实物的原状和历史信息；保留了辽塔的传统工艺技术，且所有的新材料、新工艺在使用前都进行了前期试验和研究；与此同时，辽塔在修缮过程中正确把握了审美标准，没有以追求完整、华丽而改变文物原状。

因此，武安州辽塔加固维修工程做到了依法、科学修缮，尽可能保护了辽塔本体结构，保持了文物原始风貌，留住了乡愁记忆，传承了古老的历史文化脉络。

（三）加快队伍建设，提高管理水平

文物的保护、抢救、开发、利用、管理等工作离不开人才，有力支撑和促进着文物事业的发展。因此，要重视人才队伍的建设。文物局要加强对现有工作人员的培训，创造和提供学习培训锻炼的机会，通过管理干部培训和专业技术培训相结合、在职培训和岗前培训相结合、送出去和迎进来相结合的方式，帮助文物工作者提高专业知识和业务水平。

为了更好地推进武安州辽塔加固维修工程，敖汉旗人民政府增加了全旗文物管理机构的编制和力量，共增加文物保护编制12个，其中：成立了敖汉旗文化遗址保护中心，增加人员编制8个；将文化旅游综合行政执法大队更名为文化市场综合行政执法局，增加人员编制4个。

（四）加大宣传力度，营造文物保护的良好环境

文物保护工作人人有责，不仅需要文物管理部门和文物工作者参与，更需要广大人民群众的积极支持与参与。为了加强敖汉旗人民群众对文物保护工作的认识，敖汉旗文物管理部门加大宣传力度，利用现代科技手段，通过广播、电视、报纸等媒体，以各种形式宣传报道文物保护工作，提高人民群众对文物保护工作的认识，让人民群众认识到文物的重要性，提高保护意识。

自武安州辽塔加固维修工程开工以来，敖汉旗人民政府通过官方媒体对修缮过程进行跟踪报道，及时将修缮情况向民众公布，这样不仅回应了当地民众对辽塔的关切之情，也提高了人民群众对文物保护工作的认识，能更加自觉地加入保护辽塔的队伍中来。

武安州辽塔加固维修工程历时15个月顺利竣工，这与各方的支持帮助是分不开的，在此报告中敖汉旗人民政府由衷地感谢国家文物局、内蒙古自治区文物局、内蒙古自治区文物考古研究所（院）、赤峰市文物局及各位专家学者及设计方、施工方、监理方的辛勤付出。总之，文物保护工

作是一项系统工程，复杂且烦琐，包括抢救、开发、利用、管理等，我们必须认真学习、踏踏实实、一步一个脚印地做好这些工作，才能保证文物事业能够可持续发展。

四、驻场督导工作总结

为贯彻落实中央领导同志关于武安州辽塔加固维修工程的重要批示精神，国家文物局于2021年4月委托山西古建筑集团工程有限公司开始驻场督导，积极稳妥推进工程实施。2021年9月，工程整体完工，并通过国家文物局联合内蒙古自治区文物局组织的初步验收，驻场督导工作随即结束，历时近半年。现将相关情况报告如下。

（一）督导工作内容与模式

2021年3月，国家文物局委托山西古建筑集团工程有限公司对武安州辽塔加固维修工程进行督导。2021年4月20日，山西古建筑集团工程有限公司督导人员进驻现场，开始督导工作。

武安州辽塔督导工作组的工作内容主要是协助国家文物局督促项目参建各方，按照既定计划开展相关工作，细化时间安排、落实人员责任，高质量推进武安州辽塔加固维修项目实施。

1. 督导工作内容

梳理相关行政公文、工程材料、评审意见等，核查管理部门存档，检查设计、施工、监理单位各类资料内容要素、意见落实情况，全面记录和备份，同时对施工现场的新发现和考古资料进行补充完善。由于督导方常驻现场，便于及时发现新情况，可以补充勘察文物本体历史信息，尤其是只有在修缮时才能够获得或便于获得的真实历史信息，作为武安州辽塔加固维修工作的根本依据；同时，对其进行真实、完整的记录是文保工程的基本要求。

详细掌握工程进展，记录方案设计变更、施工工序调整等情况；参与设计交底会、工程例会、节点验收、竣工验收等并做好记录。

每日独立编写督导日志并进行周总结、月总结，分段编写督导汇报报告。督导报告将与内蒙古自治区文物局每周报告的内容错位互补。

2. 工作模式

坚持有1名工作人员长期驻场，施工期间每日到施工现场查看，每日向国家文物局汇报情况。

每日编写驻场工作日志，每周编写驻场总结周报告，每月编写驻场总结月报告，项目完成后编写驻场工作报告。日志及报告及时反馈国家文物局。

在辽塔加固维修工程保护施工期，另一名督导成员每月到现场一两次，与常驻人员交流情况，听取施工、监理工程进展汇报，提出指导意见。

（二）2021年工程内容与进展概况

1. 考古工作

2021年3月至5月，完成塔基台明考古发掘。

6月至7月17日，完成塔台（东、南、西三面）及其外围考古发掘。

在拟发掘区内以塔为中心，利用RTK，采用正方向布10m×10m探方36个。共出土遗物295

件，其中发掘出土遗物267件，地表采集遗物28件，所出土的遗物大多为砖雕构件，有少部分为陶质饰件，另有铜、铁、瓷、泥等饰件。

7月18日至9月，进行武安州辽塔北侧高坡建筑基址遗迹考古发掘（发掘情况与出土遗物王在整理中）。

2. 塔体加固维修

自2020年7月13日，武安州辽塔加固维修工程正式开工，至2020年9月末，完成第五至十三层塔檐的修缮工作。

2021年5月20日复工以来，主要完成了第一至四层塔檐、塔身、塔座、塔基等修缮工作。武安州辽塔加固维修工程的内容主要有：①塔体预防性加固；②塔顶、塔檐归安加固与维修；③塔身与塔基座补砌与围护；④塔体外围场地排水疏导等。在施工的过程中进行的设计变更有：①整修塔顶；②竖井南侧塔壁补砌做法优化调整；③塔基砌筑方法和黏结材料及青砖规格。

2021年9月22日正式进行竣工初步验收，由国家文物局和内蒙古自治区文物局组织专家，经设计、监理、施工、建设单位有关人员共同验收，专家组通过现场查验和会议评议，认为该工程基本完成设计方案内容与合同约定，工程质量和效果符合要求，达到排险修缮加固的目的，通过竣工初验。

主要时间节点如下：

5月1～19日，进行开工前的准备工作，主要包括加工补修塔檐部位的铺作砖料；糙砌试验墙体并勾缝；修改施工组织设计；相关材料的联系筹备等工作。

5月22～29日、6月19～23日塔座北面盗洞清理和补砌。

6月18～30日，补砌塔基下部。

7月1～11日，搭设脚手架至第四层塔檐。

7月10日～8月19日，塔体南面坍塌部位补砌加固。

7月9～15日、8月13～15日、8月18～20日，密檐第二层塔檐补修加固。

7月15～20日、8月17～18日，密檐第四层塔檐补修加固。

7月21～26日、8月14～18日，密檐第三层塔檐补修加固。

7月28日～8月29日，塔体整体勾缝。

8月10～31日，一层塔身塔心室、佛龛、破子棂窗、券洞门等加固或补配。

8月25～28日，防雷工程（大部分完成）。

9月3～5日，拆除脚手架。

9月7～20日，塔基补砌，外围覆土、铺散水。

9月13～17日，塔座下部掏蚀部位补砌。

9月22日通过竣工初步验收。

9月23～25日进行验收建议整改工作。

9月25日业主、督导组、设计、施工、监理单位离场。

（三）督导工作情况

按照合同约定和工作计划，结合本项目的具体实际情况，督察组主要进行了以下几个方面的工作。

1. 调整完善设计方案

《武安州辽塔加固维修工程设计方案》是按照《武安州遗址—武安州辽塔保护维修工程方案》编制，于2016年8月15日立项。本工程是按照《武安州辽塔加固维修工程方案（备案稿）》实施的，随着加固维修工程的深入与考古工作的介入，在实施过程中，对设计方案进行多次补充、调整与施工，比较大的调整有以下几点。

1）三期塔基的保留

随着考古工作的深入，揭露出塔基遗址有前后三期包砌叠压的历史遗址，本次加固维修如何取舍争论较大。督导组认为，无论是从遗址的完整性、历史延续性，还是结构安全性等角度出发，坚持保护现状、最小干预的原则，应据现状加固补缺第三期塔基，最大限度地保存历史信息。这一理念得到了国家局领导及专家组的认可和支持，及时修正、补充了原方案：塔基部分的设计，调整了原施工方案，使文物本体得到及时有效的保护。

2）取消塔基内钢筋混凝土圈梁

原方案中塔基部位增设钢筋混凝土圈梁。督导组根据现场情况及施工经验，认为其对塔基干扰太大，且作用有限，建议予以取消，这一建议得到了专家组的支持，对原方案进行了同意将其取消意见的表态，做到了最小干预，且不影响塔体结构的整体安全。

3）补充完善南立面塔门部位的结构加固设计

辽塔南立面竖井部位是残损塔体风险最大的部位，在加固维修过程中督导组根据实际情况提出重点加固、钢柱支撑的建议，这一建议经结构计算，设计方调整了原有加固方案，补充网架钢柱暗埋支撑方案，这个支撑方案调整得到了专家组的同意和认可。

4）明确塔基台面铺装设计

塔基台面的铺装方法设计方案表达不明确，督导组根据塔基现状考古资料判定，确定台面铺墁形式应为条砖纵向铺墁，并建议设计方予以补充确认，对横铺做法及时纠正，这样符合现状遗存信息，辽塔铺装效果较好，得到了专家组的同意和认可。

5）补充木质塔门设计

原方案对二层塔门未做设计，根据现状情况和实际需要，督促设计方补充塔门的设计，建议增补木质塔门，从最后完成情况看，效果较好。

2. 深化、细化工程实施过程

根据审核批准的《武安州辽塔加固维修工程施工组织设计》，结合现有实际情况，及时修正、更新，深化、细化施工工程过程，对保证施工质量、安全、工期具有重要作用，督导组在驻场期间，在施工过程中主要做了以下工作。

1）坚持文物维修的原则，把控工程质量

按照设计和施工的原则要求，严格控制施工过程中各个环节，保证工程质量。

新旧砖砌体咬搓本来是维修补砌的基本要求，但在实际补砌过程中发现新砌条砖与旧有砌体存在差异，需进行二次现场加工，督导组坚持传统砌筑工艺要求，督促施工方对不符合要求的砌体部位进行了整改，保证了维修加固质量和效果。同时及时纠正使用现代砌筑灰浆，恢复传统的砌筑黏合材料，保证了传统工艺和传统材料的应用和传承。

2）坚持最小干预，科学合理修缮

坚持维修过程的最小干预原则，在施工过程中"度"的把握确实艰难，这需在充分调研、分析、论证的基础上做出决断。在本项目的加固维修过程中，在取消混凝土圈梁、减少控制锚杆钻孔上无不体现了这一理念的坚守；新旧砌体结合部位用锚杆连接，对确保安全至关重要，但对塔体的损伤也是永久不可逆的，对日后新砌体的拉结会对旧砌体产生怎样的影响，目前无法评估。因此，在施工过程中严格控制打锚孔的数量、深度，把对塔体结构的影响减小到最低，尽量保持最小干预。以最小干预原则保证塔体结构的安全这一理念得到了国家文物局领导和专家组的支持和认可。

3）充分利用原有构件、保持历史信息

在塔基考古发掘过程中，出土了大量原塔用砖，在补砌塔基过程中，坚持旧物利用，旧砖旧安，不仅提高了塔基部位的真实性、体现了原有风貌，而且节约了维修成本，一举数得。

原有木筋，在筋的分布和规格等情况基本明晰，但部分木筋缺失较多，本次维修中，部分位置补植木筋，虽然难以和旧有的木筋进行有效连接，但可以较好地反映这一历史信息，这一理念得到了专家组的支持和认可。

4）修旧如旧，外观风貌协调

在本次维修中，外观观感的把握亦是重要一环。督导组一直坚持完成面的色调、肌理尽可能与塔体原有外表相协调，并且将这一理念贯彻在维修过程中。

一层塔身部位新制的木门、砖雕、破直棂窗，安装后发现木色与塔体砖色反差强烈，督导组督促进行了随色处理。

塔体南立面补砌肌理与上下部位反差较大，督导组坚持督促进行调整，只有清楚塔体原有的砌筑工艺和方式，进而确定补砌每一块砖的纵横摆放方式和外露面层的处理，才能最终维持整体沧桑古朴的风貌，达到协调的效果。

3. 加强安全施工督导和管理

在项目施工过程中，督导组始终将安全施工放在首位，保证文物安全与施工人员安全。在进场前、施工中，时时不忘强调安全，坚持"安全第一，预防为主"的方针，督促各参与单位及人员树立安全意识，坚持"谁主管，谁负责；谁检查，谁监督；谁在岗，谁落实"的原则，细化安全条例，落实安全责任。尤其此时新冠疫情零星散发，防控压力较大，严格遵守各地防控要求，保证了在施工期间未发生任何安全事故，亦未出现新冠感染病例，保证了维修任务的顺利进行。

4. 多方协作，合理推进工期进度

在2021年5月20日正式复工后，进行人员、物资筹备工作和前期准备，6月中旬正式开始塔体砌筑，按照预期的施工目标正常有序地进行，工期推进合理，未出现抢、赶工期情况，这得益于参与各方的协调配合。

第一，国家文物局驻场督导组的现场工作离不开现场相关各方和旗、市、自治区各级文物部门的配合与支持，与各级各方沟通协调，互相支持，保证项目的顺利进行。

第二，突出不同阶段工作侧重点。塔基考古发掘是摸清塔基形制、塔座下部残损情况的前提工作，为修缮提供根本依据，3～5月，突出塔基考古发掘工作，5月以后，工程进入施工阶段，以消除塔体病害和安全隐患为工作重点，塔基外围的考古发掘与本体修缮存在交叉作业，以本体修缮工作为重。

第三，工程施工阶段，需对原方案微调的地方较多，工程洽商单的提出与回复督促皆以业主方牵头进行，尽量避免在业主方不知情的情况下设计方直接回复施工方，并将未经四方确认的内容用于修缮工作。

第四，现场驻场督导需将每日情况及时、准确反馈给国家文物局，沟通的形式除文字外，还采用多种方式，如电话、视频、图片等，效果较好。

5. 及时跟进、完善工程资料

（1）工程设计方案几经修改完善，后面的修改方案主要为补充方案，而最终需要一套完整的设计方案，所以需要对此前各方案进行整合、归并。

（2）工程施工资料，武安州辽塔南面坍塌残损极严重，为塔体的主要安全隐患，对其进行补砌加固前应当编写专门的施工方案，并经严格审核才能付诸实施，该专项方案既是重要的工程资料，也是控制施工质量的事前措施。

（3）设计变更单、洽商单应及时跟进。维修工程根据实际进展情况对原设计方案进行调整的地方较多，当遇到重大调整时，需由设计方出具设计变更单。而大多调整都是局部，进行洽商即可。但无论是设计变更还是洽商（如一层塔身南面补砌券洞、新旧砌体拉结锚杆等），均在施工前经四方确认，未经四方确认不能付诸实施。

（4）加强工程资料收集中的弱项环节。文保工程资料应当突出只有在修缮时才可以获得或便于获得的文物本体历史信息的收集和记录，这方面资料收集的程度、数量都无硬性要求，又因修缮对象的不同，其历史信息差别较大，通常是工程资料中薄弱的环节。督导方认识到这一问题后，从自身出发，加强对这方面资料的收集和记录。例如，塔体砌筑澄浆泥材料和工艺，发现一层塔身佛龛内多处题记，塔体后世包砌界面与旧砖的合理使用，当地传统澄浆泥的制取工艺，当地传统木匠工具与操作技艺等。这对工程资料也是一个有益的补缺。

（四）几点体会

文物保护工程中直接引入督导机制，就国家层面而言属于工作模式的创新，由于尚属首次，无前人经验可资借鉴，本次驻场督导工作就是文物保护工程中在管理机制、科学保护方面的一个积极有益的探索，主要有如下几点体会。

1. 快速反馈、及时推进作用

文物保护工程中直接引入督导机制，是国家文物局在新形势下文物保护工作的新模式、新举措。这种模式能够更能体现国家文物局的意见，减少中间环节，加快推进工作进程，掌握第一手基本情况，了解现场实际，问题可以得以快速解决，工程进度可以快速推进，工程质量得以有效保证；同时对各级主管部门解决问题的能力与速度也是一种考验。

武安州辽塔项目从开工以来便受到各级政府的重视，国家、内蒙古自治区、赤峰市各级文物部门在该项目皆配备督导人员，由于各级督导自身工作与专业背景不同，现场工作侧重点也不同，形成了不同层面的督导反馈机制，各级部门的督导工作有机配合，为工程的顺利实施发挥了各自不同的作用。如国家文物局督导主要是在施工技术层面上予以督导支持，内蒙古自治区督导主要是在施工程序上依法合规方面进行督导，市级督导组则是在人力、物力、后勤保障上予以支持，三级督导组各自发挥优势，保证工程安全、优质、如期完成。

2. 统领配合协调作用

一项文物保护工程项目，参与和涉及的单位、人员较多，多级政府及项目管理单位的侧重点不同、要求不同、专业不同，故而在工作中督导组的统领配合协调作用就较为关键，起到了一个组织协调、统筹兼顾、加强向心力、增强凝聚力的作用，将大家的各项工作统一到工程项目的总体要求上来，为工程项目的顺利实施提供了有力保障。

3. 上传下达的桥梁作用

督导组驻场工作还有一个作用就是将工程进展情况通过日报形式，每天向国家文物局反馈项目的实际情况，使国家文物局随时掌握项目的进展，便于及时发出指示。同时，督导组将国家文物局的指示、专家组的意见及时传达到项目各参与单位或人员，及时进行工作调整，这样将国家文物局的指示及时有效地贯彻到工程的实施过程中，起到了上传下达的桥梁作用。

4. 技术指导作用

近半年来，督导组人员坚守岗位、履行职责，按照国家文物局的要求，加强对工程的全面指导，宏观的加固维修以微观的细节工艺技术做保障，强化检查、检验，规范操作，完善工程档案，保证工程资料的全面、准确。

督导组充分发挥专业技术优势，对项目实施过程中出现的施工技术和工艺问题，及时给予专业的指导和纠偏，使工程质量和保护效果具有较大的提升。

（五）总结

武安州辽塔加固维修项目督导组，在国家文物局的正确领导下，在内蒙古自治区、赤峰市、敖汉旗三级政府文物部门的大力支持和项目参与各方的全面配合下，顺利地完成了本项目的督导工作，也取得了显著成效，达到了预期目的。

督导组在驻场工作期间，得到了国家文物局各位领导的有力支持和亲切关怀，得到了专家组的及时指导，备受感动和鼓舞。

实践证明，国家文物局派驻督导组对武安州辽塔加固维修项目进行督导决策是正确的，作用是明显的，成效是显著的，针对性强、注重实效，对整个工程的督促是及时的，指导是专业的，为本项目的顺利实施起到了积极的作用。这是一个有益的尝试，为以后的工作也提供了借鉴。

第三节　陈列馆筹备建设及后期提档升级

为了使广大公众深入了解武安州辽塔的加固保护过程，普及文物保护原则，重点传播科学修缮、研究性修缮理念，体现新时代研究性文物保护工程实践的技术探索，同时兼顾展示武安州遗址历史沿革、武安州辽塔建筑特征和文物价值，展现武安州辽塔所处辽中期的文化特色，敖汉旗建立了武安州辽塔陈列馆（图4-6、图4-7）。

（1）筹备建设。2021年9月敖汉旗武安州辽塔加固维修工作初验完成后，根据国家文物局领导指示，武安州辽塔陈列馆于2021年9月份开始筹备建设，至11月底主体建设和装潢布展完成并对外开放，陈列馆建筑面积260平方米，展厅面积180平方米，共分为"辽地畿内，武安有

图4-6　武安州辽塔陈列馆

图4-7　武安州辽塔陈列馆序厅

塔""塔庙相望，遗韵千年""研究先行，科学守护""最小干预，加固除险""戮力同心，砥砺前行"五个单元，展出辽塔塔基出土文物及建筑构件120余件（套）。

（2）提档升级。2022年7月，赤峰市文物局、敖汉旗文物局根据国家文物局对辽塔陈列馆进行提档升级的文件精神及专家所提的修改意见，聘请包括山西古建集团孙书鹏总工、张宝虎以及内蒙古自治区文物考古研究院盖之庸副院长在内的多名专业人士对原有武安州辽塔展览大纲进行了修改。

2022年9月9日，内蒙古自治区文物局根据敖汉旗上报的修改完成后的展陈大纲组织召开了线上专家评审会，邀请杨新、秦大树、魏坚及董新林四位专家对大纲进行了评审，与会专家原则上同意了武安州辽塔陈列馆展览大纲第二稿，同时对展览大纲第二稿提出了整改建议。会后，市、旗两级文物局根据专家提出的整改意见，对武安州辽塔陈列馆展览大纲第二稿进行了修改，经逐级上报至内蒙古自治区文物局获得批复后，于9月15日完成了对武安州辽塔陈列馆的提档升级工作。

辽塔陈列馆展览大纲提档升级后，敖汉博物馆按照升级后的大纲，聘请合肥澳达环境艺术设计工程有限公司重新对陈列馆进行了布展施工，用时10天完成了该项工作。具体布展内容有：首先将原来的陈列题目"穿越千年 梦回武安"更改为"千年古迹 科学守护"，突出了"科学修缮、研究性修缮"的理念；其次是将原来的五个单元内容更改为现在的"辽地畿内，武安有塔""塔庙相望，遗韵千年""研究先行，科学守护""最小干预，加固除险""戮力同心，砥砺前行"五个单元，并具体分章节展示了每个单元所要展示的内容，参观线路合理清晰，让整个陈列在内容上连贯一致；最后，将用于指导辽塔维修的实体模型放置在展览馆内，便于参观群众更直观地了解辽塔的保护修缮工艺。

陈列馆第一单元"辽地畿内，武安有塔"分为"辽地畿内，敖汉辽迹""头下军州，武安有塔"两节，主要展示了辽政权时期的敖汉、敖汉辽文化遗迹及武安州遗址的简介；第二单位为"塔庙相望，遗韵千年"，分为"塔庙相望，景象庄严""千年遗韵，武安州塔"，主要介绍了辽代砖塔概况和武安州塔的形制特征；第三单元为"研究先行，科学守护"，分为"勘察病害，科学监测""制定方案，专家论证""考古发掘，完善方案"三节内容，主要介绍了武安州辽塔残损现状、科学检测、方案设计及考古发掘等内容；第四单元为"最小干预，加固除险"，分为"施工部署，二次勘察""组织工序，加固除险""动态管理，圆满验收"三节内容，主要介绍了抢险加固、加固维修及工程验收等内容；第五单元为"戮力同心，砥砺前行"，分为"通力合作，积极探索""文明之火，守护传承"分为两节内容，主要介绍了武安州辽塔加固工程中多学科合作及守护传承等内容。

武安州辽塔陈列馆自正式对外开放后，吸引了业内及众多对辽塔感兴趣的群众来参观，使广大公众全面了解了辽塔的加固维修过程，传播了科学修缮的理念。

第四节　周边环境整治

一、环境整治的意义

文物建筑是指在历史上形成的具有一定价值的建筑物。文物建筑在形成的过程中，周围环境是不断变化的。保护文物已不仅是保护文物建筑本身，更重要的是与其赖以存在的历史环境一同保护。

武安州辽塔是武安州遗址现存唯一保存比较完整的地面建筑，对研究武安州遗址及此地辽早期的佛教文化和建筑均具有十分重要的意义。鉴于上述原因，且站在对历史负责、对群众负责的高度，采取行之有效的措施，留住辽塔特有的人文历史记忆和文化传承，显得尤为重要。

二、周边环境现状

武安州遗址位于内蒙古自治区赤峰市敖汉旗丰收乡南塔子村叫来河北岸一级台地上，属常年干旱少雨地带，周边植被覆盖情况较差。每到春秋两季，敖汉旗多有大风天气，风沙较大，为巡查人员巡护带来困难，且夏天进入雨季，不能涵养水土，不利于对辽塔的保护。

通往辽塔的道路，均为乡村土路，每当下雨时便会泥泞难行；鉴于辽塔的价值，每年都会有许多群众驾车前往辽塔参观，因没有合适的停车场，群众的车辆多为自由停放，不利于对辽塔的保护。

辽塔及陈列馆周边原来一直没有电线，为了对辽塔进行抢险加固而临时进行了接设，但由于当时工程任务紧急，电路敷设不规范，存在极大安全隐患。

三、周边环境整治

鉴于以上原因，且辽塔加固维修后，其周边环境已不能与辽塔简约古朴的风格相协调，也为了更好地保护辽塔本体，敖汉旗政府根据国家文物局及内蒙古自治区人民政府领导的指示精神，

图4-8 辽塔展览馆通往辽塔的小桥

结合武安州辽塔周边环境现状，在保护好文物本体（辽塔）的前提下，坚持文物保护环境的整治不能破坏原有环境的基本原则，本着不奢华、尊重历史风貌、力求简约古朴、节省资金且与文物本体建筑特色相协调的原则，科学确定环境整治的目标和方案，聘请内蒙古大观园林设计有限公司为设计单位，赤峰市宏洋建筑劳务有限公司为施工单位，从6月初施工，9月初完工，用时3个月完成了环境整治工作。

敖汉旗人民政府征用了环绕辽塔周边9240平方米（约14亩地）的土地作为永久性保护用地。为方便文保员巡查看护，在塔台沿塔基四周用仿古青砖铺设宽2米左右的环状巡查通道及群众转塔人行道。

辽塔周边环境绿化面积达5000平方米，栽植绿植，如紫花苜蓿、荞麦花、万寿菊等浅根花草进行展示；保护范围用地和农民土地临界四周栽植小黄槐绿植；为方便群众参观辽塔和陈列馆，砌筑焊接一座辽塔通往陈列馆钢构游人便桥（图4-8），并铺设陈列馆至辽塔400延长米的曲径石板路（图4-9）；完成了辽塔周边强弱电线路改造及安防监控系统搭建；拓宽并铺设了900平方米用碎石铺面的停车场（图4-10）。

图4-9 通往辽塔的曲径石板路

图4-10 辽塔入口处停车场

武安州辽塔及周边环境是历史留给我们的巨大的物质和精神财富，是我们宝贵的不可再生的物质与文化资源，更是我们传承文明的载体。文物与它们的周边环境是相辅相成的一个整体，保护了文物的周边环境才算是真正意义上的文物保护。通过环境整治，不仅美化了武安州辽塔的周边环境，同时清除了辽塔周边的安全隐患，引导群众积极参与到文物保护的工作中来，做到文物保护人人参与、人人有责。在今后的工作中，我们将采取谨慎和对历史高度负责的态度，在不断的保护实践中逐步积累经验，寻求突破，将宝贵的历史财富发扬光大，传于后世。

第五章　加固维修设计

第一节　加固设计原则、目标及工程性质

一、设计依据

《中华人民共和国文物保护法》（2017年修正）、《文物保护工程管理办法》（2003年）、《中国文物古迹保护准则》（2015年）、《中国古建筑修缮技术》（1983年）、《砌体结构加固技术规范》（GB 50702－2011）、《建筑地基处理技术规范》（JGJ79－2012）、《内蒙古武安州遗址—武安州塔保护维修工程立项报告》、《关于武安州遗址—武安州塔保护加固工程立项的批复（文物保函〔2016〕1411号）》、《武安州白塔岩土勘察报告》（2019）、《武安州辽塔现状勘察报告》（2020）、国家文物局《武安州辽塔保护维修项目专题会专家意见》（2020年10月2日）、国家现行的有关规范及规程。

二、设计原则

依据《中国文物古迹保护准则》（2015年）拟定以下设计原则：

（1）不改变原状：是文物古迹保护的要义。它意味着真实、完整地保护文物古迹在历史过程中形成的价值及其体现这种价值的状态，有效地保护文物古迹的历史、文化环境，并通过保护延续相关的文化传统。

（2）真实性：是指文物古迹本身的材料、工艺、设计及其环境和它所反映的历史、文化、社会等相关信息的真实性。对文物古迹的保护就是保护这些信息及其来源的真实性。与文物古迹相关的文化传统的延续同样也是对真实性的保护。文物古迹经过修补、修复的部分应当可识别；所有修复工程和过程都应有详细的档案记录和永久的年代标志。

（3）完整性：文物古迹的保护是对其价值、价值载体及其环境等体现文物古迹价值的各个要素的完整保护。文物古迹在历史演化过程中形成的包括各个时代特征、具有价值的物质遗存都应得到尊重。

（4）最低限度干预：应当把干预限制在保证文物古迹安全的程度上。为减少对文物古迹的干预，应对文物古迹采取预防性保护。

（5）可逆性：所有保护措施不得妨碍再次对文物古迹进行保护，在可能的情况下应当是可逆的。

三、工程目的及性质

（一）工程目的

（1）采取必要的结构措施，解决塔体潜在的破裂险情及二、三层塔檐随时可能坠落的问题。

（2）在对于塔体建筑形制充分研究的基础上，根据古塔结构加固需要，对于存在一定安全风险的塔身及塔座部位，结合最必要的结构补强措施，通过对局部拱券结构的必要修复及对于部分暴露塔心砖体的必要补砌，调整塔身及塔座部位的受力状态，解决下部砖砌体的结构安全问题。

（3）根据武安州辽塔所处的自然环境，考虑到塔檐防水功能对于塔体结构安全的重要意义，对于残损严重的上部塔檐及塔顶，在对于塔檐现状充分调查的基础上，按照保护加固的要求查缺补漏，归安加固。

（4）所有的工程措施尽可能采用传统技术与工艺，十分必要处，经过充分论证，适当采用新技术与新材料，以解决塔体结构安全隐患。

（二）工程性质

根据《文物保护工程管理办法》（2003年）相关规定及国家文物局2016年8月15日《关于武安州遗址—武安州塔保护加固工程的立项批复》（文物保函〔2016〕1411号），本工程性质界定为加固维修工程，结构加固为主，维修为辅。

第二节　加固设计思路及工程措施

一、加固设计基本思路

通过对武安州辽塔的全面勘察及深入研究，就其建筑形制而言，除了塔刹与塔座外饰已无据可考外，其余尚比较清楚。据此，确定的设计基本思路为：

（1）在现有研究成果基础上，结合既有技术与经济条件，针对武安州辽塔现状表现的结构病害特点及其内在与外在因素，在保持塔既有信息最大原真性的前提下，采取结构措施，除了当地小概率事件的大地震影响外，彻底解决塔体在正常情况下的结构安全问题，以达到使文物本体长久保存的目的，回应周边大众关于"危塔"的焦虑诉求。

（2）对于影响塔体结构安全的塔身及塔座残损较严重部位，通过修复塔心室拱券结构及补砌塔身与塔座缺损表层砌体，基本恢复塔体既有承力体系，提高结构抵御风险的能力。

（3）塔座外观补砌修复仅限于塔座轮廓，对于缺少依据的细部装饰等则采取模糊处理的方法，通过多种手段保存和展示更多的历史信息，给学术研究预留适当空间。

（4）上部密檐适当运用"替代性保护"概念，按照保护加固的要求查缺补漏，归安加固，保持基本的现状风貌。

二、主要工程措施

（一）塔体防破裂整体性钢箍加固

武安州辽塔塔身中宫中部以上至第四、五层塔檐之间，分布多条竖向贯通且宽度较大的裂缝，破坏了塔截面的整体性，塔体有破裂趋势。参照以往古塔建筑的加固经验，以钢箍加固。

钢箍分两种：①$2×\phi18$钢丝绳[①]箍（带护角）；②100mm×8mm钢板箍。

布置位置：①一至四层及六、八、十层塔檐围脊处，各布置一道$2×\phi18$钢丝绳箍（带护角）；②一层缺失塔檐围脊处，应力集中现象及裂缝开展均较明显，塔体表面已比较平整，附加一道钢板箍。共计8道箍。

（二）其他作用钢箍加固

钢箍类型：$1×\phi16$钢丝绳箍（带护套）。

布置位置：①二层塔檐撩檐枋处，为防止施工期间上部摇摇欲坠之塔檐塌落，鉴于塔体表面平整空间比较狭小，以一道带护套$1×\phi16$钢丝绳箍加固。②塔体塔心室（中宫）高度位置，考虑到塔截面比较薄弱，塔身表面直棂窗遗存处表层面砖基本与心砖脱离，随时有塌落可能，塔体加固维修施工期间，上中下以三道$1×\phi16$钢丝绳箍临时加固，内衬木板。共计4道箍。

（三）一层塔檐处圈梁加固

一层已塌落塔檐不再恢复，但考虑到一层塔檐位置比较敏感，处于上部实心塔体向中下部空心塔体过渡处，集中应力明显，破损裂缝也发育严重，为防止裂缝进一步扩展，综合考虑各种材料之间的兼容性，初次设计在一层塔檐塌落所致的凹进部位布置一道外露混凝土圈梁，圈梁位置避开原残存塔檐斜坡砖残断痕迹，并与塔体原有心砖采取可靠拉结措施。圈梁截面：截面300mm×300mm，C30，$4\phi20$，$\phi6@200$。

（四）二、三层塔檐圈梁加固

底部二、三层塔檐部分已经塌落，残存部分塔檐与塔体间存在脱离塔体的受拉裂缝，塔檐外闪，存在塌落风险。为防止塔檐进一步塌落破坏，并适当改善塔体外观形象，采取如下加固维修措施：①首先对塔檐塌落部分进行补砌，新补砌部分砖体与原有砖体采取可靠拉结措施；②揭去塔檐屋面部分底砖，在塔檐上表面暗埋混凝土圈梁（截面300mm×200mm，C30，$4\phi16$，$\phi6@200$）；③恢复并补配屋面必要瓦件。

（五）塔身南侧坍塌孔洞补砌加固

塔体结构在塔心室部位由于开洞较多，存在较明显截面削弱及偏心，同时南面人为破坏及拱门部位结构薄弱造成的局部塌落，导致该部位成为塔体在竖直维度上最薄弱的环节，为防止在大

---

① GB/T3818—2013索具螺旋扣，GB/T38814—2020钢丝绳索具疲劳试验方法。

风或地震作用下，塔体有进一步被破坏的风险，对塔身南侧坍塌的孔洞进行补砌加固。补筑砌体范围以塔体原有建筑形制为依据，结合加固需要恢复拱门的基本形制，基本恢复该部位原砌体的完整性。砌筑尽可能采用原砌筑传统工艺，结合锚杆等新技术，控制砌筑速度，加强新旧砌体间的连接，尽可能消除新筑砌体的"应力滞后"现象，确保新筑砌体与原有砌体之间协同受力，真正发挥加固作用。

（六）塔身平座高度处圈梁加固

塔平座截面同样处于塔体截面类型的转换位置，受力状态比较复杂，容易破坏。同时考虑到受该部位塔原形制布置比较复杂的影响，上文中"塔身南侧坍塌孔洞补砌加固"的砌体构件截面一般较小，稳定性较差，为加强补筑构件的稳定性，确保其有效发挥作用，初次设计在平座部位布置一道混凝土圈梁，圈梁顶面与平座原顶面平，截面300mm×300mm，C30，4ϕ20，ϕ6@200。

（七）塔檐及塔顶加固维修

塔上部塔檐及塔顶风化残损严重，基本丧失防水功能，雨雪水入渗塔体，极易引起塔体胀裂破坏。

本方案要求对于五至十二层塔檐，先进行现状散乱构件归安整修，补充灰浆；对于塔檐缺失部分按照既有形制进行修复加固。

对于塔顶十三层塔檐，考虑到解决屋面防水和塔顶基本塑形以及为今后塔刹的可能修复预留可能性，在整理刹柱坑后加设预留木质刹柱，上部临时用青砖围砌，不做砖筒板瓦屋面，仅用叠涩砖砌成坡屋面。

一层塔檐不再恢复，二层南、北侧塔檐塌毁部分随下部补砌进行重点修复，其余二层、三层及四层塔檐按照现状补砌加固，散乱筒瓦、底瓦进行归安勾缝，不再补修屋面檐口残损部分。

说明：初次设计的混凝土圈梁，由于受到参与本工程专家的反对，一层塔檐及平座处外露圈梁改作2×ϕ18不锈钢箍，塔檐处则改作1×ϕ16钢丝绳箍。

（八）塔身破损佛龛及直棂窗整修

塔身东、北、西面破损佛龛，依现状适当修整。

残存盲窗（直棂窗），首先对于残存部分松动构件进行注浆黏接与锚固加固，根据加固需要，局部进行修复，整体保持现状。

（九）塔体裂缝修补

武安州辽塔塔体裂缝分两种：结构性裂缝与非结构性裂缝，前者破坏塔截面整体性，直接影响塔体结构安全；后者则通过进水冻胀，间接影响塔体结构安全。前者必须在对塔体实施结构加固以后进行修补，后者直接进行修补即可。修补以不进水为原则。

（十）塔座砌体加固修整

塔座下部东侧及东南侧砌体，采用原砌筑材料和工艺补砌严重掏蚀和盗洞部分，采用锚固措施加强新旧砌体的连接，但补砌部分不超过上部轮廓的尺寸。

（十一）塔台及散水

1. 设计依据

《武安州辽塔加固维修工程补充设计》（2021年4月）、《辽武安州塔台明考古发掘阶段性报告》（2021年4月19日）、《辽武安州塔台明探沟发掘情况的报告》（2021年5月24日）、国家文物局对本项目相关专家评审意见。

2. 设计思路

以考古发掘研究成果为依据，尽可能多的保留现有物质遗存，对塔台进行必要的现状整修处理，以砌砖方式对三期遗存进行包砌保护，以满足塔台自身稳定性及场地排水等保护需要，整本上不做臆测的复原；局部一、二、三期叠压关系清楚位置，以视窗方式展示。包砌砖体采用塔本上使用的青砖和白灰砂浆等传统工艺砌筑，视窗部位尽可能采用弱化外观形式的轻钢结构（与台基同高、砖灰色等），减少对现场苍凉、古朴遗址感的影响。

三、相关工程做法

（一）钢箍加固工程

根据对武安州辽塔存在的开裂残损等现状的评估与计算分析，依据结构工程概念设计的基本原则要求，钢箍加固布置的原则与技术要求如下：

（1）塔檐位置处钢丝绳箍宜沿塔檐屋面筒瓦上表面围脊布置，钢丝绳箍主材选用直径 $\phi 18$ 的 6×37＋FC 型镀锌钢丝绳，抗拉强度不小于1470MPa；所用绳卡与钢丝绳必须相匹配。

（2）钢丝绳箍通过塔体角部位置处必须布置钢护角，钢护角断面尺寸为150mm×8mm，从塔体角部向2侧各延伸300mm，Q235-A钢板，钢护角内测与塔体接触面衬8mm厚硬橡胶板。

（3）紧固钢丝绳用绳卡压板应在钢丝绳长头一边，绳夹不得在钢丝绳上交替布置，绳卡间距不应小于钢丝绳直径的6倍；紧固绳夹时要考虑每个绳夹的合理受力，离套环最远处的绳夹不得首先单独紧固。

（4）钢丝绳箍设计张拉力20kN，在实际使用中，绳夹受载一两次后螺母要进一步拧紧。

（5）一层缺失塔檐围脊处附加钢板箍，100mm×8mm，Q235-A钢板，2×M18紧固联结。钢箍内侧衬10mm厚的硬橡胶板。

（6）一层塔檐塌落凹陷部位及下部有残存窗棂遗存处，塔体外表凹凸不平，以外套纤维胶管单股1ϕ16钢丝绳箍加固，局部内衬30mm厚木板，主要是预防窗棂遗存等不稳定块体在加固施工过程中受震动塌落，窗棂遗存固定后可拆除或剪断。

（7）所有外露钢板除锈后，刷两遍防锈漆保护。

（二）二至四层塔檐加固维修工程

（1）塔檐残损砖件编号及摄像拍照存档。

（2）屋面残损错位瓦件归安固定勾缝。

（3）固定瓦件砂浆采用M7.5混合砂浆，勾缝用水硬性石灰。

（4）塔檐顶面做憎水处理。

（三）五至十二层塔檐加固维修工程

（1）塔檐残损砖件编号及摄像拍照存档。

（2）揭除屋面筒瓦、檐口处残损底砖（板瓦）及斜坡砖，揭除面充分除尘并洇湿。

（3）按原形制归安固定原残损屋面瓦件。

（4）对残损严重或已经缺失且影响塔檐传力或严重影响塔檐防水功能的屋面构件，依据现存样式适当更换或补配。补配砖件加工需遵循原材质、原雕刻手法、原工艺风格，确保复制品与原物协调一致。

（5）补配砖件强度等级不小于MU10，固定瓦件砂浆采用M7.5混合砂浆，勾缝用水硬性石灰。塔檐角部两侧各1m范围内，上叠涩灰缝间压埋$\phi4\times100$钢丝网片，钢丝网片处塔壁植$\phi6$圆钢与之拉结，植筋深度0.5m，水平间距350mm（钢筋头不得外露）。

（6）塔檐顶面做憎水处理。

（四）十三层塔檐及塔顶加固维修工程

（1）塔顶残损砖件编号、清理天坑积土及摄像拍照存档。

（2）归安修整塔顶原散乱砖块，十二、十三层塔檐交接处（相当于天坑边沿最低处）以混凝土盖板（直径1800mm，厚150mm）覆盖保护天坑，混凝土盖板中央留直径800mm孔以置刹柱，天坑底部中央砖砌塔刹柱座孔。

（3）安装直径600mm柏木刹柱。

（4）依据西南侧残留十三层塔檐叠涩遗存形制，补砌十三层塔檐下叠涩砖件。

（5）塔檐上表面以叠涩砖砌成坡屋面排水，角梁遗存位置青砖仿木角梁，提高可辨识性。

（6）木质刹柱出露部分以青砖围砌。

（7）塔顶面清净后做憎水处理。

（8）砌筑材料：MU10人工青砖，M7.5混合砂浆，水硬性石灰勾缝。

（五）角梁修整

（1）构件截面腐朽和老化变质（两者合计）所占面积与横截面面积之比大于1/2者经修补加固后，方可继续使用。小于1/2者，原状归安。

对于缺失的木角梁，按"原形制、原材质"重新补配；现有木角梁，虽然端部糟朽，造型不完整，但是考虑到其木材材质坚硬，耐腐朽（历经千年），进行保留处理，原状归安。

（2）对新更换木角梁采用熟桐油做防腐处理。

（3）梁与砖缝采用M5混合砂浆填实，内掺为水泥重量5%的环保型建筑胶。

（六）塔身南侧坍塌孔洞加固整修

（1）塔身孔洞等遗迹进行精细测绘、拍照存档，以之作为塔身加固维修的重要参考依据。

（2）孔洞等遗迹的预加固与支护，确保后续加固施工不致产生人员及文物本体安全。

（3）清理残存孔洞掉落的砖块、垃圾。

（4）依据残存孔洞形制及尺寸，采用石膏或发泡材料在相应位置制作洞、龛内模；以洞、龛内模及建筑图为依据，补砌加固塔身。

（5）砌筑材料：MU10人工青砖，M7.5混合砂浆，水硬性石灰勾缝；补砌砖体每3层灰缝间压埋1层$\phi 4 \times 100$钢丝网片，钢丝网片处塔壁植$\phi 6$圆钢与之拉结，植筋深度0.4m，水平间距350mm（钢筋头不得外露）；补砌砖体进度高度方向每天不得超过10皮砖。

（6）待补砌砖体砂浆达到设计强度后，拆除孔洞内模。

（7）塔心室侧壁及地面维持原状，不予修补。

（七）佛龛、直棂窗等遗存加固整修

（1）塔身佛龛、直棂窗等遗迹进行精细测绘、拍照存档。

（2）佛龛、直棂窗等遗存进行预加固预与支护，确保后续加固施工不致产生人员及文物本体安全。

（3）对直棂窗等遗存构件以高黏性水泥基砂浆注浆黏结加固，必要处以锚钉加固。锚钉无振动钻$\phi 12$成孔，$\phi 8$光圆钢筋，深度400mm，M5混合砂浆填孔。

（4）佛龛仅对残存松动构件补浆加固，局部进行随形修整，整体保持现状。

（5）砌筑材料：MU10人工青砖，M7.5混合砂浆，勾缝用水硬性石灰。

（八）塔体裂缝修补

用于塔身砖砌体外表裂纹的墙面，具体做法如下：

（1）用喷枪清理裂缝灰尘，并将墙面和裂隙内润湿饱和。

（2）用喷枪向裂隙内灌注高强度黏合剂（108胶聚合水泥浆）。

（3）裂缝表面用油漆刮腻铲勾挂打点水硬性石灰浆，并使其适当高出墙面，然后反复揉轧将灰浆轧入裂隙内。

（4）轧光表面后将墙面清扫干净，并将裂隙部位做旧处理，使其与原墙面色感一致。

（九）塔座砌体加固修整

盗洞回填，具体做法如下：

（1）出露地面的塔体盗洞以MU10人工青砖、M7.5混合砂浆砌筑填塞，勾缝用水硬性石灰。

（2）塔体外露心砖纯白灰膏归安固定，水硬性石灰勾缝。

（3）其余等待考古资料。

竖井外壁补砌，具体做法如下：

（1）清理表面浮土。

（2）采用与塔座规格统一的青砖补砌竖井外壁，在砌体内部布置4根200mm×200mm×5mm镀锌方钢管。

（十）塔体外围场地排水疏导

塔室地面积尘、碎砖杂乱，无法辨识原形制。

处理措施如下：

（1）对松动砌块，剔除原塔砖用1：2.5水泥砂浆座底砌筑，砖缝灰沙扫严。
（2）对缺失砌块，按原规格补配1：2.5水泥砂浆座底砌筑，砖缝灰沙扫严。

（十一）材料要求

（1）凡未注明处砌块采用MU7.5手工黏土砖，应有冻融检验指标。
（2）凡未注明处砌筑黏接材料及勾缝材料，采用水硬性石灰。

四、变形监测

（1）在施工过程中，必须设有沉降观测点。沉降观测点应距地面1～1.2m高，布置在塔体的棱角处共8个；场地内设置永久性沉降基准点3个。
（2）施工前对每个裂缝粘贴石膏条，并标明粘贴时间，同时做好观测记录。
（3）在整个预加固、塔体加固、塔顶修复过程中对塔体进行全程监测，包括沉降观测、裂缝观测、不均匀应力监测及水平位移观测等。
（4）工程完工后应设置沉降观测点，根据国家相关规范、规定进行长期跟踪观测。

五、注意事项

（1）古塔加固是一个世界性的难题。武安州辽塔体形高大，下部病害严重，有塌落风险。参与本工程施工与监理等的技术人员必须具备较好的工程力学基础知识与文物保护意识，随时掌握塔体的力学状态并及时调整施工方案，确保施工过程中的塔体安全与人员安全。
（2）项目的报审、实施须履行相关程序。
（3）施工中应做好对塔体的整体监测工作，如发现异常现象，应立即停止施工、采取相应保护加固措施并及时通知相关单位。
（4）考虑到施工过程中诸多不确定因素及本工程的特殊性，本工程设计实施动态设计。
（5）竣工后应提交完整的竣工档案资料，并归档保存。
（6）本说明未尽事宜，均按国家现行规范执行。

第三节　主要设计变更

武安州辽塔现状安全不容乐观，然有关其形制及历史沿革方面的认识尚不是很明确，从文物保护的角度，协调塔体结构安全与形制方面的存疑之间的矛盾，成为确定本次加固维修工程措施的主要因素。

　　在全国存留的辽塔中，大部分辽塔都有部分资料可以查阅，仅有武安州辽塔资料空白，历史档案空缺，参照依据不足。为此，曾相继寻查国内各大院校、科研单位甚至是日本的京都大学资料馆，均没有该塔的资料，给维修工作带来了困难。为使武安州辽塔加固维修工程科学有序，至臻完美，国家文物局组织各类别的专家对武安州辽塔加固维修工程中的设计方案、考古、施工、冬季支护项目等进行了6次线上专家评审会，4次现场反复论证会，形成最终以现状加固为主的维修方案。

　　文物保护工程的管理是动态的，在残损部位未经解体前，仍存在着一定的不确定性，在工程实施阶段，当发现新的残损情况后，需调整原有方案，进行设计洽商或变更。自2020年至2021年共历经3次主要变更调整。

　　对于影响塔体结构安全的塔身及塔座残损较严重的部位，通过修复塔心室拱券结构及补砌塔身及塔座缺损表层砌体，基本恢复塔体既有承力体系，提高结构抵御风险的能力。

　　塔座外观补砌修复仅限于塔座轮廓，对于缺少依据的细部装饰等则采取模糊处理方法，通过多种手段保存和展示更多的历史信息，给后人进行学术研究预留适当空间。

　　上部密檐适当运用"替代性保护"概念，按照保护加固的要求查漏补缺，归安加固，保持基本的现状风貌。

一、塔顶以反叠涩及宝顶状收顶

　　塔顶初次设计以存在天宫为前提。工程做法为归安固定原散摆砖块，在十三层最底层叠涩砖（高度）下以混凝土盖板覆盖保护天宫并做出坡面解决塔顶排水问题。

　　变更方案：推测塔顶坑洞或为塔刹柱坑，为了更好地保存既有信息，兼顾塔顶有较好整体性和防水性能，遂在混凝土盖板中心开孔置刹柱，并以反叠涩及宝顶状收顶保护。

二、简化补砌内容，竖井南壁钢构加强

　　由于结构构造上的固有缺陷，武安州辽塔塔身及塔座处南侧破损非常严重，造成塔体竖向传力存在偏心，对塔体常规载荷及地震作用下的结构安全形成了重大隐患。为了使武安州辽塔尽可能长久地保存下去，本设计自始至终将改善塔体截面的受力状态作为设计的重要目标，其主要工程措施即是对塔座缺损砌体进行适当补砌。

　　2020年10月2日国家文物局专家要求："塔座和塔身应基本保持现有状态，重点补砌掏空、悬空部位，或是有可能积水部位。对失去黏结力松动砖、碎砖采取必要的补砌。补砌部分应控制不超出现存塔壁界面，采用随形、随色的措施，外皮尽量使用旧砖。"

　　据此，对原设计方案进行调整，塔身处塔心室及廊道等内部补砌仍如一版方案，但塔座部分补砌内容尽可能简化，仅对塔体南侧竖井缺损外壁的补砌"不超出现存塔壁界面"，由于补砌截面缩小，加之新筑砌体存在"应力滞后"现象，为确保新筑砌体与原有砌体之间协同受力，真正发挥加固作用，经与有关方面协商，在南侧补筑砌体中布置了方钢管格构支架（图5-1、图5-2）。

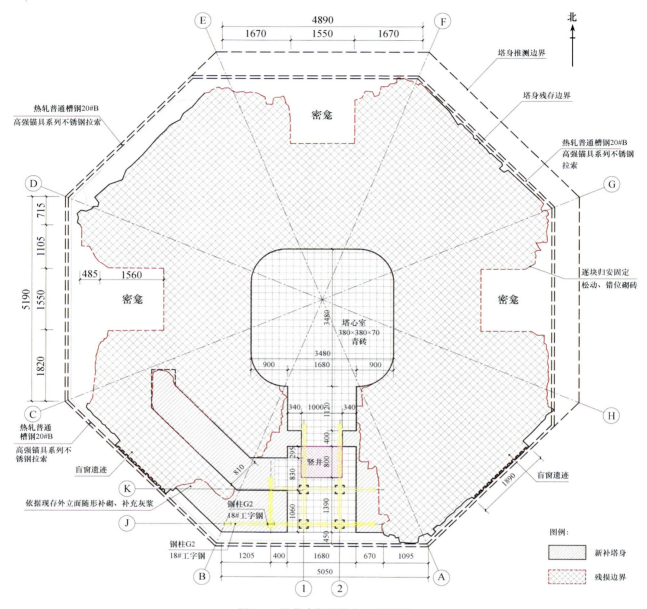

图 5-1　竖井南侧钢构加固平面图

三、以钢丝绳箍代替原设混凝土圈梁

武安州辽塔加固设计的另一个重点即是加强结构的整体性，适度提高塔整体抵御风险的能力。结构整体性对于结构安全性的重要意义远大于截面计算应力大小的比较！

综合考虑概念设计的原则及文物保护的基本要求，依据古塔建筑形制、结构形式及塔体的力学特点，工程上一般采用在塔体某些特殊位置布置圈梁的方式对之进行加固。布置位置一般位于塔檐上部，或在其他部位结合塔体线脚布置。

2021年4月19日，国家文物局专家组提出意见："五、取消设置混凝土圈梁，在补砌砌体完成面外部加装型钢和预应力高钒封闭索，并按照力学计算结果科学确定数量和位置。"由于市场不

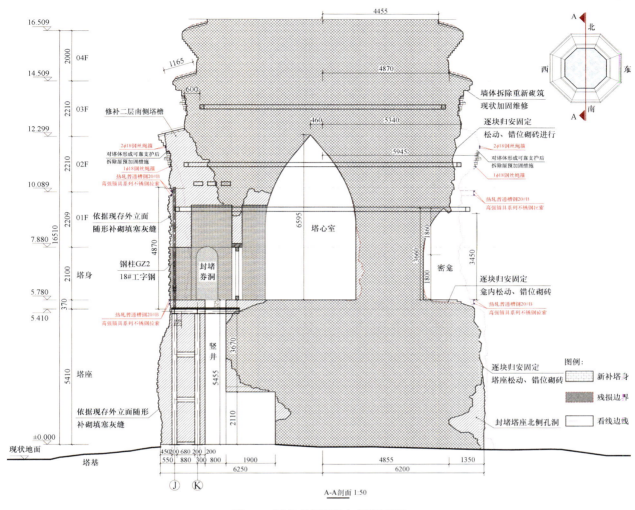

图5-2　竖井南侧钢构加固剖面图

能供应直径在16～20mm预应力高钒索，后以直径20mm不锈钢索代替（图5-3）。原二、三层塔檐暗埋混凝土圈梁亦改为撩檐枋处钢丝绳围箍（见图5-2）。

图5-3　变更设计方案（平座处）

第六章　加固维修施工

第一节　工程部署与施工准备

一、工程总体部署

（1）武安州辽塔加固维修工程施工经过招投标程序，陕西普宁工程结构特种技术有限公司中标，2020年6月26日接到建设单位正式进场通知书。公司迅速调集主要管理人员组成项目经理部统筹协调业主方、监理方与当地村民之间的关系，同时做好施工准备工作。并根据工程需要和施工现场情况，合理安排必需的施工生产、生活设施，做好施工现场平面布置，布置好水电管线路，满足工程施工需要。

（2）工程项目部进驻现场以后，第一件事，即组建工程技术部，迅速对塔体进行进场二次勘察，包括核对测绘图、复查主要结构病害、复核塔体结构稳定性、确定施工工序安排及各工序技术要点。在此基础上，公司组织工程技术人员广泛查阅相关文献、考察相近地域相近历史时段类似古塔的保存状况及维修经验，通过研讨与讲座等方式，快速提高工程技术人员关于承担的任务的理解，确保工程技术人员对于工程的性质、技术要点及文化背景有一个比较明晰的了解。

（3）施工准备：①认真学习设计方案图纸和文物保护相关技术的规程、规范，掌握本工程建筑、结构修复的形式和特点，为参加图纸会审做好准备。②进一步完善施工组织设计内容，编制特殊工序施工方案。③制定质量和安全生产交底程序，编写各分部分项及各工种技术质量和安全生产交底卡。④组织专业人员编制施工图预算清单和材料计划。⑤编制材料供应计划、劳动力进出场计划、专业设备需用量计划及构件计划。

（4）抓紧做好各种工程材料、半成品的加工、订货工作，并随工程计划进度，配套供应。安排专人作好市场调查，力求就近选择加工单位和大宗材料供应，减少转运环节和损耗，降低工程成本。

（5）加强施工现场的安全保卫工作，采取切实有力的措施，杜绝一切安全事故隐患，防火、防盗。

（6）搞好施工现场文明施工，充分合理地利用现有施工场地，做到施工道路畅通、材料堆放整齐，工序搭接合理。

（7）施工管理中的协调：①每天定时召开现场协调会，解决和处理施工中出现的工种配合、工序衔接、材料供应以及质量、进度、安全生产、文明施工中的各种问题。②项目经理部以月为单位，编制施工简报，向业主监理部门和公司总部报告工程进度状况及需解决的问题，确保施工顺利进行。

二、工期、质量、安全、文明的施工目标

根据本工程的设计特点制定以下经济技术指标（表6-1），以确保本工程总体目标的实现。

表6-1 经济技术指标

序号	项目	指标要求
1	工程目标	合格
2	一次验收合格率	100%
	各分项工程验收优良率	100%
	分部工程优良率	100%
	工程质量等级	确保达到合格工程质量等级
3	安全	死亡率：0
		重伤率：0
		轻伤率：小于1.5‰
4	文明施工标准	严格按照文明工地的标准施工
5	消防标准	不发生火灾、消除现场安全隐患
6	环保标准	达到环保清洁卫生的标准
7	现场符合文明施工管理规定，并严格按照CI标准进行管理	月检查≥95分
8	竣工回访和质量保修计划	竣工后的第一年，每半年回访一次；第二个保修年，每半年回访一次；甲方提出问题时随时回访修理

三、现场准备

（一）物资设备

按施工合同划定的材料供应范围，根据工长的施工预算和进度安排，提前做好订货采供准备，保障工程施工有序进行。

工程所用设备、材料必须是合格品，并且有出厂合格证和技术说明书。未经技术签证，不得更改品种型号。根据本工程施工组织设计所列出的机具配备计划，将所需的施工机械、仪器、仪表、检测工具提前做好保养维护，以应对调配，保证施工进场专业设备可完好使用。

（1）手工青砖，本工程塔身维修所用青砖规格比较杂乱，塔檐用砖规格比较统一，我方选择手工青砖时，综合考虑了设计方案和塔身及塔檐砖的规格后选用了以下规格：380mm×190mm×80mm，400mm×200mm×80mm，460mm×220mm×80mm，520mm×220mm×80mm，400mm×400mm×80mm，500mm×500mm×80mm。

其中塔檐叠涩及砖板瓦选用380mm×190mm×80mm，400mm×200mm×80mm，460mm×220mm×80mm，520mm×220mm×80mm，砖筒瓦选用400mm×200mm×80mm，方砖用于角部异型砖切割。

塔砖供货单位，考虑到敖汉旗砖瓦厂基本处于停产状态，赤峰地区亦少见这种大规格手工青砖，在确保工程质量和进度的前提下，综合考虑价格和运费双重涨幅因素，选择山西晋唐龙古建工程有限公司产品。其中，大于400mm的非常规规格的砖需要较长的生产周期，只能先订货延后进场，给施工带来了一定不便。

（2）水泥、沙，均选用敖汉旗生产的山水牌普通硅酸盐水泥和普通水洗河沙。

（3）按设计要求，塔体一般以混合砂浆砌筑，塔台以白灰砂浆砌筑，为保证灰浆质量，拌制灰浆用石灰，现场以生石灰淋制，经过甄选，通过红山区易建才门市调配辽宁生产灰料，进场复检合格。

（4）钢材，本工程所用钢材不多，多为辅材，南塔乡有钢材经销商，通过河北唐山市玉田金州实业有限公司购$\phi 6$热轧光圆钢筋，通过迁安正大通用钢管有限公司购200mm×200mm×5mm热镀锌方矩形钢管。

（5）木料，选用柏木（原角梁为柏木），用于制作塔刹（直径600mm圆木）、角梁及桩木，敖汉旗和赤峰市等附近地区未找到大直径柏木，通过江苏省张家港市金港镇旺利木业经营部采购，物流运输至施工现场。

（二）劳动力准备

根据工程进度计划安排，合理配备施工力量。配备技术能力较强、技艺娴熟、有岗位操作证的技术工人进场施工，以保证工程质量，加快工程进度。

我公司从公司各工种班组中抽调出操作技术能手，调配至武安州辽塔工地，再从当地村民中选取一部分能工巧匠混合搭配，以熟手带生手的模式，组成塔体加固维修的施工技术工人队伍。

第二节　施工工序与工程措施

一、工序安排

武安州辽塔加固维修工程，2020年6月26日筹备，7月13日正式开工。由于塔底考古比较滞后，塔基为"结构松散"淤砂所埋，一层塔身补筑砌体无法坐落于坚硬地基之上，加之迫于工期压力和当地气候条件，经过慎重考虑，在进行了施工荷载核算及对塔体进行预加固措施后，在严格监护措施下，武安州辽塔加固维修工程采取部分从上部塔檐开始加固修缮的工序安排。

工序安排为十一层→十二层→十层→九层→八层→七层→六层→五层→十三层，塔顶→塔基→塔座→塔身，中宫→密龛→二、三、四层檐→台明→排水。

工程力学分析说明，尽管塔体下部破损严重，在不发生大的扰动或继续坍塌的情况下，塔体加固维修工序部分安排从上向下，有利于施工期塔体抵御冬春季大风荷载。截至2020年9月26日基本完成五层以上加固维修内容。

2020年10月2日国家文物局关于"武安州辽塔保护维修项目专题会"决定，一层塔檐不再复原，二、三、四层塔檐现状加固维修。

2021年3月15日中冶建筑研究总院有限公司提出：《武安州辽塔安全性评估报告》（TC-WJ-I-2021-010），评估结论："现状情况下，武安州辽塔整体结构的安全性等级评定为四级，即结构安全性严重不满足要求，需整体采取措施。不满足的主要原因为塔心室处部分砌体受压承载力不满足要求，塔心室内有多处裂缝，1层塔檐～5层塔檐外侧墙体有多处裂缝。"

2021年4月19日，国家文物局领导在敖汉主持召开办公会议，专题研究推进武安州辽塔加固维修工程有关工作。根据会议专家意见，对原加固维修方案进行调整。

二、主要工程措施

（一）塔体预防性钢箍加固

武安州辽塔塔身中部以上至四、五层塔檐之间分布诸多竖向贯通且宽度较大的裂缝，破坏了塔截面的整体性，塔体有破裂趋势。为防止塔体在加固施工过程发生进一步坍塌，也为了保障施工人员在施工期间的安全，根据对武安州辽塔存在的开裂残损等现状的评估与计算分析，参照以往古塔建筑的加固经验，依据结构工程概念设计的基本原则要求，以钢箍对塔体进行了预加固。

钢箍分2种：① 2×ϕ18 钢丝绳箍（带护角）；② 100×8 钢板箍。

布置位置：① 一至四层及六、八、十层塔檐围脊处，各布置一道 2×ϕ18 钢丝绳箍（带护角）；② 一层缺失塔檐围脊处，应力集中现象及裂缝开展均较明显，塔体表面也比较平整，附加一道钢板箍。共计8道箍。

其他作用钢箍加固：

钢箍类型：1×ϕ16 钢丝绳箍（带护套）。

布置位置：① 二层塔檐撩檐枋处，为防止施工期间上部摇摇欲坠之塔檐塌落，鉴于塔体表面平整空间比较狭小，以一道带护套 1×ϕ16 钢丝绳箍加固。② 塔体塔心室（中宫）高度位置，考虑到塔截面比较薄弱，塔身表面直棂窗遗存处，表层面砖基本与心砖脱离，随时有塌落可能，塔体加固维修施工期间，上、中、下以三道 1×ϕ16 钢丝绳箍临时加固，内衬木板。共计四道箍。

钢箍有关技术指标：①钢丝绳箍主材选用直径 ϕ18 的 6×37＋FC 型镀锌钢丝绳，公称抗拉强度不小于1470MPa；所用绳卡与钢丝绳必须相匹配。②钢丝绳箍通过塔体角部位置处必须布置钢护角，钢护角断面尺寸150mm×8mm，从塔体角部向两侧各延伸300mm、A3钢板，钢护角内侧与塔体接触面衬8mm厚硬橡胶板。③钢丝绳箍预设张拉力20kN，钢丝绳箍在第1次张紧1月后，绳夹螺母及张紧螺栓再补紧1次。④一层缺失塔檐围脊处附加钢板箍：100mm×8mm，A3钢板，2×M18螺栓紧固连接。钢板箍内侧衬10厚硬橡胶板。⑤一层塔檐塌落凹陷部位及下部有残存窗棂遗存处，单股1×ϕ16钢丝绳箍外套纤维胶管，局部内衬30mm厚木板，主要预防窗棂遗存等不稳定块体在加固施工过程中受震动塌落，窗棂遗存固定后可拆除或剪断。⑥所有铆板除锈后，刷两遍防锈漆保护。⑦加箍施工人员务必采取可靠安全措施，确保工作人员及塔体安全。

（二）塔顶及密檐加固维修

1. 塔檐砖件名称约定

参考其他古建筑构件称谓，对本工程塔檐构件名称约定如图6-1。

2. 塔檐的宽度、冲出和起翘

武安州辽塔塔檐保存完整宽度者为数不多，檐口砖板瓦砖基本全部残断塌落，个别处紧靠砖板瓦砖下叠涩砖也有残断者。实测表明，各层塔檐每层砖的叠涩出挑长度离散度较小，基本在65～75mm，绝大多数为70mm。塔檐加固维修时，五至十三层塔檐的维修宽度或檐口砖板瓦的出挑宽度确定原则为：①本层塔檐檐口砖板瓦尚有较完整残迹者，则以残存遗迹为参考尺寸；②本层塔檐檐口砖板瓦宽度无迹可寻者，则取檐口砖板瓦叠涩出挑宽度为70mm。

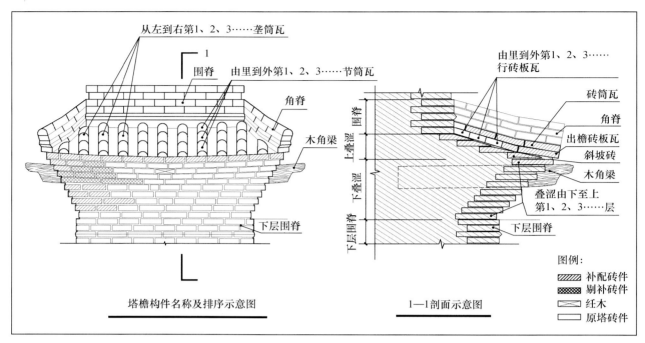

图6-1　塔檐构件名称

　　实测也表明，武安州辽塔各层塔檐角部均有明显的冲出和起翘，从而在角部形成了圆润的远眺曲线。角部冲出主要是依靠塔檐靠近檐口处叠涩及砖板瓦从中间向两端逐瓦加大出挑尺寸形成，一般是在下表面与角梁下沿齐平（最外出檐砖及以下第五层）叠涩砖处开始增加出挑尺寸。起翘，主要利用砖的灰口厚度，也同样是在最外出檐砖及以下第五层叠涩砖处逐层加大灰口高度。起翘和冲出的尺寸受砌筑误差的影响，各层各面略有不同。最小冲出42mm，最大冲出66mm；最小起翘为47mm，最大起翘为90mm。一般与塔檐长度基本呈线性变化规律。

　　加固维修后，各层塔檐冲出与起翘结果如表6-2：

表6-2　武安州辽塔塔檐冲出与起翘统计（维修后）

塔檐层号	北/mm		东北/mm		东/mm		东南/mm		南/mm		西南/mm		西/mm		西北/mm	
	冲出	起翘	冲出	起翘	冲出	起翘	冲出	起翘	冲出	起翘	冲出	起翘	冲出	起翘	冲出	起翘
13	40	45	41	45	38	46	39	44	40	48	41	47	38	46	40	46
12	43	48	42	46	40	46	42	47	41	48	41	49	42	48	43	48
11	45	50	45	50	45	51	45	51	45	51	46	50	45	50	46	50
10	48	53	48	53	48	52	48	53	48	53	48	54	48	53	48	53
9	50	57	50	56	50	56	50	56	50	56	50	56	50	56	50	55
8	53	60	52	60	52	61	52	62	51	61	52	60	51	61	52	60
7	56	71	56	70	56	70	56	70	55	71	56	71	54	71	56	71
6	58	85	58	86	57	85	57	85	56	86	57	86	57	85	58	85
5	60	80	61	81	61	80	60	79	61	79	60	80	61	80	60	80
4	出檐砖板瓦残断不全，看不出起翘与冲出															
3	出檐砖板瓦残断不全，看不出起翘与冲出															
2	出檐砖板瓦残断不全，看不出起翘与冲出															
1	塔檐全部脱落，从残留痕迹看起翘100mm															

3. 塔顶及十三层塔檐加固维修

塔顶：武安州辽塔原塔刹不存；塔顶形成天坑，内积土、杂草；坑壁粗糙，东及东南侧有缺口，其余散砖干垒，高低不一，不稳定。从西南侧残状依稀可辨顶层（十三层）塔檐形制。

塔顶初次设计以存在天宫为前提。工程做法：归安固定原散摆砖块，在十三层最底层叠涩砖（高度）下以混凝土盖板覆盖保护天宫，并做出坡面解决塔顶排水问题。

变更方案：确认塔顶天坑乃塔刹柱坑，为了更好地保存既有信息，有较好的安全性与可持续性，兼顾建筑的完整性及美学效果，遂在混凝土盖板中心开孔以置刹柱，并以反叠涩及宝顶状收顶保护。做法（图6-2～图6-4）：①十三层塔檐残砖影像记录及编号，清理天坑内积土、杂草，散落砖块归安固定。②补砌东、东南缺口。③塔顶盖板支模板，绑扎钢筋。混凝土盖板直径约1800mm，盖板顶面与十三层塔身第一层砖顶面平。④塔顶盖板浇筑C30混凝土。⑤盖板静力切割直径800mm孔。⑥盖板下砌筑直径800mm柱坑。⑦塔心柱（柏木，直径610mm）防腐、加箍、吊装。⑧十三层塔檐上反叠涩收顶排水，刹柱顶宝顶状，以青砖包砌保护。⑨依据设计要求修补塔檐下叠涩及塔身。⑩补砌维修砌体外露灰缝，以水硬性石灰勾缝，塔顶面做憎水处理。

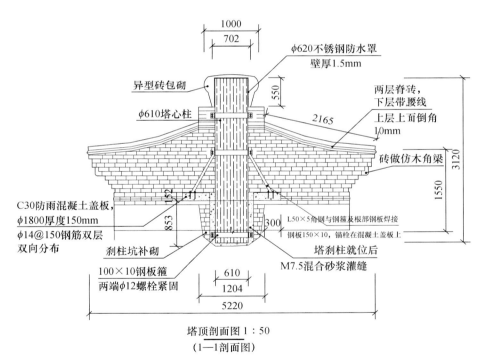

塔顶剖面图 1：50
（1—1剖面图）

图6-2 武安州辽塔塔顶做法图

4. 五至十二层塔檐加固维修

五至十二层塔檐残损虽然非常严重，但形制尚可识辨，鉴于其防水功能在塔体保护中的重要地位，本次加固维修适当运用"替代性保护"概念，从真实性和完整性角度考虑，主要采取措施为依据既有形制，查缺补漏，归安加固，适当补配缺失构件，满足防水要求。做法：①塔檐残砖进行视像记录及测绘。②塔檐上表面残损构件及积尘残渣清理。③依据塔檐既有形制及设计要求补配对于塔体安全及塔体保护必需的构件，归安固定有一定残损但尚可使用构件。④塔檐勾缝及憎水处理。

图6-3　塔顶原状照片　　　　　　　　　　　　图6-4　武安州辽塔塔顶完成图

5. 一至四层塔檐加固维修

原设计：武安州辽塔原一层塔檐无存，考虑到底层塔檐所处的高度位于塔体由上部实心密檐向下部中心设塔室、周边置佛龛的过渡部位，容易产生应力集中，位置比较敏感，设计结合底层塔檐修复，内置混凝土圈梁。

底部二、三层塔檐，部分已经塌落，残存部分塔檐与塔体间存在脱离塔体的受拉裂缝，塔檐外闪，存在塌落风险。为防止塔檐进一步塌落破坏，并适当改善塔体外观形象，原设计采取如下加固维修措施：①首先对塔檐塌落部分进行补砌，新补砌部分砖体与原有砖体采取可靠拉结措施；②揭去塔檐屋面部分底砖，在塔檐上表面暗埋混凝土圈梁，截面宽300，外侧高70mm（一层砖高），内侧140mm（二层砖高）；③恢复并补配屋面必要瓦件。

原设计根据下述要求做了调整。

2020年10月2日国家文物局《武安州辽塔保护维修项目专题会专家意见》第7条："一层塔檐不再复原，二、三、四层塔檐现状加固维修。清理时应做好详细记录，尽量保留现有构件，修补时基本不超出现有界面，并做好防渗漏。"

2021年3月30日国家文物局专家评审意见表（一），评审意见3："二、三层檐混凝土圈梁实施的必要性不是十分紧迫（四层以上就没有进行混凝土圈梁加固），加重檐部负荷，且锚杆加固对本体损伤较大。"

2021年4月19日，国家文物局领导主持召开办公会议，国家文物局专家组代表对《武安州辽塔加固维修工程设计方案（补充设计）》提出八条评审意见："五、取消设置混凝土圈梁，在补砌砌体完成面外部加装型钢和预应力高钒封闭索，并按照力学计算结果科学确定数量和位置。"根据市场调查，加固塔体用小直径（12～16mm）高钒索市场比较稀少。经与专家组推荐专家沟通，改用"高强锚具系列不锈钢拉索"。

工程具体实施方案：①一层塔檐塌落所致的凹进部位，在补砌砌体完成面外部加装型钢和2×φ20不锈钢拉索围箍，拉索适当施加箍紧预应力。②二、三层塔檐，对塔檐南侧塌落部分结合下部塔身加固进行补砌，新补砌部分砖体与原有砖体采取可靠拉结措施，三层在塔檐撩檐枋周边布置1×φ18钢丝绳箍（带护角）加固；二层在塔檐撩檐枋周边布置1×φ18钢丝绳箍（带护角）

＋1×φ20不锈钢拉索加固。③四层仅做现状加固维修，满足防水要求即可。

6. 角梁维修

武安州辽塔各层密檐角部均有木质角梁，角梁孔尺寸（宽×高）范围：（110～140）mm×（280～300）mm，下部塔檐较大，上部逐次变小，角梁高度占3层（皮）叠涩砖，从檐口正面看角梁上部盖1层（皮）叠涩砖和1层砖板瓦砖（共2层砖）。角梁材质一般为柏木，大多数两块整木叠压而成老角梁、仔角梁

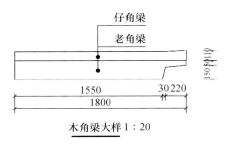

图6-5　塔檐角梁端部构造示意图

做法，老角梁端部多雕刻成"刀把"状，"刀把"外伸长度与仔角梁齐平（图6-5），外伸长度由于残损长短不一，实测最大值约250mm；也有个别处以一块整木雕刻出仔角梁外伸长度。

角梁端头未见风铎，也未找到任何挂风铎的挂钩或套箍。根据十二层B轴线（南侧西端）外露角梁看，仔、老角梁之间用2颗铁钉连接；根据六层E轴线（北侧西端）处距老角梁端头约100mm处残留比较完整的1枚铁钉看，铁钉直径约8mm，长约300mm。

角梁选材比较随意，一般说来老角梁比仔角梁宽厚一些，但个别处也存在某些仔角梁用材偏大的情况。

各层密檐每边中部从砖板瓦砖向下第3层叠涩砖位置尚在塔檐出挑方向布置有（宽×高—长）150mm×60mm—600mm木质构件，该木质构件顶与角梁顶面平齐，厚度占1砖。

塔檐角梁外露部分糟朽残损严重，然完全缺失者不多，不考虑底部缺失一层塔檐，在残存的12层塔檐中，仅在十二、十三层及底部二、三层塔檐塌毁严重处有角梁无存现象。根据塔体北侧二层塔檐塌毁断槎处西端残留角梁空洞测量，角梁嵌入上层塔身约600mm（残留孔洞深）；比照该断槎处西端残存角梁推断，角梁总长（计至仔角梁外端）约1800mm。其余内部未暴露角梁长度不明。其中塔檐外部悬挑长度（从与角梁底部齐平叠涩砖外皮算起）约530mm（70×3＋320）。角梁外露部分的描述见竣工图相关内容。

本工程角梁加固维修原则：①塔檐角梁原则上维持现状，不做处理；仅对角梁完全糟朽唯留空洞、影响塔檐角部结构安全者做补配处理，补配长度按1800mm取用。②对新更换木角梁采用熟桐油做防腐处理。③梁与砖缝采用M5混合砂浆填实，内掺水泥重量5%的环保型建筑胶。

7. 塔心室及南侧廊道加固维修

塔体结构在塔心室部位由于开洞较多，存在较明显截面削弱及偏心，同时由于南面人为破坏及拱门部位结构薄弱造成的局部塌落，该部位成为塔体在竖直维度上最薄弱的环节，为防止在大风或地震作用下，塔体有进一步破坏的风险，对于塔身南侧坍塌孔洞进行补砌加固。补筑砌体范围以塔体原有建筑形制为依据，结合加固需要恢复拱门的基本形制，基本恢复该部位原砌体的完整性。砌筑尽可能采用原砌筑传统工艺，结合锚杆等新技术，控制砌筑速度，加强新旧砌体间的连接，尽可能消除新筑砌体的"应力滞后"现象，确保新筑砌体与原有砌体之间协同受力，真正发挥加固作用。塔心室地面维持现状，塔身东、西及北面佛龛现状整修，不做特殊处理。西南侧梯道遗留下部一台阶作为遗迹，上部填塞加固。

佛龛，东、西、北三面佛龛不做特殊处理，只将地面散乱砖块归安、勾缝，并适当找坡，以利于排水。

东、西、北三面佛龛穹顶下部抹白灰的位置，都有人为刻划字迹，大多不可辨识。

在东佛龛，正面抹灰墙上有墨笔题字，大多灰皮脱落不可辨识。整理如图6-6～图6-8。

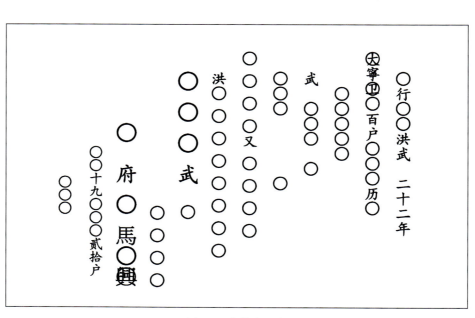

图6-6　东佛龛题字

1. 题字在东佛龛正面白灰墙上，距佛龛地面高约1.4米，面积约50cm见方。楷体墨笔书写，大多文字已脱落、掉色不可辨
2. 题字前7列（从右往左）文字2cm见方，第8～10列4cm见方，第11、12列2cm见方
3. 图中○表示掉色不可辨文字；⊛表示可辨识但不清晰

图6-7　西佛龛刻字

图6-8　北佛龛刻字

8. 塔座加固维修

塔座部位加固，主要针对塔南侧竖井外壁对塔整体的结构意义及其残损程度，对竖井外壁进行补砌，补砌后外壁厚1750mm，较原形制向内侧延伸约500mm，塔座处不留塔门。为提高补砌外壁的竖向承压能力及降低其在塔整体受力中的"应力滞后"效应，在补筑砌体内部内置4根200mm×200mm×5mm镀锌方钢管（图6-9）。塔座下部严重掏蚀部位及盗洞适当补砌加固，补砌部分不超过上部轮廓尺寸。塔座残损砌体用水硬性石灰做勾缝处理。

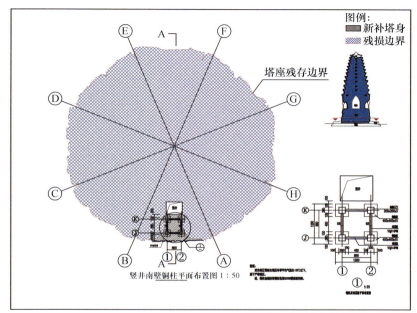

图6-9　塔座南侧布置钢柱加强

9. 塔体裂缝修补

塔体砖砌体外表裂隙裂纹填补必须在对塔体实施围箍加固后方可实施，具体做法：①用喷枪清理裂缝灰尘，并将墙面和裂隙内润湿饱和。②用喷枪向裂隙内灌注高强度黏合剂（108胶聚合水泥浆）。③裂缝表面用刮腻铲勾挂打点水硬性石灰浆，并使其适当高出墙面，然后反复揉轧将灰浆轧入裂隙内。④轧光表面后将墙面清扫干净，并将裂隙部位做旧处理，使其与原墙面色感一致。

10. 塔体防破裂抱箍加固

塔体防破裂加固是本次工程的主要内容之一，在塔体抢险预防性钢箍加固的基础上，在工程实施中，根据上级机构及相关专家的指示意见，取消所有原设计于塔体下部的混凝土圈梁，代之以不锈钢索。

11. 塔台及塔周散水维修

受国家文物局委托，内蒙古自治区文物考古研究所、赤峰市博物馆、敖汉旗博物馆组成考古队，于2021年3月25日配合武安州辽塔加固维修工程，进场对塔及塔台（图6-10）进行了比较彻底的考古发掘工作。5月20日提出阶段性考古发掘成果[①]。

① 内蒙古自治区文物考古研究所赤峰市博物馆、敖汉旗博物馆：《敖汉旗辽代武安州白塔考古发掘简报》（内部资料），2021年5月。

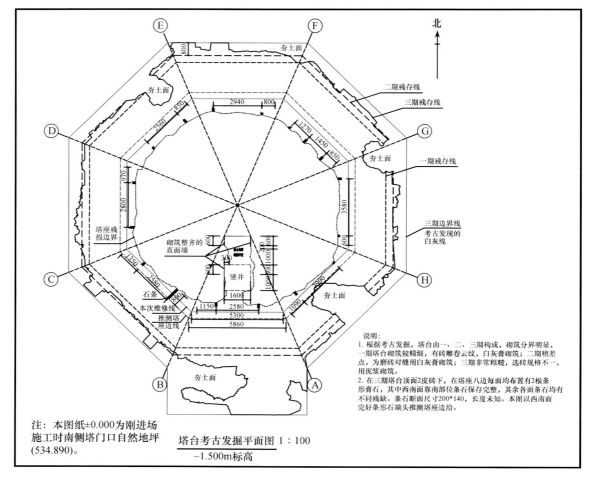

图6-10　塔台考古发掘平面图

　　通过塔台（台明、台基）发掘可知，武安州辽塔现状台明由3期建造遗物构成是明确的。5月17日下午，国家文物局在北京召开专题会议，经研究讨论，会议形成意见：①考古发现塔台早（一期）中（二期）晚（三期）不同构造特征十分重要，在完全揭露二期的基础上，开展塔台抱箍加固、防风化保护和展示；揭露展示一期存在砖雕的区域，考虑适度修复部分缺失砖雕；明确塔台阶梯位置，为后续塔台维修方案提供相关依据。②尽快利用探沟的形式，厘清一、二期塔台平面和塔身立面交界处的构造衔接关系，明确塔身轮廓范围；塔身补砌加固可在二期塔台台面起垒，并尽可能使用清理后的三期旧砖。

　　尽管由于若干因素没有完全落实国家文物局关于"厘清一、二期塔台平面和塔身立面交界处的构造衔接关系，明确塔身轮廓范围"的指示，然对于已揭露的一、二、三期塔台遗存仍采取了比较完全的包砌保护与展示。

　　包砌塔台总高2m，下部以砂土掩埋，外露600mm。塔台外砖铺920mm宽散水。

　　塔台面砖铺设（图6-11），原设计与上部密檐呼应，沿用古塔台面砖常规横向铺装做法。塔台施工按施工图基本完成，遵照有关专家"竖向排砖有利于排水"要求返工拆除，塔台面砖竖向排列布砖。

　　塔台外围场地做成缓坡，种植抗寒耐旱绿植草。其余考古场地排水由考古方处理。

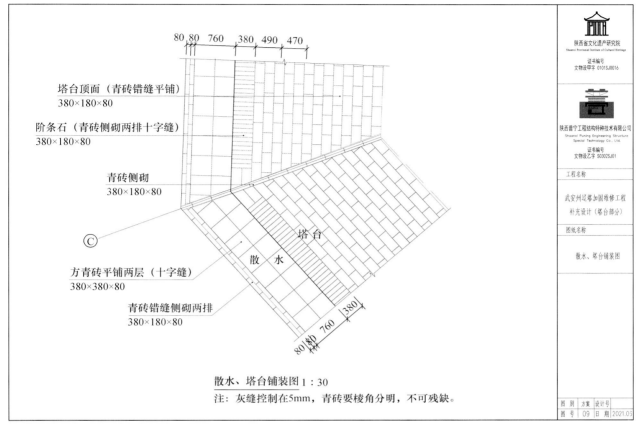

图6-11　散水、塔台铺装图

第三节　传统材料与传统工艺的传承

《中国文物古迹保护准则》（2015年）第9条：不改变原状，是文物古迹保护的要义。它意味着真实、完整地保护文物古迹在历史过程中形成的价值及其体现这种价值的状态，有效地保护文物古迹的历史、文化环境，并通过保护延续相关的文化传统。根据"不改变原状"原则引申的"原材料、原形制、原工艺、原做法"等具体要求，一般而言，在塔体修缮过程中应尽量使用传统材料，采用传统建筑工艺和传统技术。

《曲阜宣言》[①]中对传统建筑工艺技术的保护与传承的重要性达成了共识，指出："使用和恢复传统材料及其加工行业、加工技术，坚持长期培养专业的文物古建筑保护修缮队伍，坚持对传统工艺、传统技术的传承与保护，是搞好文物古建保护修缮的先决条件。"这就要求我们必须切实有效地保护和传承我国传统建筑工艺技术。

唐代以后，砖石塔开始登上中国塔的历史舞台，成为主角。砖塔的主体材料是青砖，辽塔所用的青砖规格因塔的大小和重要性的不同而有所不同，并且各个部位所用砖料的规格也有所不同。

---

① 《关于中国特色的文物古建筑保护维修理论与实践的共识——曲阜宣言》2005年10月30日，曲阜。简称为《曲阜宣言》。

塔体内部用砖规格比较单一，一般使用规格较小的条砖，不打磨加工。塔身表面用砖则根据施用的部位不同，砖料的规格和形式有所不同。通常情况下，塔基处的用砖规格较大，种类最多。大檐处铺作的砖料常常需经切割、打磨，使露于塔身之外的部分与木构铺作保持形式上的相似。塔檐处的拔檐砖常采用方砖或大砖，以承托檐部重量，增强抗剪力。反叠砖一般较薄，是为满足塔檐的坡度和塔的外观要求所致。

青砖属于烧结砖。古青砖的主要原料为黏土，黏土加水调和后，挤压成型，再入砖窑焙烤至（1000℃左右），用水冷却，让黏土中的铁不完全氧化，使其具备更好的耐风化、耐水等特性。经检测，古青砖的抗压强度可大于10MPa，吸水率小于20%。青砖在抗氧化、水化、大气侵蚀等方面的性能很好，作为砌筑材料，可更可延长建筑物寿命，历经沧桑更显古朴。武安州辽塔历经千年风雨而依然挺立，与建造所用青砖的抗氧化等性能有很大关系。

一、塔体原有砌筑材料

（1）工程各方经过现场反复确认，武安州辽塔砌筑用砖材为烧结普通黏土砖，主要黏接材料为纯黄泥，仅在塔檐上叠涩外皮2层砖处及塔体高度方向大致每10皮砖处以纯白灰膏砌筑。灰缝厚度以6mm为基本值，塔檐处依造型适当调整。塔外表以白灰勾缝及涂面。

（2）砖件规格，武安州辽塔砖件分方砖与条砖2种。方砖以400mm×400mm×60mm居多数，少量500mm×500mm×60mm。方砖主要用于塔檐（塔身）角部（图6-12）。

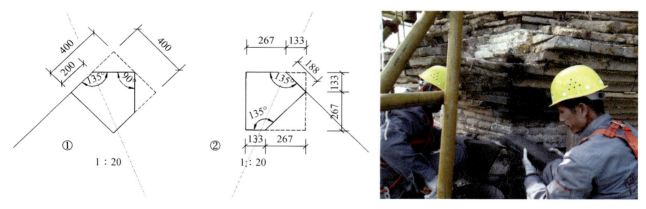

图6-12　塔檐角部方砖切割

原塔使用条砖规格比较杂乱，主要有：380mm×190mm×60mm，520mm×220mm×60mm，400mm×200mm×60mm，460mm×220mm×60mm，塔檐（塔身）除去角部的其他部位多以条砖砌筑。塔檐檐砖主要采用丁砖砌法，塔身外皮露明砖则主要采用顺砖砌法，塔身外皮露明面磨砖。

塔檐砖筒瓦规格：380mm×120mm×80mm，400mm×120mm×80mm。

（3）塔体砖材根据赤峰时代诚信检测有限公司2020年7月出具的《烧结普通砖检测报告》[①]，塔体原砖材轴压强度标准值为4.2MPa、强度平均值为5.4MPa。

---

① 《烧结普通砖检测报告》由赤峰时代诚信检测有限公司2020年7月16日提供。

（4）采用日本理学Smart Lab X射线衍射仪对现场样品（图6-13）进行分析检测，结果表明，砖体样品中含有大量的方解石（$CaCO_3$，97.6%～98.6%）和少量的石英（SiO_2，1.4%～2.4%），灰层样品本体为石灰材质。

图6-13　武安州辽塔现场样品采集

（5）通过对现场样品进行离子色谱检测结果显示，黄泥土样品检测到的可溶盐含量较高，阴阳离子总浓度大于250mg/L，阴离子中Cl^-和SO_4^{2-}含量较高，均超过70mg/L，阳离子则以Na^+、Mg^{2+}和Ca^{2+}为主，多在20mg/L以上。砖样品检测到可溶盐含量较低，总浓度小于60mg/L，但顶层砖样品中离子浓度相对下层较高，说明风化较明显。

二、塔体加固维修材料选择

古塔建筑属于古代高耸建筑，由于塔体维修时与建塔时的力学状态相去甚远，补筑材料存在难以消除的"应力滞后"现象，塔体加固阶段机械地坚持"原材料，原工艺"实际上已不现实。参考民建工程一般要求"加固材料须较原结构材料高一个强度等级"的原则，兼顾材料供应等因素，武安州辽塔加固维修工程主体材料选用如下：

（1）塔檐及塔体加固补筑砖材采用山西晋唐龙古建工程有限公司生产的手工黏土砖，砖规格有：380mm×190mm×80mm、400mm×400mm×60mm、500mm×500mm×65mm、400mm×200mm×100mm、460mm×220mm×110mm、520mm×220mm×110mm等，根据赤峰时代诚信检测有限公司2020年7月出具的《烧结普通砖检测报告》[①]，塔体加固维修用砖材轴压强度标准值为11.9MPa。

（2）武安州辽塔加固维修工程，加固砌筑砖材多属于塔体外围替代性破坏构件，为了使替代破坏的周期相对拉长一些，抑或维修的频次相对少一些，鉴于原有的黄泥黏接材料极易风化，遇水也容易软化，不利于塔体耐久保护，依据设计要求，参考西安小雁塔加固维修工程等成功案例的经验，塔檐补配构件采用M7.5混合砂浆砌筑、塔身采用M5混合砂浆砌筑；勾缝材料为德国

---

① 《烧结普通砖检测报告》由赤峰时代诚信检测有限公司2021年6月1日提供。

Hessler Kalkwerke GmbH生产的水硬性石灰（EN459-1），憎水剂为浙江德赛堡建筑材料科技有限公司生产的碧林外立面憎水乳液WS-98。

（3）塔体加固用金属材料，武安州辽塔所在的内蒙古自治区所辖各地冬季计算温度和工作温度（钢规）均低于－20℃，按《民用建筑热工设计规范》（GB 50176—2016）规定，属于严寒地区，故塔体加固用Q235B碳素结构钢材。

三、传统工艺的传承

千百年来，传统工艺不仅是生产方式，更演化成一种不可或缺的文化，是传统文化精髓传承的重要艺术方式。武安州辽塔加固维修项目，其核心内容为"加固"，"加固"的目标是消除影响"文物古迹安全"的隐患，加固措施的甄选标准首先要求解决塔体结构安全问题，同时要求加固措施尽可能框在塔体既有的形制之内，或至少不可对塔体既有形制有较大的破坏。

武安州辽塔加固维修项目中，传统工艺的传承主要体现在二层塔檐南侧维修中，坍塌部位补砌所涉三攒砖制斗拱的制作与安装（图6-14～图6-16），其中一攒转角斗拱，两攒补间斗拱。斗拱是中国建筑中特有的构件，是屋顶与屋身立面的过度，也是中国古代木结构或仿木构建筑中最有特色的部分。本公司精选技术人员与民间艺人，首先对塔体既有斗拱的构造进行分解研究，按照"原形制"打磨制作斗拱构件，然后依复原研究成果安装就位，既保持了塔体局部的既有形制，亦消除了塔檐局部坍塌的安全隐患，效果良好。

图6-14　斗拱制作及预拼装

图6-15　二层南侧补砌部位斗拱

武安州辽塔加固维修中，上部塔檐、塔顶及塔心室的维修内容亦多涉及传统工艺的运用与传承，主要在于对塔体构造与形制的研究理解，效果详见图片部分，此不赘述。

图6-16　南侧塔门制作、安装

第四节　新技术与新材料的应用

武安州辽塔加固维修工程中，反复强调"真实性"原则，不刻意追求标新立异，随意使用新技术新材料，但事关文物本体结构安全而不得已时，在"可识别"前提下，也不回避局部采用新技术与新材料。

一、运用环境振动法确定塔体动力特性与物理参数

图6-17　武安州动力测试

结构动力特性是结构本身固有的动态参数，包括固有频率、振型和阻尼系数等，它们取决于结构的组成形式、刚度、质量分布、材料形式等，与外载无关。武安州辽塔属于高层建筑，加固维修过程中明晰理解其力学状态至关重要，无论采用何种手段了解塔体的力学状态，必须首先确定塔体砖砌体材料的物理参数，例如，杨氏模量、泊松比等数据。本项目与西安建筑科技大学力学研究室联合，采用目前比较先进可靠的无损方法——环境振动法（脉动法）对塔体进行动力测试并反演确定所需参数（图6-17）。

二、计算结构力学的运用与塔体力学状态监测

20世纪50年代以来，计算结构力学飞速发展，使人们求解结构力学问题的能力提高了几个数量级。以静力学问题为例，50年代求解结构力学问题的规模，大约只是几十个未知数；到80年代

初，已达到数以万计的未知数。

古塔建筑属于比较特殊的高层结构体，以经典力学不可能对之进行比较精细的力学分析，本公司充分发挥土建类高校技术背景的优势，根据塔体残损状态及不同施工阶段的载荷条件，运用计算结构力学对武安州辽塔进行数值模拟与仿真分析，为加固维修施工工序的安排及部分技术措施的布置提供了比较可靠的理论支持（图6-18）。

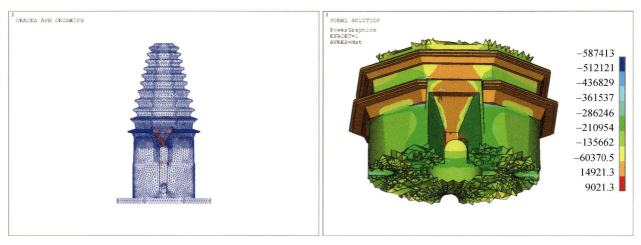

图6-18　数值模拟与仿真分析

武安州辽塔在加固维修过程中，全程以脚手架围挡，难以使用全站仪等光学设备对于塔体变形进行直接监测，项目组根据塔体砌体材料对各种变形比较敏感，易开裂的特点，主要利用塔体裂缝监测，间接掌控塔体内部力学状态的变化。裂缝监测主要利用布置于塔体关键部位的石膏条变化及裂缝检测仪实施（图6-19）。

图6-19　裂缝与变形监测

三、倾斜摄影技术的运用

武安州辽塔加固维修工程备受各方关注，反复研讨及协调方案必不可少，然工程也恰逢新冠疫情肆虐时期，聚集开会多有困难。公司技术人员充分发挥自身优势，利用近年发展的无人机倾斜摄影建模技术，将远程遥控现场摄影与公司服务器建模相结合，根据工程进展情况，分阶段提交武安州辽塔高精度数字模型，使线上研讨更直观便捷（图6-20）。

无人机倾斜摄影建模技术是国际摄影测量领域近十几年发展起来的一项高新技术，该技术通过从一个垂直、四个倾斜、五个不同的视角同步采集影像，获取到丰富的建筑物顶面及侧视的高分辨率纹理。它不仅能够真实地反映地物情况，高精度地获取物方纹理信息，还可通过先进的定位、融合、建模等技术，生成真实的三维建筑模型。该技术在欧美等发达国家已经广泛应用于智慧管理、规划、住建、自然资源、交通、电力、水利、应急等行业，在我们国家诸多领域亦开展应用。

图 6-20　无人机倾斜摄影模型（截图）

四、圈梁加固技术

以圈梁（或抱箍）加固古塔建筑，是我国从 20 世纪 50 年代以来经常采用的一种传统加固方案，目前尚未发现其他更好的措施。在武安州辽塔整体性加固中，设置一定数量的圈梁是必不可少的技术措施，尽管从力学状态、材料兼容性、耐久性及文物可逆性诸方面看，在本项目中使用混凝土圈梁具有一定的优势，但鉴于大部分专家对于混凝土圈梁存有一定看法，故在塔体下部加固中，主要的圈梁均改为不锈钢钢绞线[①]（图 6-21）。其材质表面质量优良，光亮度好；有较强的耐高温耐腐蚀性，抗拉强度和抗疲劳强度高；化学成分稳定，钢质纯净，杂质含量低。

图 6-21　高强锚具不锈钢钢绞线

钢绞线的力学性能，主要有抗拉强度、伸长率、360 扭转次数、综合破断力等。

钢绞线就是将几个小直径的钢丝捻在一起，当大直径的钢筋使用。钢绞线的捻距一般小于直径的 14 倍，钢丝的极限抗拉强度有 1670MPa、1770MPa、1860MPa 等级别，钢绞线的弹性模量不小于 $1.6×105MPa$。

---

① GB-T 25821—2010 不锈钢钢绞线。

武安州辽塔工程中所用不锈钢钢绞线正是运用其单纯的拉力，在两端锚固连接形成环箍，以防止塔体破裂发散。

五、水硬性石灰

尽管水硬性石灰没有气硬性石灰的使用领域广，但是在文物建筑保护领域，它们的使用远在气硬性石灰之上。主要用来生产黏结砂浆、填缝砂浆、外墙砂浆、石灰涂料等。特别是在古建筑或是旧建筑的修复中，它们有水泥和气硬性石灰不可替代的特殊用处。武安州辽塔加固维修工程中，勾缝材料采用水硬性石灰。水硬性石灰主要特点：①机械强度高；②硬结速度快；③柔性和施工性好；④黏性好，对墙体有很强的附着力；⑤能使墙体透气保持呼吸，有利于水蒸气的交换；⑥具有较高的防水性；⑦有很好的自我修复性；⑧有很好的抗冻性；⑨有很好的抗盐性。

六、混合砂浆

武安州辽塔原砌筑黏结材料基本上采用黄泥，每十层砖施白灰膏一层，塔檐外表面砖板瓦用白灰膏砌筑。黄泥的黏结性能、耐水解及耐风化的能力均较差。考虑到本工程砌筑内容多属于加固性质，为使补筑砌体可以有效地发挥协同受力的作用，也为了使塔体在未来的岁月加固维修的频次适当少一些，参考国内外塔体加固维修的经验，本次武安州辽塔加固维修工程中对于黏结材料主要选用混合砂浆。

混合砂浆产品的特点为：①具有优异的施工和易性和黏结能力，易操作，挂浆均匀，灰缝浆料饱满，增加砂浆与砖体接触面积，使墙体应力分散均匀，从而大幅度提高墙体整体性和稳定性；②具有较好的保水性，使砂浆在更佳条件下胶凝得更为密实，并可在干燥砌块基面保证砂浆有效黏结，使砌块与砌块之间形成耐久、稳定和牢固的整体结构；③具有塑性收缩、干缩率低特性，最大限度地保证墙体尺寸稳定性；④胶凝后具有刚中带韧的力学性能，提高墙体抗裂、抗渗及抗应变能力，达到墙体免受水的侵蚀和破坏的目的。

基于上述混合砂浆的技术特点，武安州辽塔加固维修工程中关键部位采用了混合砂浆砌筑，如南立面坍塌补砌、塔檐维修，而塔台补砌则使用的是白灰砂浆。

第五节　施工中相关问题的处理

一、施工中的安全问题

古塔加固与维修属于高空作业，武安州辽塔个别部位本来摇摇欲坠，施工过程中的危险性不言而喻。施工中的安全问题，包括施工人员的安全和文物本体的安全，主要采取下述措施：

（1）建立完善的安全制度，工程项目部坚持"安全第一，预防为主"的方针，建立以项目经理为现场安全生产文明施工管理体系的第一负责人的安全管理体系，组织专职安全员及施工员等对施工现场进行安全检查，存在安全隐患及时排除、解决。

（2）对工人加强安全教育，全面开展学习《中华人民共和国建筑法》《中华人民共和国安全生产法》《建设工程安全生产管理条例》，以及建筑施工安全生产有关规范及有关施工安全生产文件，统一标准、强化标准，时刻加强安全教育，增强工人的安全防范意识和保护文物的意识，确保全面、透彻地贯彻落实到每一个施工环节。

（3）对文物本体的危险部位，施工前要在精准计算与评估的基础上，加强监测与支护，施工时做好防护，除了人员佩戴安全帽、系好安全绳之外，还要做好水平的软、硬防护层。专职安管人员必须旁站，一有异动立即撤出施工人员，既要绝对保障施工人员的安全，也要尽可能做到不损伤文物。

二、施工中的质量问题

（1）技术与管理人员做到熟悉设计文件，明确本工程的主要目标及主要技术难点，广泛阅读参考文献和进行相关项目的实地调查，做到能够居于比较高的角度理解工程的方方面面。

（2）加强施工工人的技能培训，从公司各工种班组中抽调出操作技术能手，在现场做好样板，经各方确认后再让其他能工巧匠混合搭配，以熟手带生手的模式，按照样板进行施工。

（3）加强质量管理，各班组自检自查，再由专业质检员进行检查，将质量缺陷消灭在萌芽中，质检员检差合格后再报监理查验。

1. 砂浆拌和

拌制混合砂浆所用的水泥、白灰、砂等，必须经检测合格后方可使用，严格控制中砂的含泥量（不得超过5%）。严格按施工配合比配料。

拌制砂浆要做到随拌随用，混合砂浆必须在拌成后3h内使用完毕；当最高温度超过30℃时，则必须在拌成后2h内使用完毕。灰斗中的砂浆，使用过程中应经常翻动、清底。如砂浆出现泌水现象，应在砌筑前进行二次拌和。

2. 砌筑手法

砌体材料进场经检测合格后方可使用。

砌体的组砌形式，应根据补砌筑部位的原有排砖模式而定。控制好水平和竖向灰缝要与原砌体一致，灰缝饱满。砌筑时应认真操作，挂通线，墙体中砌块缝搭接不得少于1/3砌块长。砌筑用砖必须提前1~2天浇水湿润，含水率宜在10%~15%，严防干砖上墙，使砌筑砂浆早期脱水而降低强度。砌筑时要采用"三一"砌砖法（即一块砖、一铲灰、一揉挤）。严禁铺长灰而摆砖砌筑，造成砂浆不饱满。在临时间断处应砌成斜槎，斜槎长度不应小于高度的2/3。按设计要求设置拉结筋，每3层砖设置一层$\phi4$钢丝网片，$\phi6$钢筋植入墙体不少于400mm，间距350mm与钢丝网片拉结。每日补砌高度不超过10层砖，以解决应力滞后问题。

3. 木门窗

武安州辽塔南侧塔身部位设门洞，为防止鸟类在内部筑巢，鸟粪腐蚀塔体，制作安装了透气格栅式木门，在直棂窗处安装了木格栅加固。

木门窗具有崇尚自然，实木热传导系数低，隔热性优良，节能环保等特点。缺点也很明显，室外日晒夜露、风吹雨淋，年长日久，难免受损。

对拼装门窗扇的接缝是否严密进行逐一检查，避免缝隙渗漏。对框边密封进行检查，要求门窗框内外均填塞密实，封口严密，表面光滑。对门窗安装进行检查、调试，达到开关灵活、接缝严密。

4. 原材质量控制

严把材料关：原材料的选用必须符合质量要求，原材料必须经检测合格后方可使用。材料进场后，严格按照"建筑工程材料检验取样"的规定，经见证取样送检和现场抽检合格后方可使用，杜绝不合格材料用于工程。

三、建筑施工中的环境污染问题

建筑工程中的环境污染主要有噪音污染、灰尘固体粉尘污染、固体废弃物产生的污染等。其中噪音是建筑施工中居民反应最强烈和常见的问题。

武安州辽塔保护加固工程虽然工期紧，任务重，但是我们尽量避免夜间施工，材料车也尽可能白天进场，以免造成过大震动和声响，对周边群众的休息造成影响。

施工时造成的灰尘固体粉尘污染，如砖块切割，拌和砂浆所引起的粉尘等，我们采取洒水湿润、以水雾除尘的方法，以降低扬尘。

固体废弃物分类堆放，无污染可利用的进行二次利用，有污染的运到废品处理站进行处理。实施绿色施工，确保在施工过程中对环境、资源造成尽可能小的影响。

四、武安州辽塔周边环境恢复及治理

武安州塔加固维修完成后，对于塔周环境进行了适当处理：①覆200厚种植土（标高低于散水边缘50）；②结合地形清理积土向外找坡，移植当地耐旱野草，种植草皮宽约10m。

第六节　加固维修工程综合评估

一、评估依据

《武安州辽塔加固维修工程（备案稿）》、《武安州辽塔加固维修工程（修改稿）》、《武安州辽塔加固维修工程（台基补充设计方案）》、武安州辽塔加固维修工程施工图纸、图纸会审纪要、设计变更、技术核定单、答疑、相关专家及设计人现场指导意见，以及相关的国家、行业、地方性规范、标准。

《建筑结构加固工程施工质量验收规范》（GB 50550—2010）、《工程结构加固材料安全性鉴定技术规范》（GB 50728—2011）、《中国古建筑修缮技术》（1983年）、《砌体结构加固技术规范》（GB 50702—2011）、《武安州辽塔加固维修工程设计方案》（2020年）和（2021年）、《武安州辽塔加固维修工程施工图》（2020年）和（2021年）、《古建筑修建工程质量检验评定标准（北方地区）》（CJJ39-91）、《古建筑砖石结构维修与加固技术规范》（GB/T 39056—2020）、《古建筑防雷工程技术规范》（GB 51017—2014）。

二、施工质量综合评价

（一）工程施工情况简述

施工方根据设计单位提供的施工图纸、技术核定单及相关的技术规范对武安州辽塔加固维修工程进行施工工作，做了自检并上报监理检查审验：

（1）对本单位的施工资质进行上报，监理审核，符合要求。

（2）对原材料进行复检，在监理见证下取样，复检结果上报监理，并保留原材料进场资料。

（3）对每道工序质量进行了自检、巡视、交互检，且上报监理检查和验收。

（4）在施工现场进行试验，邀请监理进行现场见证，并保留资料。

（二）质量保证情况

1. 技术保障

施工过程中，我方严格按照施工图进行施工，个别不明确处与甲方、监理沟通，进行变更洽商之后再行施工。本项目管理人员和技术工人都是我司从事多年古塔维修工程的专业技术人员。经验丰富，能准确识图，能把控施工安全，保护文物。

2. 材料复检

在施工过程中，我方对工程原材料进场进行严格管控。原材料进场前对其生产厂家的出厂合格证及质检报告等质保文件进行上报审查，并现场监理见证取样，送往实验室复检，复检合格后该批材料方可用于工程中。

（1）本工程所用于维修的手工青砖，有产品质量证明书和检验报告，现场监理见证取样复试，检验结果均为合格。

（2）本工程所用于维修的水泥，生产厂家为敖汉水泥厂，山水牌普通硅酸盐水泥32.5、42.5均有产品质量证明书和检验报告，现场监理见证取样复试，检验结果均为合格。

（3）本工程所用于维修的钢材，生产厂家为唐山市玉田金州实业有限公司，Q235B碳素结构钢，具有产品质量证明书和检验报告，现场监理见证取样复试，检验结果为合格。

（4）本工程所用于维修的黏结材料——混合砂浆，经实验室调配并给出配合比试验报告，严格按照配合比操作规程施工，做好试块并送检，检验结果合格。

（5）本工程所用于维修的生石灰，经销商为赤峰市红山区易建材门市，具有产品质量证明书和检验报告，现场监理见证取样复试，检验结果为合格。

（6）本工程所用于维修的木材，经销商为张家港市金港镇旺利木业经营部，具有植物检疫证书，现场监理见证复试，检验结果为合格。

3. 分部分项检验批及隐蔽验收

工程资料及时、完整、真实。工程开工形成的程序文件，施工过程中的材料复检及检验批，隐蔽工程均按设计要求及规范规定进行隐蔽验收，自检合格后，经监理检查验收所有分项工程全部合格。

三、评估意见

我方根据施工图纸及相关规定，结合中冶的《安全评估报告》，对一至四层塔檐进行现状归安加固，对塔座塔身进行补砌，增大了薄弱处的截面，对既有裂缝进行清理并灌浆修复，用不锈钢拉索对塔体进行了环形抱箍处理（图6-22 ~ 图6-25）。

图6-22　三层塔檐维修（东南）

图6-23　西佛龛地面修整

武安州辽塔加固维修工程基本解决了塔体破裂及竖向传力不均衡的结构病害，排除了塔檐局部坍塌悬空的紧急险情，在社会各界的广泛关注下圆满竣工。

依据设计图纸、国家强制性条文及建筑工程质量验收标准，武安州辽塔加固维修工程施工资料真实齐全完整，施工质量合格。

图6-24　武安州辽塔南立面修缮前后对比

图6-25　武安州辽塔修缮后环境（西南→东北向）

第七章　加固维修监理履行情况

第一节　加固维修监理概况

一、监理工程概况

（一）工程源起

2020年4月20日，新华每日点讯报道了《"修缮"停在纸上，千年辽塔快塌了》后，习近平总书记、孙春兰副总理、黄坤明部长高度重视，先后做出批示。2020年6月2日，国家文物局党组书记、局长刘玉珠视察了武安州辽塔加固维修工程现场和内蒙古史前文化博物馆，对武安辽塔加固维修和文物保护工程提出明确要求。9月29日～10月2日，国家文物局调研组来敖汉旗就武安州辽塔加固维修工程展开了专题调研，并要求内蒙古自治区文物局要加强对整个工程的管理，做好相关业务指导，注重关键细节的把控，保质、保量、保时完成武安州辽塔的修缮工作。

为确保维修加固质量，赤峰市敖汉旗内蒙古史前文化博物馆（现敖汉博物馆）于2020年7月10日委托河北木石古代建筑设计有限公司承担武安州辽塔加固维修工程监理业务。工程设计单位为陕西省文化遗产研究院、陕西普宁工程结构特种技术有限公司，施工单位为陕西普宁工程结构特种技术有限公司。工程于2020年7月13日开工，2021年9月19日竣工。工程分为塔体预防性加固；塔顶防雨水渗漏及塔体、塔檐归安加固维修等内容；2020年10月20日〔敖汉博物馆（原内蒙古史前文化博物馆）〕组织专家通过中期评估验收，次年5月复工，9月19日竣工。

（二）辽塔简介

武安州辽塔位于武安州敖汉旗丰收乡白塔子村西侧，北临叫来河支流——饮马河。辽塔位于与武安州城址隔河相对的饮马河北岸的高岗上。塔为八角形密檐空心砖塔，塔刹部分倒塌，塔檐残存。辽塔十三级，残高31m，塔基座边长残存5m至6m不等。因塔外壁抹有白灰，俗称"白塔"。

武安州辽塔始建于辽代早期，由塔台、塔基座、塔身、密檐四部分组成，由于千年风吹雨蚀，塔基座、塔身、塔刹自身破损严重。

二、施工过程中的质量监理

（一）2020年7月8日

施工单位积极组织人员，主要完成了以下工作：

（1）前期搭设脚手架验收移交使用工作。

（2）对塔体进行二次勘察、构件编号、资料提取、砌体取样。

（3）对新砌块、胶凝材料见证取样后送样检测。

（4）对塔身十层先行施工，边支护，边加固，边剔补，边拍照，边记录病害残损情况。

（5）对十一层天坑灰尘清理，同时对塔檐及散落砖块归安。

（6）对项目部及施工现场警示标识、消防设备及安全配件查漏补缺。

（7）按设计图纸要求，对塔体进行如下工作：①塔檐测绘，②倾斜测绘，③塔地宫有害气体检测，④热释光取样分析，⑤塔体沉降变形检测，⑥塔身周围环境监测，⑦补配十一层（东北、东南）缺失挑檐3根。

其间，监理人员利用工程例会及专题会了解整个项目保护程序及检验加固的特殊性，督促施工单位利用自身优势落实施工工艺及工序。解除塔体结构的不安全因素，严格把好工程材料、成品、半成品和设备质量关。按规定对进场材料见证取样核查复试，从而保证了使用与工程中的原材料及各分部质量验收符合规范要求。

（二）2020年8月1～31日

施工单位完成以下工作：

（1）塔顶防雨板混凝土浇筑。

（2）异形（塔檐、叠涩、束腰）砖砌体维修。

（3）塔檐局部维修。

（4）塔檐植筋、钢筋网铺设。

（5）檐料、杂料、异型砖、脊料砖加工。

（6）塔十、十一层勾缝处理工程。

（7）塔身第六层安装环形钢板箍加固。

进入8月，施工方依据设计理念及施工工序，针对塔身、塔檐等存在的结构安全隐患采取加箍、砌筑修补等手段予以加固维修；对残损塔檐砖拍照留存；更换或添补影响塔檐防水功能的残损块砖、风化残损砖块及缺失的块砖；并对塔檐角部两侧各1m范围内叠涩灰缝内压埋4mm×1000mm钢丝网、钢丝网片处对塔壁植入6个圆钢与之拉结，植筋深度500mm，水平距离350mm。采用的保护措施以延续现状、缓解损伤为主要目的，各工序符合设计要求（原则同意施工单位评定结合）（合格）。

施工期间，工程签证共11份，按照监理程序开展施工阶段全程监理工作，并于关键部位现场旁站，见证取样。目前武安州辽塔加固维修工程完成了第十一层塔顶（砼）浇筑部分，分别按施工工艺完成六至十一层塔檐加固修缮工作。当下为施工深化二次勘察阶段，施工设计及技术路线确定后，即将进入全面修缮阶段。前期进行的施工内容正在加紧有序施工中。

本阶段监理督促协调的问题：①宝顶、角梁、脊饰、塔下基础设计方案；②口部密檐严格按照维修的要求查漏补缺，归安加固，保护基本的现状风貌。

（三）2020年9月1～31日

施工单位完成以下工作：

（1）五、六层塔檐剔补、植筋、钢丝网铺设、砌筑归安。

（2）五至十二层塔檐戗脊补砌归安。

（3）塔顶、塔檐归安加固，塔刹保护整修。

（4）十三层以下裂缝勾缝处理。

（5）三、四、五、七、八、十一层以钢绞线组合加箍加固。

进入9月，施工方加大人力资源及施工管理，及时调入老匠人，依据设计及施工工序，针对塔顶病害严重缺失，为防止雨水下渗，首先采取归安散乱的砖块，其次，对塔顶刹洞进行保护整修。其主要工艺如下：①揭拆斜坡砖断裂塔檐上部2～3行砖，塔体植筋拉结断裂砖体并恢复砌筑已拆除的砖块。②塔顶植入柏木3120mm×610mm（圆木）1根。③熟桐油刷三遍。④钢箍100mm×10mm三道。⑤不锈钢帽620mm×5501mm顶。

施工方大型吊车，与2020年9月20日上午8：35顺利归安。

施工期间，工程签证19份，经过50天紧张有序的施工，截至2020年9月底已完成五层以上的加固维修，包括：

（1）墙体预防性钢箍加固。

（2）五至十三层塔檐加固维修。

（3）塔顶维修。

由于10月中旬以后，当地将进入长达6个月多风、大风的季修工期。

2021年4月20日，为了落实国家文物局提出的方案意见和国家文物局提出的方案评审意见进行安排和部署。

2021年4月20～30日，陕西省文化遗产研究院和陕西普宁工程结构特种技术有限公司根据专家组提出的8条意见及驻场督导工程师指导意见修订完善设计方案。同时，按照会议要求，施工单位修改施工组织设计，准备材料和制定施工安全预案。

（四）2021年5月20日～6月30日

施工方主要完成以下工作：

（1）5月20日～6月30日，清理、分拣考古发掘的碎砖、旧砖。

（2）5月22日～6月30日，回填封堵塔身北立面的盗洞25.42m³。

（3）（砌筑平台）补砌承台采用考古半截砖、旧砖约150m³。

（4）补配塔台松木（木筋）桐油钻生防腐处理。

（5）三七灰土夯实回填东南侧考古探沟。

2021年5月19日，根据"武安州辽塔保护加固工程主题会议"精神，施工方组织人力、物力进行施工，首先派人分拣考古发掘出来的旧砖，依据台基补充设计文本，首先对台基东南西北一、二、三期叠压和松动的塔台，按现状进行保护性的点砌，并对塔身及台基进行定位测量放线。恢复塔身与塔体（台）连接木筋并刷桐油防腐处理。塔台、盗洞砌筑砂浆采用1∶3白灰砂浆，青砖采用380mm×180mm×80mm和原塔台进行填馅补砌。其次，塔台考古展示（砖雕）花瓣区域搭设保护棚进行防护，为下步搭设钢管脚手架奠定良好基础。

施工期间共签证16份。本阶段，塔身与塔台部位的加固措施尚未到位，塔体安全隐患尚未解除。监理方督促相关各方应尽快拿出切实可行的加固保护措施，早日完成该项目加固维修工作。

（五）2021年7月1～31日

施工方主要完成以下工作：

（1）专业架子工16人搭设辽塔扣件式脚手架（通高24m）。

（2）施工人员对二至四层塔檐编号，归安顶部散乱板瓦、筒瓦及修补勾缝。

（3）7月9～31日，塔南立面承台以上找平砌筑，竖井南壁顶钢梁加固及塔心室平台焊接钢格栅板等。

（4）7月27～31日，塔南损毁1、2、3券洞构件加固归安。

本阶段，脚手架搭设完成后，依据施工组织设计有关安全措施内容：

（1）脚手架作业防护、洞口防护、临边防护、高空作业防护和施工机具设备十分到位完善，增强树立工人安全意识，发现问题及时处理，未发生违规作业事件。

（2）在补砌加固塔身施工过程中，严格按照设计要求实施，补砌砖体每3层在灰缝间压埋一层54mm×100mm钢丝网片，钢丝网片处对塔壁植入6个圆钢与之拉结。灰缝随行大小、饱满度、砌筑轴线、尺寸、标高满足设计规范要求，确保塔身历史风貌整体保持现状。

（六）2021年8月1～31日

施工方主要完成以下工作：

在8月份辽塔加固维修的过程中，设计和施工始终认真贯彻执行《中华人民共和国文物保护法》关于建筑维修"不改变文物原状的原则"，主要开展工作如下：

（1）塔南立面承台找平随形砌筑。

（2）竖井设置钢结构支撑，补砌二层塔檐下缺失斗拱、补砌中宫券拱3个；归安塔檐飞椽、筒瓦等，归安塔壁直棂窗，归安双扇花格木，桐油钻生通道方砖细墁。

（3）完成二层塔檐设钢箍及锚杆等加固措施。

监理方认为，这些都是合理的、有效的措施，解决了塔体结构安全隐患，达到了使文物延年益寿的目的。

施工期间共签证32份。9月份将进入辽塔专家初验及脚手架拆除阶段。并对二、三期基台残存顶面及边界进行保护性砌筑，以达到对塔台一、二、三期历史信息全面保护的目的。

（七）2021年9月11~31日

施工方主要完成以下工作：

（1）9月1日，根据专家意见，施工方对木门做旧及佛龛勾缝完毕。

（2）9月3~5日，专业人员拆除脚手架。

（3）9月7日，施工方将塔基上部已经补砌完成的几层较厚的新砖进行拆除，并按照现有的工作思路重新补砌，做好新旧砌体的对应咬槎。

（4）9月9日，设计方根据专家意见出具塔台砌筑做法设计变更单，明确塔台放线要求，与施工方沟通塔台视窗实施方案。

（5）9月7~20日，施工方对塔台进行砌筑、塔台外围夯土回填及散水施工完成。

（6）9月22日，国家文物局文物保护与考古司、考古处，内蒙古自治区文物局等组织专家莅临辽塔现场查验，对辽塔进行补步验收，验收合格。

（7）9月23~24日，施工方逐项落实9月22日初步验收会议上国家文物局领导及专家提出的建议。

（8）9月25日，施工方将辽塔本体及施工场地移交给业主方后撤离施工现场。

9月工程工期紧，施工专业性强，特别是安装不锈钢拉索，有效解除了竖向裂缝的进一步发展，对塔体整体稳定性起到了保护作用。其次，展示窗口、丝缝（糙砌）等，从现场实际情况出发，在当地气温降低前较早的完成合同约定的施工内容，并通过了国家文物局对武安州辽塔加固维修工程的初步验收。

三、工程评价

本报告从监理工作的角度，如实地反映了武安州辽塔加固维修工程监理工作人员的工作过程，遵照国家文物局和专家组评审意见、工作思路，最大限度地保持了辽塔的原貌。在此次维修中监理宗旨亦在于：

（1）维修中坚持"不改变文物原貌"的修缮原则，鉴于上述有关法规之规定，在此次维修中首先对原材料严格把关，对建筑主要材料进行检测，所有材料均有记录，从根本上保证材料质量。

（2）对缺失构件的复原采取慎重态度，严格按照设计图纸及说明塔体范围及技术要求进行维修工作，尽可能多地保留原有构件，新增加的部分要求具有可识别性和可逆性。

此项目加固维修期间，从中央到地方各级领导、专家多次来现场检查指导和协调工作。监理人员对本工程实施监理深感责任重大，施工期间严格要求施工方按照设计文件和国家标准施工，重视过程控制，严格执行原材料及工艺控制，尽最大努力保证工程能在文物保护原则和文物主管部门批准的维修文件指导下进行。

第二节　加固维修监理成效评估

一、监理过程及履约情况简述

该工程由内蒙古史前文化博物馆组织实施，由陕西省文化遗产研究院、陕西普宁工程结构特种技术有限公司设计，陕西普宁工程结构特种技术有限公司施工，河北华友文化遗产保护股份有限公司设计并施工（辽塔防雷工程），河北木石古代建筑设计公司监理。

工程于2020年7月13日开工，至2021年9月19日竣工。该工程塔体预防性加固，塔体、塔檐归安加固两项内容，由内蒙古史前文化博物馆组织专家于2020年10月12日通过中期评估验收，次年5月20日复工至9月19日竣工，经过建设单位、设计单位、施工单位及监理单位等共同努力，圆满完成施工合同、监理委托合同及其专用条件中约定的施工阶段范围的监理业务。施工期间严格按照设计文件和国家标准施工，重要过程控制严格执行原材料及工序报验制。

二、工程隐蔽验收和检测情况及结论

严格执行隐蔽验收制度并且过程旁站，进行现场试验及抽样送检，检验结果均符合设计规范要求，经过参建各方验收合格。

三、监理资料情况

编写《监理大纲及实施细则》、监理工作月报6期、监理例会会议纪要、监理工程师通知单等纪要，并由专人填写监理日志（3本）。发出监理工程师通知单1份，收到施工单位回复，监理资料完整、真实、准确，符合归档要求。

四、质量评价意见及结论

（1）各分部分项工程基本满足设计要求。
（2）档案资料提交专家组验收评审。

五、监理工程质量结论

（1）依据塔台总体维修与展示思路粗略补砌，构建塔体加固工作平台—塔体加固—二、三、四层塔檐维修—塔体底部掏蚀补砌—塔台维修与展示后期施工。

（2）关键与核心环节，竖井设置钢结构支撑，补砌二层塔檐下缺失斗拱，补砌中宫券洞4个，基本解决辽塔坍塌与倒塌的风险。监理方认为，二层塔檐设钢箍及锚杆（微型）等加固措施，都合理、有效地解决了塔体结构安全隐患，达到了使辽塔延长寿命的目的。本工程质量合格，资料齐全，监理方同意验收，由专家组评审。

参 考 文 献

［1］ 刘敦桢主编. 中国古代建筑史［M］. 北京：中国建筑工业出版社，1980.

［2］ 胡廷荣. 关于1290年武平路地震震级讨论［J］. 华北地震科学，1984，（1）.

［3］ 张驭寰，罗哲文著. 中国古塔精粹［M］. 北京：科学出版社，1988.

［4］ 张乃夫，等. 敖汉旗志［M］，呼和浩特：内蒙古人民出版社，1991.

［5］ 项春松. 辽代历史与考古［M］，呼和浩特：内蒙古人民出版社，1996.

［6］ 邵国田. 辽代武安州城址调查［J］. 内蒙古文物考古，1997，（1）：42-67.

［7］ 杨楠. 辽代密檐式塔形制特色研究［D］. 广州：华南理工大学硕士学位论文，2005.

［8］ 张驭寰. 中国佛塔史［M］. 北京：科学出版社，2006.

［9］ 彭菲. 论中国辽代佛塔的建筑艺术成就［D］. 呼和浩特：内蒙古工业大学，2007.

［10］ 辽宁省文物考古研究所，朝阳市北塔博物馆. 朝阳北塔考古发据与维修工程报告［M］. 北京：文物出版社，2007.

［11］ 汪盈. 辽塔分布及形制初探［D］. 北京：北京大学硕士学位论文，2009.

［12］ 郭黛姮编著. 中国古代建筑史，第3卷宋、辽、金、西夏建筑［M］. 北京：中国建筑工业出版社，2009.

［13］ 张晓东. 辽代砖塔建筑形制初步研究［D］，长春：吉林大学博士论文，2011.

［14］ 马鹏飞. 辽宁辽塔营造技术研究［D］. 沈阳：沈阳建筑大学，2012.

［15］ 邹晟. 辽宁辽塔营造技术研究［D］. 北京：北京建筑大学，2012.

［16］ 徐永利. 外来密檐塔形态转译及其本土化研究［M］. 上海：同济大学出版社，2012. 11.

［17］ 谷资. 辽塔研究［D］. 北京：中央美术学院，2013.

［18］ 王若芝，孙国军. 赤峰市全国重点文物保护单位（第七批）之五：敖汉旗辽、金、元代武安州遗址［J］. 赤峰学院学报（自然科学版），2014，（10）.

［19］ 林林，付兴胜，陈术实. 武安州塔形制及建筑年代考［J］. 草原文物，2014，（1）：132-137.

［20］ 刘博. 银川海宝塔震害反演分析及保护措施研究［D］. 西安：西安建筑科技大学硕士学位论文，2016.

［21］ 陈伯超. 辽代砖塔［M］. 武汉：华中科技大学出版社，2018. 07.

［22］ 成叙永. 辽代八大灵塔的图像特征与出现背景［A］. 沈阳：辽宁省辽金契丹女真史学会.

［23］ 宋沁. 赤峰市敖汉武安州塔原貌的数字化复原研究［D］. 呼和浩特：内蒙古工业大学硕士论文，2019.

［24］ 陈平等. 古塔建筑纠偏与加固工程案例［M］. 北京：中国建筑工业出版社，2019.

［25］ 西安博物院. 1965年西安小雁塔整修工程报告及研究［R］. 西安：陕西人民出版社，2021.

［26］〔日〕关野贞，常盘大定. 支那佛教史迹评解. 东京：佛教史迹研究会，1925-1927.

［27］〔日〕村田治郎. 支那的佛塔，东京富山房，昭和十五年（1940）.

［28］〔日〕村田治. 辽代佛塔概说，建筑学会论文集25号，1942.

［29］〔日〕正司哲朗，A. Enkhtur，L. Ishitseren. 契丹（辽）时代的土城"巴尔斯浩特1"附近佛塔修筑前后的结构比较［J］，奈良大学纪要第47号.

［30］〔日〕武田和哉，高桥学而，藤原崇人，泽本光弘. 东北亚中世纪遗迹的考古学研究［M］，平成17年度研究成果报告书，文部科学省科学研究费补助金特定领域研究（2）.

附　　录

附录一　主管部门批复、发文及专家意见

1. 内蒙古自治区初版方案批复

内 蒙 古 自 治 区 文 物 局

内文物保函〔2020〕75号

内蒙古自治区文物局关于对
武安州塔加固维修工程方案的批复

赤峰市文物局：

你局《关于对武安州塔加固维修工程方案进行评审的请示》
（赤文物字〔2020〕77号）收悉。经研究，批复如下：

一、该方案对塔体病害勘察细致，设计理念坚持"修旧如旧"、
最小干预原则，符合国家文物局对立项的要求，经自治区文物局
组织专家评审，原则同意该方案。

二、提出以下补充完善意见：

（一）进一步收集与武安州塔类似的案例，纳入方案进行
比较分析，供加固维修时参考。

（二）对现有的材料进行强度检测分析，并将稳定性专题
报告纳入勘察内容。

（三）建议地面以下的保护设计，随着考古工作的不断深

化，进行调整和补充。

（四）进一步补充完善相关图纸。

（五）深化节点设计和工程做法，突出重点加固的部位及采取的措施。

三、请你局根据上述意见，指导敖汉旗组织编制单位对方案进行细化、补充、完善，经你局审核后，报我局备案。加强对武安州塔加固维修工程的监督检查，加强事中、事后监管，确保工程进度和工程质量。

内蒙古自治区文物局
2020 年 5 月 21 日

2. **国家文物局现场专题会专家意见**

武安州辽塔保护维修项目专题会专家意见

名称	武安州辽塔保护维修项目
详细意见	2020年9月29日至10月2日工作组对武安州辽塔加固维修工程现场进行现场考察后，建议如下： （1）应以考古清理成果为依据，对方案进行完善。第二方案较为合理，可在此基础上进行深化。 （2）第五层以上部分应在拆除脚手架前进行详细补充勘察，对勾缝不密实部位进行修补，并协调灰浆颜色。同时，补充对该部分构造做法的勘察及详细记录，如塔体内木构件的分布、十三层拆砌位置，补充图纸，真实反映施工实施情况。 （3）维修工作尚需进一步结合现场勘查，加强对武安州辽塔形制、做法、材料、工艺、遗存、病害等细节特征的分析与研究，为维修加固提供充分的依据。 （4）塔座和塔身应基本保持现有状态，重点补砌掏空、悬空部位，或是有可能积水部位。对失去黏结力松动砖、碎砖采取必要的补砌。补砌部分应控制不超出现存塔壁界面，采用随形、随色的措施，外皮尽量使用旧砖。 （5）加强对开裂、松动部位的链接加固。应根据盲窗、檐部等不同开裂部位采取不同尺寸的锚杆、拉筋进行加固；对加固补砌的砌体，可在其体内增加拉接构件，以增强塔体整体性；对二、三、四层塔檐可考虑增加暗链接，固定瓦件。 （6）对原灰浆成分配比进行检测分析。加固修缮应尽量考虑使用传统灰浆，其强度可略高于原有灰浆，并与原灰浆相兼容。砌体勾缝应密实不留毛边。 （7）一层塔檐不再复原，二、三、四层塔檐现状加固维修。清理时应做好详细记录，尽量保留现有构件，修补时基本不超出现有界面，并做好防渗漏。 　　南立面残损最为严重，从结构的安全性考虑，有必要从底层以补砌的方式对缺口进行加固。依据对塔心室、地宫的考古清理情况，确定支撑体的位置。塔座盗洞部位应封堵，塔身部分修补拱券、预留门洞，安装木门，以方便后续检查。一层塔檐部位按照其他面现状随形修补。二层塔檐依据现存部分随形补砌。补砌部位原则不超出现存界面，并应在砌体内设置纵横拉接件。塔心室残缺部分依据考古随形修补至地坪。 　　其他立面原则上参照南立面加固维修方法，另三面密龛进行封砌。 　　考虑修缮后的整体效果，建议本次工程做到第一层台明范围。根据考古清理发现情况，再做调整。 （8）考古工作应具有课题意识，利用本次加固修缮机会尽量解释塔的修建年代、形制结构、砖塔地基与砂岩结合关系等关键性学术问题，考古人员应参与工程实施全过程，及时提供考古发现最新信息，为维修工程提供科学的考古依据。 （9）由于考古工作介入较晚，建议根据内蒙古地区施工期较短的气候条件，在保证工程质量前提下，科学合理安排施工工期。

3. 自治区文物局关于转发国家文物局〈关于武安州辽塔考古发掘和冬季临时
支护工作意见的函〉的通知

内 蒙 古 自 治 区 文 物 局

内文物保函〔2020〕216号

自治区文物局关于转发国家文物局
《关于武安州辽塔考古发掘和冬季临时支护
工作意见的函》的通知

赤峰市文物局：

现将国家文物局《关于武安州辽塔考古发掘和冬季临时支护
工作意见的函》（文物保函〔2020〕1137号）转发你们，请按
照国家文物局各项指导意见认真研究、逐项落实，并将进展情况
及时报送自治区文物局。

附件：国家文物局《关于武安州辽塔考古发掘和冬季临时支
护工作意见的函》（文物保函〔2020〕1137号）

内蒙古自治区文物局
2020年11月13日

4. 国家文物局专家评审意见及答复

专家评审意见表（一）

项目名称	武安州辽塔加固维修工程设计方案
评审 意见1	**意见：** （1）本方案对加固修缮涉及的原状风险、应力、风力荷载、截面影响等进行了科学的观测和评估，增强了工程设计方案的科学性、安全性。 （2）本方案在原第二方案上吸收了专家们的意见，进行了较充分的修改，对二、三、四层塔檐及一层塔体和底座设计了如绞丝、混凝土箍梁等加固措施，可有效地保证塔体的稳固安全。 （3）坚持了最小干预的原则，对塔檐砖瓦、塔体砌砖进行加固、归安。除修补部分以外，塔体表面比原方案更为合理，更能保持原貌作风，符合修旧如旧的文保要求。 **建议：** （1）建议应补充对修补所用的砖瓦、黏合剂等建材的性能检测，使之保持足够的耐腐蚀、耐风化、耐冻融等特性。 答复：修补所用的砖瓦及黏接材料其性能均有检测，其性能有近百年工程实践的考验。 （2）建议加快考古工作进程，为本方案的实施和完成提供充分的考古依据和保障。 （3）建议除了抗风力影响以外，塔基部分应考虑足够的加固（如塌陷部分的加固）等防震减震措施。 答复：塔地基属于强风化砂岩，承载力足够。防震方面由于塔体材料、结构布置、工艺等方面的固有缺陷，以及风化与残损的影响，很难满足国家现行规范的要求。设计目标是抵御中小地震。
评审 意见2	（1）由于塔身残损是不均匀的，所以应避免维修增加的荷载引起塔身偏心受压，应进一步校核塔身抗压强度是否满足增加荷载的要求。 答复：塔身塔心室处偏心，主要是由于塔体在该部位的构造及破损造成的，上部维修荷载是均衡施加的，手算分析及精细的有限元分析均表明上部维修增加的荷载约为塔体自重的1%，该荷载对塔心室部位压应力影响微乎其微（增加≤2%）。塔体上部荷载适度增加对于抵御更严重的塔体拉应力有利。塔体在"现状"情况下，抗压完全满足者体维修后增加荷载的要求。关于这一点，在过去的冬春极端气候条件下，已得到实践验证。 （2）为避免在外营力作用下，塔檐现已风化成碎裂的砖块脱落，采取拆砌或补砌处理是合理的，但应进一步明确需要拆补砖的碎裂程度指标，在保证安全的前提下，坚持最小干预的原则，尽可能采取黏结加固措施，减少拆补量。如确需拆补时，应采用原材料，当原材料的特性无法满足荷载及环境变化的要求时，可适当添加现代材料，表面应随形顺色，防止修葺一新，要留下历史的沧桑感，达到主体结构稳定，外观残损不易掉块即可。 答复：塔檐上表面的筒瓦及板瓦砖风化非常严重，已无法依据国家相关检验标准进行检测，工程中要求以1块砖瓦手工搬动即碎裂为3个以上碎块为不可用判断标准。要求能留则留，能粘则粘，已完工部分即是这样做的，从脚手架拆除以后的效果看，效果还是挺协调的。

续表

项目名称	武安州辽塔加固维修工程设计方案
评审 意见2	（3）作为混凝土圈梁，应嵌入塔体内，但干预过大，而方案中的圈梁放在塔身外的塔檐位置，主要是起到包箍的作用，虽然可行，但合理性值得商榷，可否选择类似的其他措施？ 　　答复：民建工程上的圈梁，其主要作用也即抱箍作用，类似于木桶上的铁箍，也类似于举重运动员的腰带。从结构作用看，外置肯定较内置要好一些，因为可以约束塔体更大的范围。以圈梁（或抱箍）加固古塔建筑，是我国从20世纪50年代以来经常采用的一种传统加固方案，目前尚未发现其他更好的措施。 　　（4）台明应根据考古情况，进行动态设计，必要时可做专项设计和评审。
评审 意见3	（1）二、三层檐混凝土圈梁实施的必要性不是十分紧迫（四层以上就没有进行混凝土圈梁加固），加重檐部负荷，且锚杆加固对本体损伤较大。 　　答复：二、三层塔檐以圈梁加固，是因为这两层塔檐残存部分上表面根部裂缝发育严重，随时有坠落风险。四层以上塔檐构造与下层塔檐不同，也没有这种险情，自然就不用加了。塔檐暗埋的混凝土圈梁截面较小，而且是置换了圈梁位置的砖块，几乎不增加荷载。锚杆仅用在已经完全坍塌需要修补的塔檐部位，仅3根。使用混凝土圈梁与锚杆肯定有一定的干预，但这种干预是必要的，而且限制在最小范围。与放任二、三层塔檐完全坠落相较，我们认为这种干预是最小的，也是值得的。 　　（2）一层檐混凝土圈梁的加固对本体信息伤害较大，不建议采用这种方法（现残存的信息太重要了），请考虑其他加固方法，以最大可能保存残留信息。 　　答复：一层屋檐处混凝土圈梁加固的必要性是塔体安全决定的，加固并未伤及任何现存残存信息，设计文件已在多处注明："圈梁位置避开原残存塔檐斜坡砖残断痕迹。" 　　（3）塔基底部及塔心室底部（标高5.78米处）的混凝土圈梁可做成隐性圈梁不外露，不必追求正八边形，但不得打锚杆，不扰动现存塔体（卯孔对塔体损伤较大）。 　　答复：就目前塔体底部现状看，在不增加外包砖体的情况下，如果欲使圈梁内置而在现有塔体刻槽，不仅干预破坏较大，而且极有可能诱发连续坍塌，对辽塔导致毁灭性的灾难后果！这里没有使用锚杆。 　　（4）塔基月台外围是否做成三层台叠涩式台地，待考古完成后根据考古成果再作确定。 　　（5）应对原有缺失残损的木箍筋进行补缺加固，以保留传统信息和增强结构功能。 　　答复：塔木箍筋补配实施较困难，塔体多数空洞已无法判断其是否存在木构件；即使补放木构件，既无法置于其既有位置，也无法构造其相互之间连接，已不可能起到增强结构功能的作用。仅仅是木质角梁有部分残缺补配的可能。 　　（6）对塔体裂缝的灌注加固方法要进行细化量化（如强度、压力等），防止在灌注过程中对塔体形成新的伤害。 　　答复：武安州辽塔塔体裂缝分两种：结构性裂缝与非结构性裂缝。前者必须在对塔体实施结构加固以后进行封堵修补，后者直接进行封堵修补即可，以不进水为原则。设计无灌浆工艺。 　　（7）补充新砌加固砌体与原塔体外观色调的协调方法和措施。 　　答复：新砌加固砌体和原塔体色调的协调意义不大，且不符合可识别性。时间将逐渐弥合新旧的外观差距。

续表

项目名称	武安州辽塔加固维修工程设计方案
评审 意见4	第一，关于安全性评估报告与结构设计依据的问题。 中冶《安全性评估报告》提出的塔体结构的最大压应力0.50MPa。而西安建筑科技大学提出的塔体结构的最大压应力0.35MPa，两者有30%的差值。 加之各种安全系数的增加，导致评估结论一个为D级（结构安全性严重不满足要求，需整体采取措施），一个为C级。完全不同的结论将直接影响加固措施的干预程度。 答复："中冶建筑研究总院有限公司"编制的《武安州辽塔安全性评估报告》，对古塔安全性所做的评估与设计方原有观点基本相同，但安全裕度更高。 武安州辽塔勘察设计阶段，国家行业标准《古建筑砖石结构维修与加固技术规范》（GB/T 39056—2020）尚未公布（200929公布）。西安建筑科技大学的计算立足于为塔体"现状加固"服务，在塔体密度取值1800kg/m³（相当于最大值）的情况下，没有考虑恒载分项系数；在砖件强度取实测值的情况下，没有考虑承载力降低系数；也没有考虑结构重要性系数。设计方关注的重点在于塔体是否产生拉应力，既往工程实践说明，对于古塔这种结构类型，拉应力更具危险性。 中冶《安全性评估报告》塔体密度取值1800kg/m³，又乘以1.2恒载分项系数，1.2结构重要性系数，同时对承载力乘以0.9降低系数。这样计算的压应力自然大一些，评级自然低一些。鉴于中冶乃国家授权的技术评估单位，考虑其在行业的权威地位及其资质的合法性，其《安全性评估报告》具有足够的法律效力，其法律权重远高于我们专家的意见，对之给予足够重视是必要的。 第二，关于塔身维修加固：补砌孔洞、填充裂缝、增加钢箍的措施原则可行。一层至五层维修新补砌体量较大，补砌材料与原有砌体的衔接、强度、拉结方法、施工事项还可细化。两者的衔接关系尽量自然，尽量随形随色，不能给人修过的塔身就是历史上塔体外边缘的错觉。 第三，关于塔檐维修加固：在挑檐外侧采用钢筋混凝土箍的做法需商榷。原有挑檐已有开裂外倾现象，且砌体脆弱，靠下面几皮叠涩砖承托悬空的钢筋混凝土箍，其可靠度令人存疑。建议对局部开裂松动的挑檐采用拆砌归安的方法，取消钢筋混凝土箍。 答复：二、三层塔檐的加固确实是个难题，埋设混凝土圈梁乃不得已而为之的措施。设计思路是利用混凝土结硬而产生的沿周侧均匀分布的向心收缩力来约束着檐外倾以维持塔檐稳定。对局部开裂松动的挑檐采用拆砌归安的方法难以解决塔檐上表面根部抗拉的问题，等于原有裂缝还存在，塔檐还是会坠落。 第四，锚杆是新增砌体与原砌体拉结方式之一，但需充分考虑现存砖砌体和砌筑材料都非常脆弱的问题，综合考虑锚杆的位置、长度，以及实施方式，尽量减少对现有砌体的伤害。 答复：已做了工作，尽可能减少对砌体的伤害。
评审 意见5	（1）砼圈梁设计欠合理，建议取消。 答复：塔体设置圈梁的必要性（略）。 外置混凝土圈梁不扰动塔体，易操作，锯断即可拆除，可逆性好。由于混凝土可以随

续表

项目名称	武安州辽塔加固维修工程设计方案
评审 意见5	形浇筑，并且结硬过程会产生微小的体积收缩，故无论其产生的主动或被动箍紧力均比较均衡，有利于塔体受力。混凝土形成的弱碱性环境还可以保护受力钢筋不致锈蚀，故无须频繁维护。露明布置的圈梁不仅可以概念标识既有线脚，一旦条件成熟，也可以在混凝土圈梁表面植筋，悬挑恢复既有线脚，可持续性较好。 （2）建议补砌突出南、北侧大块垮塌导致上层呈局部悬挑部位。 答复：有补砌。 （3）补砌部分的砌块可采用一些超规格、轻质异型砖。并在砌筑时，增加窝入砖内的拉接钢筋，以提高补砌部分自身的整体性（由于补砌部分明确为加固所为，异型砖可以外露，外观色调相协调即可）。其次，补砌部分的砌体注意掌握下大上小、下重上轻的稳定原则，力求补砌部分自身达到一定的自稳定性。总之，补砌部分尽可能自身解决整体与稳固问题，既减少对既有塔体的伤害，又可具有可逆性。 答复：不采纳。 （4）对涉及一层大檐和塔座形制相关的遗存痕迹，应注意保留、保护。可适当采取局部翻模的做法，制作异型砖块，在遗存相应部位使用，以避免重要部位的遗迹自然消失。 答复：设计文件已在多处注明"圈梁位置避开原残存塔檐斜坡砖残断等痕迹信息"。 （5）综上所述思路，建议设计方进一步斟酌方案设计，充分体现最小干预的设计做法，充分体现现状加固维修的修后效果。 （6）塔基部分还有待考古，考虑塔座部分修后尚不完整，不建议对塔基部分进行完整修复。
评审 意见6	（1）塔体结构现状最薄弱部位为塔身段，建议最大限度补砌修复并结合附加构造措施，以增加结构的承载力。 （2）钢筋混凝土圈梁对提高结构的承载力、增加结构稳定性很有必要。圈梁主要起抱箍作用，截面受力以受拉为主，起作用的为圈梁内的钢筋，因此，在保证外表面齐平的情况下，不突出原结构边界的前提下，截面宽度可以随现状墙面有所变化，可小于300mm，但要保证钢筋的保护层厚度。钢筋的连接应要求采用焊接或机械连接，不应采用搭接。圈梁混凝土浇筑困难且密实度难保证，建议采用免振捣高强灌浆料。塔基处圈梁截面尺寸可按图纸要求设置。 答复：意见很专业，提出了诸多有价值的参考意见，设计方将慎考虑。 （3）现状塔体的竖向贯通裂缝对结构的整体稳定性十分不利，采用抱箍的方式并适当施加预应力对增加结构的整体性很有必要，但钢绳箍或钢板箍加固方式以及钢护角橡胶垫在自然环境下老化问题等影响加固的耐久性，增加了后期维护的工作量。建议加强外露构件的防腐措施，有条件时可采用其他材料。钢护角转角处应打磨成圆角，两侧花篮螺栓应同时张紧，保证结构受力均匀。 答复：意见很好，设计方将慎重考虑。

专家评审意见表（二）

项目名称	武安州辽塔加固维修工程设计方案
评审意见7	一、勘察评估 （1）安全评估报告与现状勘察报告，两份报告中的塔身倾斜情况相差较大，包括倾斜率和倾斜方向。安全评估报告中总体倾斜率为4.7‰，北偏东23.4度，而现状勘察报告中为19.1‰，向西北偏移。虽为两种不同的观测方式，但不应相差如此之大，需对塔身倾斜情况进行再次核准。塔身倾斜情况除通过塔中心位置上下对比外，还可以通过塔身转角位置的上下对比来直观反映。如果塔身倾斜较大，则需进一点细化各层塔身倾斜情况和基础不均匀沉降情况，以及分析塔身倾斜原因； （2）塔刹到塔身五层部分，因刚完成了整体修缮，故外观完好，但塔身内部裂缝的修补和加固情况如何，需进一步调查和检测； （3）安全评估报告与现状勘察报告，两份报告中的分析模型是否都已经充分考虑了塔的各种残损状况，包括贯通裂缝、底部局部坍塌和结构松散、结构偏心等状况？建议通过动力特性计算值与实测值的核对，修正分析模型。安全评估报告中需补充分析塔的稳定性情况。 二、方案设计 （1）补充设计需结合安全评估报告的成果，尤其是塔体内部缺陷的检测成果； （2）对现状勘察报告中所提的安全隐患，方案设计都应要有对应措施，可以是工程措施，也可以是管理措施，可以是本次工程实施，也可以是以后二程实施。如现状勘察报告中的"5.5环境现状"； （3）本工程结构安全处理的关键是二层檐下修补墙体如何实现新旧墙体间的咬合、整体受力。方案需对塔体表层结构松散部分的处理进行明确，是局部落架归安还是灌浆加固？需对塔体表层断砖、错缝、灰浆流失等残损的处理进行明确；需对修补部分的厚度作出规定，除局部剔补外，成片的修补不能太薄，要有一定的厚度保证；需对泥浆中植筋的有效性进行分析，建议做植筋抗拔力试验，建议在砖咬合、植筋的基础局部增设钢筋混凝土预制小梁（截面为一～二块砖的高宽，长度为二～三块砖的长）伸入保留塔体内进行拉结； （4）方案对塔体贯通裂缝的处理未进行明确，需对塔体贯通裂缝进行灌浆加固处理 （5）方案对塔基下部现掩埋部分的处理未进行明确，对掩埋部分需进行全面检测，对涉及安全隐患的残损需做处理。塔座表层修补部分，不能悬空，或落于原有塔基，落对现有掩埋土体进行处理后作为其基础； （6）因二层檐以下现塔体保存状况较差，建议塔体表层修补时，局部采用配筋砌体，沿塔外围兜圈成箍状，增强整体性； （7）5.78标高和01F层平座处的圈梁，自身稳定存在一定问题，建议与里侧保留塔本间设马牙槎咬合（需配筋），平座顶面设坡避免积水；02F和03F塔檐处的圈梁，建议取消或内移至塔身处（即檐内端处）；地面处（即0.00标高）处圈梁，建议改成地坪沿塔体周边的板带，以箍紧塔体，同时对掩埋土体松散处进行注浆或换填压实处理； （8）塔檐局部修复，在砖咬合、植筋的基础上，可局部增设钢筋混凝土预制小梁（截面为一～二块砖的高宽，长度为二～三块砖的长）伸入保留塔体内进行拉结。

续表

项目名称	武安州辽塔加固维修工程设计方案
评审意见8	补充设计文件勘察细致，分析评估充分翔实，采用的主要技术措施基本可行，能满足塔体加固后结构安全需要，基本达到了加固维修的目的，建议如下： （1）武安州辽塔为实砌砌体结构，整体处于受压状态，局部加设之圈梁对塔体约束有限，难以提高整体受压承载力，且加设圈梁位置位于悬挑部位尽端，对改善局部受力亦没有显著提升。方案中压应力较大部位采取补砌措施，该措施能有效增加受压截面，减小压应力，结合塔体力学分析报告及安全评估报告所提供之数据，补砌后应能满足塔体整体结构安全性能要求。综上建议取消圈梁加固措施。 （2）新老砌体衔接并保证协同受力是本工程结构加固成败之关键，应充分考虑原结构材料强度偏低的现状，加强钢筋数量及采用的浆料强度应与之匹配。 （3）塔心室及其余洞口部位属应力集中部位，现加固方案及措施较为笼统，应重点关注并细化。 （4）保留残状外墙应充分考虑雨水侵蚀及冻融风化等问题，避免后期的再次破坏。 结构加固工程成败很大程度依赖施工技术水平高低，施工组织方案必须科学合理，经评审后方可进行下一步工作。
评审意见9	这次补充设计方案总体上有较大的改进和提升，也更贴近国家文物局的立项批复意见，根据检测、监测报告显示："塔体裂缝和塔体倾斜值基本没有持续增大的趋势"的结论看，武安州辽塔经受了冬季大风的考验，解除了冬季可能出现险情的担忧，也说明了塔结构还是稳定的。基于此，应从文物保护最小干预的设计思路，建议如下： （1）三道砼圈梁从结构加固的有效性和必要性理由不足充分，尤其二、三层檐的砼圈梁作用有限；一层檐砼圈梁，从塔的建筑角度不增加附属物为好，如果必须要用砼圈梁加固的，能嵌入壁内为好，避免误导历史信息的真实性。 （2）方案应尽可能体现最必要的干预，保护历史信息的真实性，充分考虑现状修缮加固后感观效果，千年古塔历史沧桑的厚重。 （3）塔体补砌选用M7.5混合砂浆用于塔檐维修不可取，应使用传统灰浆，强度可略高于原有灰浆，并与原有灰浆材料相兼容，当受到外力（如地震）作用时更能形成有效的受力整体，总之对于文物保护工程：选用技术要适宜，使用材料要适合，维修内容要适度，带病延年是本质。 （4）补充完善表面勾缝材料并协调灰浆颜色，裂缝的灌浆应选用传统材料为宜，可少量添加现代材料，总之新旧材料兼容性、强度相近为好；塔体灌浆还需要进一步细化和量化，避免工程中产生破坏。 （5）底层塔基座及三层台部分，待考古清理后再行调整方案设计，展现真实的结构做法，有利于古塔历史环境的呈现。

续表

项目名称	武安州辽塔加固维修工程设计方案
综合答复	**1. 关于塔身倾斜** 中铁西北科学研究院有限公司《内蒙古敖汉旗辽武安州白塔倾斜观测报告》给出的倾斜率为19‰，《现状勘察报告》给出的倾斜率约12‰，《安全评估报告》中总体倾斜率为4.7‰。严格地讲，3个倾斜测量结果只能说明塔目前倾斜不大，对于判断塔体稳定均无大的参考价值，因为均缺乏既往塔变形监测数据。 **2. 关于塔体裂缝** 针对塔体裂缝已进行了抱箍加固处理。裂缝张口处仅作封堵防止进水即可。无灌浆工艺，灌浆可能使塔体内部在施工阶段黏结黄泥软化，致塔体抗剪能力降低，引起坍塌。 **3. 关于分析模型** 结构计算的分析模型采用连续介质（线弹性）模型，杨氏模量依据原位动测获取的动力性能指标，通过反演分析确定。专家所言非线性模型，由于计算量过大，并且材料本构关系等基础数据存在较大的不确定性，尚难以用于工程实践。建议管理单位将之另作研究课题，采用精细化模型进一步研究材料非线性、裂缝等因素对塔体稳定性和强度的影响及机理。 **4. 关于新旧墙体间的咬合** 设计在"最小"干预原则下已有考虑。 **5. 关于塔檐圈梁** 从受力角度讲，二、三层塔檐所加的圈梁置于斗拱上部撩檐枋处为妥，但干预稍大，故置于塔檐上表面。二、三层塔檐在目前状况下，至少设计方尚未找到较内置圈梁更好的加固措施，取消圈梁而不采取其他有效措施，可能是一种不负责任的态度；至于圈梁内移至塔身处，则对于塔檐已无任何约束作用，不可取。 **6. 关于使用传统灰浆** 武安州辽塔传统灰浆为黄泥，补筑砌体原本存在"应力滞后"现象，如果仍使用模量与黏结能力极低的黄泥砌筑，则很难发挥加固作用。设计遵从加固行业比较普遍的规定，采用强度等级及耐久性较高的混合砂浆。 **7. 其他** 如在新旧砌体间"增设钢筋混凝土预制小梁"等措施，对塔体干预太大，不主张使用。

5. 国家文物局领导来现场调研会议记录

国家文物局领导来敖汉旗
调研武安州辽塔保护修缮工作专题会议记录

2021年4月19日，国家文物局相关领导主持召开办公会议，专题研究推进武安州辽塔加固维修工程有关工作，听取内蒙古自治区文物局汇报自2020年10月份以来武安州辽塔保护修缮工作进展情况和安州辽塔加固维修工程（补充设计）方案和武安州辽塔安全性评估检测等内容。现将会议内容整理如下：

2021年4月19日上午，国家文物局调研组现场调研了武安州辽塔现状与考古工作进展，听取了施工方陕西普宁工程结构特种技术有限公司汇报辽塔修缮施工情况及内蒙古自治区考古研究院汇报考古发掘情况，国家文物局领导及专家组成员深入现场调研、讨论研究，并充分交换了意见，为科学推进武安州辽塔保护修缮工作奠定了坚实基础。

1. 内蒙古自治区文物局汇报自2020年10月份以来武安州辽塔保护修缮工作进展情况

内蒙古自治区文物局从武安州辽塔安全值守、加固维修、考古发掘、安全检测、方案设计与专家评审、数字建模与实体建模、近期需完成的工作等几个方面做了详细全面的汇报。

（1）安全值守方面。①敖汉旗落实文物保护主体责任；②2020年10月23日由敖汉旗公安局、文旅局组成冬季值班人员常驻武安州辽塔项目部，开始冬季值守工作；③值守人员每天进行日常巡查，排除安全隐患，确保塔内监控正常。

（2）加固维修方面。①根据国家文物局意见2020年10月6日完成武安州辽塔5～13层修缮扫尾工作；②根据国家文物局专家意见对设计方、施工方、监理方、业主方及考古所的重点工作进行部署；③2020年10月12日对武安州辽塔加固维修工程进行阶段性评估检测和验收。

（3）考古发掘方面。①自治区考古所于2020年10月19日完成武安州辽塔塔心室考古清理工作；②应国家文物局要求，2020年11月20日塔基探沟回填工作完毕；③完成了2021年考古发掘执照申领工作，明确了发掘目的、面积与学术预期；④按国家文物局要求于2021年2月联合组队完成武安州辽塔中宫钎探工作，为完善武安州辽塔1～4层修缮方案提供科学依据。

（4）安全监测方面。①2020年10月4日普宁完成武安州辽塔塔体震动监测，结构正常；②委托相关资质机构对武安州辽塔进行全方位检测鉴定，为辽塔1～4层方案编制提供科学依据；③委托中冶建筑研究总院对塔顶开展专项震动检测并对塔心室进行三维扫描；④委托中冶建筑研究总院对塔顶倾角和塔心室裂缝进行监测，并增设报警系统；⑤中冶建筑研究总院于2021年3月将《武安州辽塔安全性评估（检验）报告》呈交设计方和施工方，为进一步完善加固维修方案提供科学依据。

（5）方案设计与专家评审方面。①国家文物局11月4日召开视频会议，商讨冬季临时支护事宜，对已有资料提出整改意见；②设计方根据专家意见完善了辽塔现状勘察补充测绘等工作；③内蒙古自治区文物局研究落实探沟回填和拆除脚手架工作；④2020年12月设计方完成《武安州辽塔1～4层加固维修（补充设计）方案》，并根据专家意见完成修改；⑤2021年3月29日国家文物局组织召开1～4层方案视频评审会；⑥设计方根据3月29日视频会专家评审意见，深化补充设计方案。

（6）数字建模与实体建模。①2021年3月25日陕西普宁工程结构特种技术有限公司已经完成辽塔数据采集和数字建模工作；②中冶建筑研究总院正在进行辽塔实体建模制作，用于现场指导辽塔施工。

（7）近期需完成工作。①考古所5月10日前完成施工区域考古发掘；②普宁5月5日前完成1~4层施工准备；③敖汉旗文物局5月20日前完成塔基方案上报工作；④2021年10月31日前完成辽塔加固维修和档案整理工作。

2. 中冶研究建筑总院有限公司副主任吕俊江汇报武安州辽塔安全性评估情况

详细汇报了现场检验结果、现场检测及监测结果、计算分析结果、结构安全性评估结论、实体模型制作等，并根据辽塔的检测及监测结果，提出了处理建议。

（1）现场检验结果：整体性较好，地基静载无明显缺陷，5~13层完成修缮，现状完好；一层塔檐到5层塔檐以下部分，尚未进行修缮，塔檐砖、筒瓦、饧脊破损严重，砌体灰浆流失，砖块松动、缺失，角梁糟朽等问题；1~5层塔檐及塔体八个立面均存在明显的裂缝。从粘贴石膏饼监测结果看，少量裂缝在修缮施工过程中略有发展。停工后，监测的裂缝目前为止基本没有进一步发展；塔心室存在多条裂缝。

（2）现场检测及监测结果：采用地质雷达对地基基础进行检测，辽塔周围地基存在小范围土体不密实的情况，未发现大面积空洞；地基整体状况基本良好；采用地质雷达对辽塔塔心室上部内部缺陷进行检测发现，塔心室上部塔体内部没有明显的大的空洞。另外，塔体内部砌筑不密实，局部存在脱空区；从2020年11月12日正式开始对塔体裂缝进行监测，截至2021年3月9日，各监测的裂缝没有持续增大的趋势；从2020年11月12日正式开始对塔体倾斜进行监测，截至2021年3月9日，各倾角计监测的倾斜值比较小，基本没有持续增大的趋势。

（3）评估结论：武安州辽塔整体结构的安全性等级评定为四级，即结构安全性严重不满足要求，需整体采取措施。

（4）处理意见：①建议对1~5层塔檐进行修复处理，修复完成后进行抱箍处理；②建议对塔身进行增大截面处理，处理后进行抱箍处理，提高塔整体受压承载力；③建议对塔进行监测，主要监测塔心室及塔檐处已有裂缝的变化以及塔的整体变形，以便发现问题及时处理。

（5）实体模型制作。目前制作了1∶30比例模型，用于指导方案设计；用于指导现场施工的精细化模型正在制作中。

3. 陕西普宁工程结构特种技术有限公司工程师陈一凡汇报武安州辽塔维修的具体方案

（1）塔体病害：①塔身、塔檐存在裂缝；②塔檐2、3层存在坠落趋势；③1层中宫坍塌严重；④塔檐风化严重，丧失防水能力；⑤从结构上看，塔体存在上大下窄的问题，有下沉的危险。其中②、③条病害最为紧迫。

（2）加固设计基本思路：根据中冶建筑研究总院《武安州辽塔安全性评估报告》处理意见：①建议对1~5层塔檐进行修复处理，修复完成后进行抱箍处理；②建议对塔身进行增大截面处理，处理后进行抱箍处理，提高塔整体受压承载力；③建议对塔进行监测，主要监测塔心室及塔檐处已有裂缝变化以及塔的整体变形；

（3）主要工程措施：①加强塔体截面整体性，提高塔体防破裂能力及横截面抗压能力；②改善截面受力状态；③塔檐防坠落加固；④四层及以下塔檐，仅需要清除屋面杂草灰尘，散乱构件归安固定；⑤塔体裂缝修补。

4. 国家文物局专家组代表对《武安州辽塔加固维修工程设计方案（补充设计）》提出八条评审意见

（1）设计文件提供的两份检测报告对塔体倾斜度结论存在明显差异，应核实塔体实际倾斜情况，并补充检测砖与灰浆之间的界面性能参数，为塔体静力结构稳定性能评估提供数据支撑。

（2）设计文件仅以塔心室拱肩标高截面未出现零应力区即判定塔体整体稳定的依据不全面，建议建立塔体残损现状的风险分析模型，开展加固前、后塔体结构严重残损部位和整体稳定风险专项评估。

（3）塔体补砌、灌浆应尽量使用传统材料，其强度可略高于原有灰浆或适当添加新型材料，并与原灰浆相兼容，形成有效的受力整体。补砌部分应尽可能保证自身稳固，并做好与原砌体结构之间的咬合、衔接；完成面的颜色、肌理应尽可能与塔体原有外表面样式相协调。

（4）细化不稳定砌体加固处置措施，充分考虑塔体材料脆弱的问题，控制锚杆使用范围和数量，补砌时可适当增加植筋和拉结筋、在原有木筋位置补植木筋。补充补砌部位大样图，明确具体工程量，并提出施工要求。

（5）取消设置混凝土圈梁，在补砌砌体完成面外部加装型钢和预应力高钒封闭索，并按照力学计算结果科学确定数量和位置。

（6）塔身已损毁区域随型就势进行修补，松动部分可局部摘砌，并对工艺提出技术要求，做好勾缝防水，特别注意保留一层塔檐部分的历史信息。

（7）台明区域保护维修方案应根据考古工作结果修改完善，可适当补砌加固，并做好场地防排水，不宜全面修复。

（8）完善施工组织设计，确保工程质量和文物安全。

5. 敖汉旗、赤峰市、内蒙古自治区相关领导表态发言

敖汉旗政府：

在关键时期，对国家文物局领导及专家们再一次来到敖汉表示欢迎和感谢。自2020年以来辽塔加固维修工作推进比较顺利，预计今年十一之前完成维修工作。针对与会领导及专家提出的意见，敖汉旗将会做好以下几方面工作：

（1）认真落实会议精神，把各方面工作做好；

（2）认真落实专家意见，做好与设计方的沟通工作，尽快调整好设计方案；

（3）配合自治区考古所进行发掘工作；

（4）进一步加强现场的安保工作；

（5）加强辽塔周边环境的整治工作；

（6）制定出辽塔展示方案，做好辽塔展示工作。

赤峰市人民政府：

（1）积极做好下一步的保护修缮工作；

（2）按照本次会议精神及国家文物局领导的指示要求，遵循专家的意见建议，高标准、高质量完成好武安州辽塔的修缮加固工作。

内蒙古自治区人民政府：

（1）对国家文物局的多次指导及各位专家表示感谢。

（2）内蒙古自治区党委政府高度重视武安州辽塔的修缮加固工作，加强工作调度。

（3）深入贯彻习总书记关于武安州辽塔的批示的精神。

（4）坚决落实国家文物局的要求和部署，加强与专家的沟通，细化工作方案，科学推进文物保护工作，确保武安州辽塔加固维修工作顺利进行。

（5）认真汲取教训，加强文物安全隐患的排查，切实做好文物安全和保护工作，严厉打击文物犯罪。

（6）加强正面舆论宣传引导，及时公布武安州辽塔加固维修工程进展情况。

内蒙古自治区党委：

（1）对国家文物局领导以及各位专家对自治区文物保护工作的指导表示感谢。

（2）会同自治区文旅厅共同召开会议，做出相关部署，贯彻本次会议精神。

国家文物局驻场督导：

协助国家文物局按照既定计划开展相关工作，细化时间安排，落实人员责任，高质量推进武安州辽塔加固修缮工程。主要工作：①资料管理：处理相关公文、工程资料，核查管理部门、存档及设计、施工、监理单位各类资料的调度、意见落实情况，确定记录和汇报；②工程方面：详细掌握工程进度，记录方案、设计变更、施工工序调整的情况，参与设计交流会、工程例会、节点验收、竣工验收，并做好记录；③反馈机制：工作人员保证每日到场，按规定编写督导日志，分阶段填写督导报告，及时向国家文物局反馈相关情况，保证武安州辽塔顺利完成加固修缮工作。

6. 国家文物局领导做总结发言

感谢专家及时跟进武安州辽塔工程进展情况，感谢设计团队及工程各方的辛苦付出。大家充分交流，形成了对武安州辽塔加固维修工程方案的一致意见。同时感谢赤峰市、敖汉旗相关责任单位从各个方面给予整个工程的全面支持，做好了武安州辽塔的冬季安全防护工作。整个工程在自治区党委政府的领导下，按部就班、实事求是地向前推进。

（1）提高政治站位。习总书记高度关注武安州辽塔加固维修工程，严格落实习总书记批示精神，做到让总书记放心。

（2）坚持正确的文物保护理念。既要解决武安州辽塔目前存在的病害，又要坚持最小干预的原则，尽最大可能保留武安州辽塔的历史信息，做大可能彰显和延续武安州辽塔的文化价值。

（3）强化施工管理。①内蒙古自治区文物局要加强对整个工程的管理，做好相关业务指导；②考古所要加快考古工作进度；③设计、施工、监理单位按现有工作进度加快工程进展，尽最大可能将工期提前（陕西省文化遗产研究院要在设计方面发挥主要作用，陕西普宁工程结构特种技术有限公司要在结构方面发挥主要作用。尽量保留辽塔砌、补、整体保留部分及一层台面的历史信息；建议台明上使用旧砖；技术方面的问题，赞同专家的意见，使用最新的材料；外面可以翻模做一个模型，顶上去；注重武安州辽塔维修过程中的关键细节，保质、保量、保时完成武安州辽塔修缮工作）。

（4）档案资料收集整理。自治区文物局、赤峰市、考古所要完成武安州辽塔的资料收集工作，待工程完工后形成武安州辽塔工程报告（考古报告、修复报告），目前档案资料管理工作要同步进行（地宫可以清理，清理工作结束后，征求专家意见如何修复，保证底层基础的稳定。考古报告加上之前的出土资料，形成武安州辽塔考古修复报告）。

（5）及时做好武安州辽塔展示工作。①在目前租住地建一个小陈列馆，展示辽塔的历史信息、保护现状、出土文物及设计单位路径；②完善武安州辽塔周边环境整治，做到与周边环境相协调，举一反三，惠及当地民众。

（6）做好武安州辽塔的舆情管控工作。做好舆论引导，及时应对各方面的舆情。

落实专家意见及国家文物局领导讲话精神会议纪要

2021年4月20日，武安州辽塔保护修缮项目驻场督导、内蒙古自治区文物考古研究院、赤峰市文化和旅游局文化科，以及辽塔设计、施工方代表召开落实国家文物局领导讲话精神及专家意见的专题会议。

山西省古建集团总工程师汇报了驻场期间的主要工作。他明确表示，武安州辽塔保护修缮项目驻场督导并不代表监理，主要负责上传下达，及时了解施工现场的情况，督促各方按时间节点落实工作任务。针对4月19日会议专家提出的八条意见及国家文物局领导提出的六条指示精神，目前可以落实的工作要马上落实，分解到场地项目的各方，制定完成任务的时间节点计划表。

1. 会议议定

（1）梳理武安州辽塔加固维修工程资料，备份完整的工程资料。

（2）上传下达，将国家文物局的具体精神传达到地方，将施工现场的情况、遇到的困难、工程进展及时传达给国家文物局，在设计、施工的过程中遇到需要沟通的问题及时沟通。

（3）严格武安州辽塔保护修缮工作信息报送、发布机制，确保发布信息的统一性。

（4）工作对接，施工方与陈哲对接，监理方与白新亮对接，孙书鹏对接国家文物局。

（5）驻场督导要写督导日志，阶段性向国家文物局汇报。

2. 考古院

内蒙古自治区文物考古研究院应抓紧推进武安州辽塔考古发掘工作，明确塔基规格、构造形式、材料等，为调整塔基维修方案提供依据。同时，做好与修缮工程施工的衔接，确保修缮工程顺利实施。

3. 设计方

（1）15天后针对专家意见上报备案稿。

（2）设计方根据目前的考古发掘成果，设计塔基的加固方案，针对一层地宫是否留门、南侧补砌范围大等问题随着考古发掘工作的深入随时获取所需资料，暂以留门考虑。

（3）设计方取信中冶建筑研究总院的安全性评估报告。

（4）设计方需建立塔体残损现状的风险分析模型和整体稳定风险专项评估。具体使用何种分析模型，请设计方自行与相关专家沟通确定。需在本周前落实反馈指挥部及督导组。

（5）按专家要求，塔体补砌、灌浆尽量使用传统材料。需给出材料品种，品质要求及配比参数。

（6）取消设置混凝土圈梁，使用钢圈梁，钢圈梁内接一圈孔隙小的地方适当使用混凝土填充，但不能外露。

（7）补充补砌部位大样图，满足施工放线，明确具体工程部位及数量。

4. 施工方

（1）在开工前施工方要将进场材料准备好。建议一层糙面使用旧砖，必要时可从其他地方购买旧砖，做到色彩协调。

（2）施工方要在施工前修改好施工组织设计。

（3）制定施工安全预案，做好施工现场的安全防护措施。

6. 武安州辽塔专家意见及答复

武安州辽塔加固维修工程设计方案（补充设计）
专家意见答复说明（上报稿）

（1）设计文件提供的两份检测报告对塔体倾斜度结论存在明显差异，应核实塔体实际倾斜情况，并补充检测砖与灰浆之间的界面性能参数，为塔体静力结构稳定性能评估提供数据支撑。

答复：已完善。

第一，关于两份检测报告倾斜结论存在差异问题，已联系业主方委托原报告编制单位，对原报告相关数据进行复核。

第二，关于"砖与灰浆之间的界面性能参数"测定，鉴于问题的复杂性、基础性及不确定性，建议：由主管单位委托相关专业单位作为基础性长期课题展开深入全面研究，以期为将来辽塔保护提供更可靠技术支撑。

（2）设计文件仅以塔心室拱肩标高截面未出现零应力区即判定塔体整体稳定的依据不全面，建议建立塔体残损现状的风险分析模型，开展加固前、后塔体结构严重残损部位和整体稳定风险专项评估。

答复：已完善。

第一，关于塔体整体稳定的判定，建议以2021年3月16日中冶建筑研究总院有限公司提交的《武安州辽塔安全性评估报告》为准。其评估结论："现状情况下，武安州辽塔整体结构的安全性等级评定为四级，即结构安全性严重不满足要求，需整体采取措施。"

第二，设计文件重点以塔心室拱肩标高截面未出现零应力区判定塔体整体稳定的依据，是基于长期以来关于砖石古塔类建筑的破坏模式研究和工程经验给出的。设计文件除给出了塔心室拱肩标高截面潜在拉应力区的应力，也给出了塔体5～13层塔檐维修前后现状工况下压力较大侧的压应力及中轴面剪应力。

第三，设计文件考虑到塔高宽比约为31/12＝2.58，远小于《砌体结构设计规范》（GB 50003—2011）有关高厚比的限值（表6.1.1：验算施工阶段砂浆尚未结硬的新砌体构件高厚比时，允许高厚比对墙取14，对柱取11），根据工程上处理此类问题的惯例，未进行塔整体稳定欧拉分析，中冶报告也采取类似的分析方法。

（3）塔体补砌、灌浆应尽量使用传统材料，其强度可略高于原有灰浆或适当添加新型材料，并与原灰浆相兼容，形成有效的受力整体。补砌部分应尽可能保证自身稳固，并做好与原砌体结构之间的咬合、衔接；完成面的颜色、肌理应尽可能与塔体原有外表面样式相协调。

答复：已完善。考虑到塔体残损较为严重，且补砌截面狭小，建议使用砌筑强度和和易性较好的混合砂浆砌筑。灰缝表面用油灰（白灰膏＋适量桐油）勾缝做旧。完成面的颜色、肌理应尽可能与塔体原有外表面样式相协调。

（4）细化不稳定砌体加固处置措施，充分考虑塔体材料脆弱的问题，控制锚杆使用范围和数量，补砌时可适当增加植筋和拉结筋、在原有木筋位置补植木筋。补充补砌部位大样图，明确具体工程量，并提出施工要求。

答复：已完善。

第一，逐块检查塔檐、塔体砖块，对松动、错位砌砖进行逐块归安固定。

第二，不稳定砌体的补砌，尽可能采用传统丁砖咬茬错缝砌筑，强度不足或稳定性较差区域，采用加筋砌筑的方法加固，适当增加植筋和拉结筋，或在原有木筋位置补植木筋。确保补砌墙体稳定，并做好与原砌体结构之间的咬合、衔接。施工时，应根据现场残损情况，仔细推敲，反复试验，尽可能使完成面的颜色、肌理与塔体原有外表面样式相协调。

第三，补砌部位大样图，已补充完善。

（5）取消设置混凝土圈梁，在补砌砌体完成面外部加装型钢和预应力高钒封闭索，并按照力学计算结果科学确定数量和位置。

答复：已完善。

本版方案"取消混凝土圈梁，在补砌砌体完成面外部加装型钢和预应力高钒封闭索"。

根据最近市场调查，加固塔体用小直径（12～16mm）高钒索，市场比较稀少。经与专家组推荐专家沟通，专家建议改用"高强锚具系列不锈钢拉索"。目前正在向相关单位索取相关构配件详细参数。

（6）塔身已损毁区域随型就势进行修补，松动部分可局部摘砌，并对工艺提出技术要求，做好勾缝防水，特别注意保留一层塔檐部分的历史信息。

答复：已完善。对塔体残存砖块以要求逐块检查，对松动、错位砌砖进行摘砌固定。灰缝表面，用油灰（白灰高＋适量桐油）勾缝做旧。严格控制完成面的颜色、肌理应尽可能与塔体原有外表面样式相协调。补砌范围控制在必要的结构支护区域，其他部位尽可能地保留残存历史信息，只做勾缝防水，不做过多干预。

（7）台明区域保护维修方案应根据考古工作结果修改完善，可适当补砌加固，并做好场地防排水，不宜全面修复。

答复：已完善。鉴于目前考古工作相对滞后，塔体台明区域方案无法确定。建议台明区域保护方案，待考古工作完成后，结合周边地区辽塔建筑形制调查一并补充设计。

（8）完善施工组织设计，确保工程质量和文物安全。

答复：已督促施工单位进行相关完善。

陕西省文化遗产研究院

陕西普宁工程结构特种技术有限公司

2021年4月27日

《武安州辽塔加固维修工程设计方案（补充设计）》
专家评审意见表（节选）

序号	专家	专家意见	备注
5	专家1	根据设计文件提供的现状勘察结论：塔体一～四层塔檐上下存在严重的竖向贯通裂缝，塔体有破裂趋势，局部结构存在塌落危险；历史上元朝大宁路地震就曾波及敖汉地区，武安州辽塔塔刹坠落及塔体裂缝的产生与扩展与地震灾害不无关系。 砖石质古建筑历经千百年，其灰缝已基本丧失化学黏结力及竖向抗拉能力，依靠界面物理摩擦力形成水平承载能力，具有离散体单元特征。因此，基于现代工程连续有限元的风险分析模型，不能正确分析判断砖石质古建筑的静力稳定和防地震倒塌安全性能。欧盟最新研发计划项目（PREPETUATE PROJECT）的研究结论是："地震证明了过去几十年来采取的带有侵入性的加固措施经常是无效的，迫切需要制定可靠的评估方法。" 开展了基于离散体分析模型的系列研究工作。国内相关单位结合《砖石质古建筑防震规范》编制工作，进一步证明砖石质古建筑在损伤状态下，静力稳定和防地震倒塌能力大幅下降。国内外多次发生砖石质古塔倒塌震害。 武安州辽塔塔体现状残损严重，且位于7度抗震设防区。现方案采用连续体有限元分析模型，不能客观反映塔体的静力稳定性能和防地震防倒塌能力状态。为此，2021年4月19日召开的项目专家评审会议中提出了第一、二、五条意见（详见专家意见表）。	（1）历史上元朝大宁路地震确实曾波及敖汉地区，武安州辽塔塔刹坠落及塔体裂缝的产生与扩展与地震灾害应不无关系。但从塔体裂缝的走向及形态看，地震不构成塔体裂缝产生的主要因素。本工程受"现状加固"及"最小干预"指导方针的制约，设计重点针对塔体自重及风荷载等常规作用，适度解决塔"结构安全性严重不满足要求"的险情。设计未刻意考虑提高塔体抵御中大地震的能力。 （2）武安州辽塔以实心黏土砖及黄泥砌筑，二者之间的化学结合力（包括界面法向抗拉能力）均较弱属于其固有属性，鉴于其主体并未完全暴露于自然界及其无机材料的属性，"历经千百年"不会明显影响其基本矿物性能。 （3）自从伽利略1638年尝试用科学方法解决构件力学问题以来，连续介质线弹性模型逐渐成为土木工程界结构分析的基本分析模型。该模型对于工程诸多问题确实存在诸多不足，然近年除了在计算技术方面有所发展外，目前尚难以提出可以替代的其他方法。 （4）有关摩擦离散元研究，在过去的30多年间，在岩石力学及料仓等散粒体工程问题中曾有尝试应用案例，但在砌体结构分析方面则鲜有可用成果出现。欣闻葛先生就砖石质古建筑向文物部门申请开展基于离散体分析模型的系列研究，可喜可贺，唯愿早日取得成绩，"为从根本上消除塔体的安全稳定隐患"做出贡献。

续表

序号	专家	专家意见	备注
5	专家1	针对本次修改完善方案的具体建议是： （1）为消除塔体局部结构静力塌落风险，按项目组提供的修改完善方案，细化"型钢＋不锈钢索"措施的设计详图，尽快实施防护措施是必要且可行的； （2）为从根本上消除塔体的安全稳定隐患，建议严格执行4月19日专家意见。建立体现塔体残损现状的风险分析模型，开展加固前、后塔体结构严重残损部位和整体稳定（包括静力和防震）专项评估。 在此基础上，优化并验证塔体性能提升方案的有效性。	（5）欧盟项目（PREPETUATE PROJECT）的研究结论在我国的汶川地震中已有发现并已受到业界重视。然所谓"迫切需要制定可靠的评估方法"主要指概念设计方面，并非指计算方法。工程问题，首先是概念问题，其次是经验问题，再其次才是计算问题！任何一个工程问题，均须从工程构造模型简化抽象为力学模型及数学模型才能求解。无论采用的力学模型如何精准，受简化因素、材料、几何尺寸、建造工艺，以及作用、计算技巧等随机因素的影响，其计算结果充其量可看作具有一定隶属度（或参考价值）的模糊数学结果。工程概念永远属于战略层面的问题，工程计算则永远属于战术层面的问题。忽视概念，过分看重计算结果，可能就是捡了芝麻，丢了西瓜！

7.　武安州辽塔考古与文物保护专题会会议纪要

武安州辽塔考古与文物保护专题会
会议纪要

2021年5月17日下午，国家文物局在北京召开专题会议，听取赤峰市敖汉旗武安州辽塔考古工作阶段性成果及加固维修工程补充设计方案完善情况，并安排部署塔台后续考古与维修工作。国家文物局文物考古与保护司、内蒙古自治区文物局、陕西省文化遗产研究院等相关负责同志参加会议。

会议要求各部门进一步提高政治站位，增强责任感和使命感，以"绣花功夫"做细、做精辽塔考古与保护工作。经研究讨论，会议形成以下意见：

（1）考古发现塔台早（一期）中（二期）晚（三期）不同构造特征十分重要，在完全揭露二期的基础上，开展塔台抱箍加固、防风化保护和展示；揭露展示一期存在砖雕的区域，考虑适度修复部分缺失砖雕；明确塔台阶梯位置，为后续塔台维修方案提供相关依据。

（2）尽快利用探沟的形式，厘清一、二期塔台平面和塔身立面交界处的构造衔接关系，明确塔身轮廓范围；塔身补砌加固可在二期塔台台面起垒，并尽可能使用清理后的三期旧砖。

（3）系统评估武安州辽塔地宫结构安全性，根据评估结论确定地宫考古工作内容，完成考古工作后需对地宫进行专门结构加固。

（4）勘察设计单位抓紧赴现场，与考古研究单位合作进行专项勘察研究，于5月24日前完成塔基、塔台、地宫保护加固方案，并尽快编制完成施工图。维修施工日期相应顺延。

武安州辽塔加固维修工程现场办公会议纪要

2021年5月19日下午，国家文物局驻场督导、内蒙古自治区文物局文物保护与考古处、内蒙古自治区文物考古研究院、赤峰市文博院、敖汉旗文旅局及设计方、施工方、监理方等，到现场查看武安州辽塔塔台考古发掘情况后，召开现场办公会议，对项目目前存在的疑点、难点进行讨论确认落实，明确了下一步各方的工作任务，对武安州辽塔塔台的保护方式形成初步一致意见：

（1）坚决贯彻落实国家文物局5月17日会议精神，进一步提高政治站位，增强责任感和使命感，以"绣花功夫"做细、做精辽塔考古与保护工作。

（2）由业主方委托中冶集团对塔下地宫内结构不密实的问题进行物探，形成评估报告，下周一提交。

（3）由业主方委托相关测量单位制作武安州辽塔周围1：500地形图，为设计方下阶段的方案设计工作提供材料。

（4）在保证塔体安全的前提下，在塔台外适宜位置挖探沟，寻找塔体各历史时期包砌的界面。

（5）国家文物局要求勘察设计单位于5月24日前完成塔基、塔台、地宫保护加固方案，如设计方不能按时完成，需给出理由。

（6）敖汉旗已委托当地电视台对辽塔现场状况进行了录像，并同时整理文字材料向国家文物局汇报。

（7）面临的问题：①第三期塔台与塔体连接紧密，是塔体结构的重要组成部分，在结构上应该起到了放脚的作用，若完全揭露二期是否会对塔体安全形成隐患还需进一步明确；②在达到完全揭露二期塔台的前提下，剩余三期塔台部分应如何处理。

本次会议同时明确了各方目前的工作任务：

设计方：①塔座底部补砌参照的外轮廓线需明确；②根据模型，画出塔体塔台平面图、剖面图；③根据考古探沟对塔体各历史时期包砌界面的探查情况，进行塔台方案设计。

考古方：为了配合设计方编制塔台设计方案，在保证塔体安全的前提下，5月20日开始自塔台外选择适宜位置，挖约3米长的探沟，寻找塔体各历史时期包砌的界面，探沟约2日内完成。

业主方：委托电视台对目前塔下考古发掘情况进行拍摄，并制作小纪录片。

施工方：①按原计划5月20日开工，先对塔座北面盗洞进行清理，并请考古单位评估可封堵后，按设计方案及施工图进行封堵；②待塔台方案确定后，重新部署施工程序，由下往上依次维修加固。

监理方：在现场代表业主方协调施工方与考古方之间交叉作业等问题。

督导方：近几日在现场参与解决相关技术问题，对现场工作进行指导。

8. 现场会议纪要及现场监理与施工方的汇报与说明

武安州辽塔现场会议记录

2021年7月5日，国家文物局文物保护与考古司、国家文物局专家组部分成员，以及国家文物局武安州辽塔驻场督导、内蒙古自治区文物局文物保护与考古处、内蒙古自治区文物局武安州辽塔驻场督导等一行人到武安州辽塔施工现场进行调研，认真听取设计方介绍塔台的维修思路、塔身目前存在的安全隐患和解决办法及考古方介绍目前的考古发掘成果，明确了辽塔目前的施工进展情况。

在施工方项目部会议室，就现场施工和考古发掘方面存在的问题，专家进行解答，各方沟通解决，会议内容如下：

1. 对塔基、塔体砖砌体补砌新砖厚度、新砖与旧砖咬槎问题形成以下一致意见

（1）塔基、塔体砖砌体补砌咬槎对缝是维修工作最基本的要求，随形就势补砌，新旧砖砌体若无严格的咬槎将是两张皮，将影响塔的加固效果。

新补砖砌体灰缝砂浆干缩会出现不均匀沉降，易在新旧砖砌体交接面形成缝隙，从安全角度考虑应避免这个问题。补砌之前要先排好砖，原有砌体的几皮砖可合起来平均出砖和灰缝的厚度，当新砖厚度不合适时需进行磨砖加工，施工时控制每天砌筑层数。

新补砌的砖和砂浆材料与原有的砖砌体已经存在可识别性，塔基补砌完成面外观应可以做到比较整齐的糙砌的效果，台基外立面砖需与内部填馅砖咬槎。设计方案需要再细化。

目前塔基补砌的部分只是操作平台的作用，待上部塔体修缮后，可将塔基新补砌较厚的、与原有砖层不对应咬槎的砖层拆除，重新按要求补砌，做到新旧砖砌体对应咬槎。

（2）目前设计方案中塔体南面新补砌砌体较薄，内部可以考虑加钢柱，形成骨架，加强结构。钢架宜采用轻质材料，自身稳定性要好。

（3）由于塔下地质条件良好，塔基内增设钢筋混凝土圈梁不是非常必要，可以取消。

（4）塔体南面的补砌，加固部分自身需具有良好的稳定性，尽量不扰动原有的砖砌体，尽量少用锚杆拉结原有砖砌体，新补砌砌体需与原有砌体对应咬槎。

（5）塔体加固外箍高钒索材料，目前市场上无合适规格，可采用能够满足塔体加固需要的不锈钢索。

2. 内蒙古自治区文物考古研究院就武安州辽塔补充考古发掘下一步工作计划进行请示

自2021年3月开展武安州辽塔考古发掘工作开始，目前已进行了4个月，考古发掘成果显著，围绕辽塔的补充考古发掘工作正在进行，就目前的考古发掘成果，是做展示研究还是继续进行考古发掘工作，需等待国家文物局的进一步指示。

3. 内蒙古自治区文物局文物保护与考古处就本次会议的内容发言

（1）感谢领导百忙之中莅临武安州辽塔指导工作。

（2）按照文物保护工程原则，工程四方遇到问题首先协商解决，如协商不成或遇到重大问题，按正规程序及时向自治区文物局汇报，自治区文物局再向国家文物局汇报。

（3）目前工程施工进入重要节点，建议突出重点，解决塔体安全隐患问题，再进行考古发掘工作。

（4）施工期间各方注意安全，杜绝各类安全事故。

4.国家文物局文物保护与考古司领导做总结性发言

（1）提高重视程度。各方要从两个维护的高度，高度重视辽塔维修工作。

（2）发挥方案指导作用。严格按设计方案及专家指导意见施工，如果方案中写的不具体，遇到问题再讨论协商。

（3）加强综合管理。各方要各司其职，首先将抢险加固工程做好，其他工作需求按正常程序上报；国家文物局驻场督导除了要督导四方，在某种程度上还要督导自治区文物局，项目各方要充分尊重国家文物局驻场代表。

（4）确保安全质量。特别注意文物及施工安全问题，杜绝安全事故的发生。

（5）重视项目研究。按宋局长指示要求，武安州辽塔保护加固工程要做成研究性保护工程，要将积累的工程资料、考古发掘成果、工作过程中的心得体会及时整理出来。

（6）各方要共同努力，保质保量保工期完成此项工程。

关于武安州辽塔目前工作状况的汇报与说明
（7月5日现场会议响应）

敖汉旗文化旅游局、敖汉旗史前文化博物馆：

武安州辽塔塔体加固方案及塔台维修与展示方案均已获国家局批准，目前相关工作正有序推进。为便于现场工作，现将我们就有关情况的理解汇报并说明如下：

（1）按照安排，现场工作基本程序为：将塔台遗存依据塔台总体维修与展示思路粗略填补，构建塔体加固工作平台→塔体加固→二、三、四层塔檐维修→塔体底部掏蚀补砌→塔台维修与展示后期施工。

以上各个环节中，塔体加固仍然是本工程的关键与核心环节！塔体加固问题不解决，武安州辽塔坍塌与倒塌的险情就依然存在！塔体加固还是现场各环节中极具风险的环节！如何在高空摇摇欲坠的塔檐下实施补砌加固措施，既要保证施工人员的安全又要保证文物的安全，同时还要求保证实施的加固措施有足够的效果，这些对于参与本项目的各方都是一项极其严峻的考验！

（2）关于塔台补砌工艺的设计要求如下。

三期塔台属于至元地震后将塔体及其他建筑物震毁砖件潦草堆砌而成，这一点基本为各方所认可。三期塔台残留砌体砌块规格及灰缝比较杂乱，砌块厚度尺寸从45mm到100mm有十多种规格，本身无严格咬槎。三期塔台现存表面的坑洼及凹凸不平属于既有面目抑或后期破坏形成，目前尚难以确定。

本次塔台维修的基本设计思路：①选取2处保存比较完好的一、二期塔台予以展示，真实反映一、二、三期塔台之间的空间关系；②对于残存三期塔台进行保护性填砌或补砌，改善武安州辽塔保存环境。

设计从展示角度要求：侧壁外层包砌参照二期砌块规格尺寸，要求以60mm砖磨砖对缝，丝缝砌筑。塔台内部保护性填砌部分从**可行性**及**可识别**角度考虑：砌块规格不做特别要求，工艺可与残留砌体不同。

（3）现场督导日前以塔台内部保护性填砌部分新旧砌块之间未予很好"咬槎"而叫停工程是不妥和不负责任的！

"咬槎"作为一种砌筑工艺其作用确实是为了加强砌块之间的整体性，但要看用在何处？是否必要与可能？不可机械执行！这里：①塔台属于非塔体结构受力部位，新筑侧壁总高度约2.0m，自身稳定，内侧几无压力，新旧砌体之间是否咬槎与塔体及塔台自身安全不存在任何关联，咬槎必要性不足；②三期残留砌体其块材及砌筑工艺均较潦草，要求构建塔体加固平台时与其严格咬槎砌筑势必造成原计划工期拖延与浪费（敖汉年内可利用施工日历天数已不足百日），影响工程核心环节的落实，因小失大；③从保护角度看，如果确认三期堆砌残砖为保护对象，督导担心的"两张皮"可能恰恰是对其保护的最佳效果！则此处要求与之咬槎属于不应当；④至于"砂浆干缩"引起的"不均匀沉降"问题，完全可以依照常规做法通过调整高度方向的砌筑速度规避之，大可不必因噎废食，顾尾而不顾头。

概而言之，武安州辽塔加固排险之攻坚大战展开在即，此时不分轻重，置塔主体危情于不顾，随意叫停工程，将各方注意力及时间督导消耗于塔下堆砌散乱砖块，可能只会造成捡芝麻而丢西瓜的效果！唯其慎之！

（4）关于塔体补砌工艺要求如下。

塔体除去面砖为厚度70mm砖丝缝砌筑外，残留芯砖其砌块规格及灰缝也比较杂乱，补砌参照塔体南侧底部砖件规格（385mm×185/190mm×80/75mm）要求采用80mm厚手工仿古青砖，尽可能保持与原灰缝平齐，砌块适度咬槎。考虑到新旧砌块完全咬槎需要掏出塔体既有部分砖件，干预较大，振动也大，极有可能诱发塔体坍塌等安全事故，并且仅靠"咬槎"也无法解决新旧砌体间协同受力的疑难问题，设计特别要求（见原设计文件）：①在尽可能采用原材料的基础上，适当提高材料的强度等级，控制砌筑速度，结合锚杆等加固技术，加强新旧砌体间的连接，尽可能消除新筑砌体的"应力滞后"现象，确保新筑砌体与原有砌体之间协同受力，真正发挥加固作用。②砌筑材料：MU10人工青砖，M7.5混合砂浆，水硬性石灰勾缝；补砌砖体每3层灰缝间压埋1层$\phi4×100$钢丝网片，钢丝网片处塔壁植$\phi6$圆钢与之拉结，植筋深度0.4m，水平间距350mm（钢筋头不得外露）；补砌砖体进度高度方向每天不得超过10皮砖。

以上环节，设计文件的要求是明确的！现场人员呼吁：古塔建筑属于高层建筑，其受力状态与低层建筑有着本质区别，本工程参与人员应深读设计文件，深刻理解塔体险情并适度了解其力学状态，应深刻理解并尊重考古成果，要有全局意识，不可机械地从既往简单维修经验出发，反复强调塔台内部填砌等非关键环节砌筑工艺，造成忽视或干扰塔体加固等关键环节的危险局面。

以上是我们关于相关问题的理解，请指示！

河北木石古代建筑设计有限公司

陕西普宁工程结构特种技术有限公司

2021年6月29日

9. 工程初验会议纪要

武安州辽塔加固维修工程初步验收
会议纪要

2021年9月22日下午，国家文物局与自治区文物局组织专家对武安州辽塔加固维修工程进行初步验收。与会领导和专家组通过现场查验，听取业主、设计、施工、监理单位汇报，经专家组会议评议，形成如下意见：

1. 总体评价及工程方面完善意见

（1）专家一致认为该工程基本上按设计方案完成了修缮内容与合同约定，工程质量和效果符合要求，外观风貌较为协调，内部结构合理，险情得以排除，结构加固和外观效果达到了预期目标，验收合格。

（2）塔台展示窗要抓紧完善，尽快安装塔台玻璃盖板。

（3）塔身南面洞口尽快封护。

（4）对塔体近期新补砌部分进行查验和勾缝。

（5）对现塔身木筋孔洞进行木筋填塞补缺，展示木筋原有功能；同时对孔口封护防止鸟类筑巢或孔洞口灌水（新填木筋头稍微外露）。

（6）检查现有塔体上的砖体，对松动砖体进行处理；补砌竖井悬空部分。

（7）将塔身上作为加固防护作用的木质直棂窗进行弱化处理。

（8）对钢箍护角做压光处理，与塔体保持协调。

2. 资料方面总体评价及完善意见

（1）工程资料比较翔实、规范，基本上能反映工程进展过程的实际情况，业主方资料比较齐全。

（2）有些资料签字不完善、日期不一致，需校核整改。

（3）工程例会资料不全，尽量补齐。

（4）技术交底需要补图的，将工程详图补全。

（5）个别语句、词语表述不准确，需进一步完善、补充和修改。

（6）补齐充实工序记录。

3. 后续工程建议

（1）塔周围的考古探方尽快回填，以利于塔周围的排水及后续工作。

（2）业主方要继续加强塔的冬季日常管理和安全管理，现有围挡继续保留，现有看护手段及人员不撤离，继续加强冬季看护工作，确保安全。

（3）对现有修缮完成的塔体进行监测及监控，加强近期对钢箍的观测、监测，并做好监测记录。

4. 敖汉旗政府领导做表态发言

（1）提高政治站位，深入贯彻习近平总书记对文物保护工作的重要论述、指示、批示精神，全面提升全旗文物工作的水平。

（2）坚持服务大局，始终把保护文物、传承优秀传统文化、建设共有精神家园作为文物工作、服务大局的出发点和落脚点，正确处理文物保护与经济发展、城乡建设之间的关系。

（3）坚持依法管理，加强文物保护法律法规和政策的宣传，提升全旗文物保护的意识。

（4）强化工作保障，健全文物保护工作制度和机构设置，强化文物保护队伍建设。

（5）再次感解各位领导、专家对武安州辽塔加固维修工程和文物保护工作的关心和关爱。

5. 赤峰市政府领导做表态发言

（1）感谢国家文物局和自治区文物局领导，以及各位专家到敖汉旗就武安州辽塔加固维修工程进行初步验收，也感谢工程四方的辛勤付出。

（2）武安州辽塔牵动着总书记的心，也引起全国人民的关注。武安州辽塔事件的曝光引起赤峰市、各级党委政府警醒，提醒我们要重视文物保护工作。今天初步验收通过，使我们对总书记及全国人民有了交代，下一步赤峰市、敖汉旗政府要尽快落实专家意见，包括后续工程的完善、环境整治等，争取在最终评审的时候要将武安州辽塔加固维修工程做成优秀工程。

（3）举一反三，通过这件事，赤峰市要将文物保护工作、发掘工作造福、利用工作做好。赤峰市是文物大市，在经济不断转型、转轨的今天，如何将祖宗留下来的东西保护好、传承好的同时，造福今人、流传后世。

6. 内蒙古自治区文物局领导做表态发言

（1）武安州辽塔修缮工作历经一年半完成，今天进行初步验收。武安州辽塔加固维修工程是习总书记亲批，国家文物局全程指导，自治区党委政府高度重视的工程，今天顺利通过初步验收，首先要感谢国家文物局的大力支持、专家的倾力相助，四方的共同努力及各级党委政府的大力支持。

（2）初步验收顺利通过，也是一个重要节点的开始，对今天专家提出的重要建议，下一步自治区文物局会指导各方认真落实，顺利推进工作，进行最终验收。自治区文物局会在3～5年内持续做好后续武安州辽塔修缮、展示、考古、研究工作。

7. 国家文物局文物保护与考古司领导做指示发言

专家提出的意见实事求是，即肯定了前一段工作的成绩，也提出了今后整改的方向，因此首先感谢与会专家对武安州辽塔加固维修工程一直以来的辛苦付出，并认真接纳、落实专家提出的宝贵意见；其次感谢业主方、设计方、施工方、监理方对武安州辽塔加固维修工程所做出的巨大努力；最后感谢自治区、赤峰市、敖汉旗三级党委政府对武安州辽塔加固维修工程的高度重视。

对辽塔后续工程提出的几点建议：①抓紧开展收尾工作，主要包括辽塔环境周边整治、考古工作，并尽快落实专家意见；②开展长期监测工作，特别是加大近期三个月的监测力度，根据监测结果，制定下一步工作方案；③要加快资料整理、档案整理及考古报告的出版，由甲方组织，考古、设计、施工、监理、驻场等各方都要参与；④注意宣传工作，考虑有序宣传，制定出宣传方案，应对社会各界的关注深度报道，宣传正确的文物保护理念，邀请专家深度解读辽塔这样维修的原因；⑤各级文物保护部门要举一反三，特别是国家文物局要为地方文物保护工作做好服务工作，加大培训力度及分类管理，加大对内蒙古的支持、扶持力度。

声视讯蒙 | 武安州辽塔保护修缮项目通过初步验收

2021-10-04 13：14：20 浏览量：96.2万

内蒙古频道

来源：新华社

　　新华社呼和浩特10月4日电（记者哈丽娜） 记者从内蒙古自治区文物局了解到，近日，国家文物局与内蒙古自治区文物局联合组织专家组对武安州辽塔保护修缮项目进行了初步验收，经过实地查看、听取汇报、审查资料、质询提问，专家组一致同意通过竣工初步验收。

　　武安州辽塔位于内蒙古自治区赤峰市敖汉旗丰收乡白塔子村，为八角形密檐空心砖塔，属第七批全国重点文物保护单位武安州遗址的组成部分。

　　据了解，自2020年5月武安州辽塔保护修缮项目启动以来，先后完成了抢险加固和保护修缮工作，使用传统工艺及材料，系统解决了武安州辽塔结构安全和塔檐、塔身、苔台病害问题。

　　武安州辽塔保护修缮项目坚持"不改变文物原状""最小干预"等国际文物保护准则，让辽塔所蕴含的历史信息得以真实、完整地展现在广大群众面前。在勘察设计和施工过程中，主动采用大量科技手段，如塔体振动监测、三维扫描、裂缝监测、数字建模等获取丰富信息，科学研判辽

修缮之前的武安州辽塔（资料照片）

新华社发（受访者供图）

塔建造工艺、病害程度和发展趋势等，辅助维修工作顺利开展。同时，施工中坚持考古发掘与维修紧密结合，在施工前全面发掘了辽塔塔基，进一步明确了辽塔构造、建造和使用年代，为深化项目设计方案、科学阐释辽塔所蕴含的历史信息，提供了扎实的考古依据。

与武安州辽塔保护修缮项目同步，地方人民政府还关注辽塔历史风貌的整体展示，开展了武安州辽塔周边环境整治工程，种植大量观赏性小米和格桑花花带。新建的武安州辽塔陈列馆也计划于10月中旬对外开放。

修缮之后的武安州辽塔（资料照片）
新华社发（受访者供图）

附录二　结构检测与分析报告

1.　岩土工程勘察报告

武安州白塔保护维修工程

岩土工程勘察报告

（详细勘察）

工程编号：2019-k-36

经　　　理：张海东

总　　　工：刘忠昌

审　定　人：王文亮

审　核　人：舒昭然

技术负责人：李洪鹏

辽宁省建筑设计研究院岩土工程有限责任公司

二〇一九年四月二十五日

一、前言

1. 工程概况

武安州白塔保护维修工程，该场地位于内蒙古赤峰市敖汉旗丰收乡白塔子村西侧，饮马河北岸山岗之上，为辽代早期佛塔。塔为八角形密檐空心砖塔，塔高36m，直径12.67m，砖混结构，塔身东南西北四面为佛龛，现塔四面破损较为严重，为全国第七批重点文物保护单位。受建设单位委托，我公司承担该塔遗址初步阶段的岩土工程勘察工作。

该工程重要性等级为一级，场地等级为二级，地基等级为二级，故岩土工程勘察等级为甲级。

2. 勘察目的、任务

（1）查明场地地层结构、构造，岩土性质，地下水情况。

（2）提供地基承载力、变形设计参数及桩基设计参数。

（3）判定场地土类型，场地类别，地震液化。

（4）对场地的稳定性和适宜性做出评价。

（5）对地基和基础设计方案提出建议。

（6）查明场地不良地质现象的分布和发育规律，并对不良地质现象的治理提出建议。

（7）评价地基土的均匀性。

（8）提供场地土的标准冻深。

3. 勘察依据

（1）《建筑工程勘察合同》与《工程勘察任务委托书》。

（2）《岩土工程勘察规范》（GB 50021—2001）（2009年版）。

（3）《建筑地基基础设计规范》（GB 50007—2011）。

（4）《建筑抗震设计规范》（GB 50011—2010）（2016年版）。

（5）《土工试验方法标准》（GB/T 50123—1999）。

（6）《建筑地基基础技术规范》（DB 21/T907—2015）。

（7）《建筑桩基技术规范》（JGJ 94—2008）。

（8）《岩土工程勘察安全规范》（GB50585—2010）。

（9）《建筑地基处理技术规范》（JGJ79—2012）。

（10）《岩土工程勘察报告编制规范》（DB21/T 2819—2017）。

（11）《建筑工程地质勘探与取样技术规程》（JGJ/T87—2012）。

（12）《中国地震动参数区划图》（GB 18306—2015）。

4. 勘察工作量

本工程布置2个探槽，位于塔的正东、西两侧，沿着塔基座向下人工开挖，探槽深度均为4.0m。孔口标高采用相对高程系统，探槽孔口标高假定为100m。

5. 勘察进程

（1）准备工作：2019年4月5～15日。

（2）野外作业：2019年4月17～18日。

（3）土工试验：2019年4月18～19日。

（4）资料整理：2019年4月20～23日。

二、场地工程地质条件

1. 地形地貌

勘察场地位于内蒙古赤峰市敖汉旗丰收乡白塔子村西侧，饮马河北岸山岗之上，地貌单元属于丘陵，钻孔揭露地层岩性主要为全风化砂岩。

2. 地层岩性描述

根据现场鉴别、原位测试及土分析结果，将场地土岩性特征自上而下分述如下：

（1）素填土：杂色，由塔身掉落的砖、碎石、粉砂和黏性土组成，结构松散。该层分布连续，层厚1.1～2.4m。

（2）砂岩：红褐色，全风化，被风化层中砂状，充填黏性土，结构基本被破坏，局部尚可辨认，用手可轻易掰断。该层分布连续，层厚1.60m。

三、场区水文地质条件

1. 水文地质特征

本场区未见地下水。

2. 地下水、土的腐蚀性评价

本场地环境类型为Ⅱ类。根据场地土样易溶盐分析试验结果，该场地土质对混凝土结构有微腐蚀性，对钢筋混凝土结构中钢筋有微腐蚀性。

四、原位测试及室内土工试验

1. 室内土工试验

本次勘察取得原状土样2件，物理力学性质指标详见表1。

表1　颗分指标统计表

岩土编号	岩土名称	统计项目	颗粒组成百分数					
			>20/%	>2/%	>0.5/%	>0.25/%	>0.075/%	<0.075/%
②	砂岩	统计个数		2	2	2	2	2
		最大值		12.0	25.0	31.0	30.0	5.0
		最小值		10.0	24.0	25.0	25.0	5.0
		平均值		11.0	24.5	28.0	27.5	5.0

2. 原位测试

本次勘察原位测试手段主要为标准贯入试验（N）主要用于划分土层力学指标，原位测试数据数理统计结果详见表2。

表2 各层土原位测试综合成果统计表

岩性及名称	测试方法	频数	范围值	平均值
砂岩②	N（原始击数）	2	39.0～42.0	40.5
	N（修正击数）	2	37.2～40.1	38.6

五、岩土工程分析与评价

1. 场地地震效应

（1）本场地的抗震设防烈度为7度。根据场地土的性质和原位测试数据判断，该场地①素填土属于软弱土，全风化砂岩②属于岩石。估算场地土等效剪切波速在250～500m/s，场地覆盖层厚度大于5米，建筑场地类别为Ⅱ类。设计基本地震加速度值为0.10g，设计地震分组为第一组，设计特征周期为0.35s，根据《中国地震动参数区划图》（GB 18306—2015）规定，Ⅱ类场地地震动峰值加速度调整系数可取1.00，场地基本地震动峰值加速度为0.10g。

（2）本场地地震设防烈度为7度，本场地无饱和砂土和粉土分布，无地震液化影响，属于可进行工程建设一般场地。

2. 地基土工程地质特征评价

①素填土分布连续，结构松散，不可作为建筑物基础；②砂岩层分布连续，承载力较高，为良好的基础下卧层。

3. 地基与基础方案

天然地基方案：本工程白塔基础持力层原为全风化砂岩②层，先经地质勘查，基础持力层砂岩②较为稳定，承载力相对较高，未发现地基破坏现象。

六、结论及建议

（1）综合勘察结果，该工程地基基础设计等级为乙级，岩土工程勘察等级为甲级。

（2）场地的稳定性和适宜性，场地内除①素填土层属于软弱土外，无其他不良地质现象，可进行本工程建设。各层土的设计参数可按表3采用。

表3 各土层的承载力及变形参数

岩性名称 \ 岩土参数	地基承载力特征值 f_{ak}（kPa）	变形模量 E_0（MPa）
②砂岩	300	27.0

（3）赤峰市敖汉旗地区标准冻深可取1.60m。

（4）勘察期间未见地下水。该场区土质对混凝土有微腐蚀性，对钢筋混凝土中钢筋有微腐蚀性。

（5）本场地的抗震设防烈度为7度，建筑场地类别为Ⅱ类，设计基本地震加速度值为0.10g，设计地震分组为第一组，设计特征周期为0.35s，根据《中国地震动参数区划图》（GB 18306—

2015）规定，Ⅱ类场地地震动峰值加速度调整系数可取1.00，场地基本地震动峰值加速度为0.10g。本场地无饱和砂土和粉土分布，无地震液化影响，属于可进行工程建设一般场地。

七、附件

（1）勘探点一览表　　　　　　1页
（2）标准贯入试验统计表　　　1页
（3）建筑物和勘探点位置图　　1页
（4）工程地质剖面图　　　　　1页

勘探点一览表

序号	勘探点编号	勘探点类型	钻探深度 (m)	地面高程 (m)	坐标		取样个数 岩样	标贯 (次)
					X (m)	Y (m)		
1	1	探槽	4.00	100.00	0.000	−6.933	1	1
2	2	探槽	4.00	100.00	0.000	6.942	1	1
			8.00				2	2

标准贯入试验统计表

序号	勘探点编号	岩土编号	试验段深度 (m)	标贯击数N (击/30cm)	探杆长度 (m)	校正系数	标贯修正击数N (击/30cm)	岩土名称
1	1	2-0-0	3.20-3.50	39.0	4.00	0.955	37.2	砂岩
2	2		3.20-3.50	42.0	4.00	0.955	40.1	

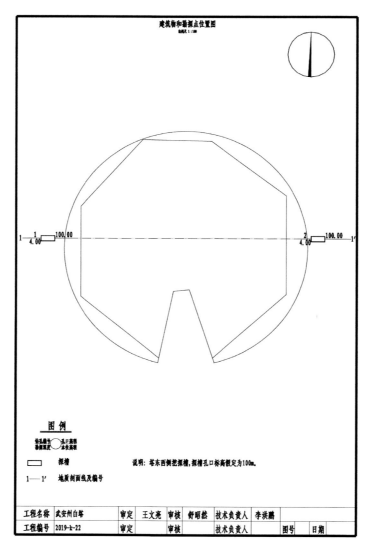

建筑物和勘探点位置图
比例尺 1:100

图 例

钻孔编号 ○ 孔口高程
勘探厚度 水位高程

▭ 探槽

说明：塔东西侧挖探槽，探槽孔口标高假定为100m。

1——1′ 地质剖面线及编号

工程名称	武安州白塔	审定	王文亮	审核	舒昭然	技术负责人	李洪鹏		
工程编号	2019-k-22	审定		审核		技术负责人		图号	日期

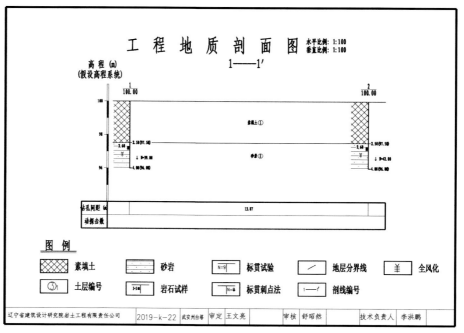

工 程 地 质 剖 面 图
水平比例：1:100
垂直比例：1:100
1——1′

图 例

▨ 素填土　　▭ 砂岩　　N=9 标贯试验　　／ 地层分界线　　⏋ 全风化

① 土层编号　　岩石试样　　N=8 标贯刺点法　　1——1′ 剖线编号

| 辽宁省建筑设计研究院岩土工程有限责任公司 | 2019-k-22 | 武安州白塔 | 审定 | 王文亮 | 审核 | 舒昭然 | 技术负责人 | 李洪鹏 | |

2. 材料样品分析检测报告

内蒙古赤峰市武安州辽塔材料样品
分析检测报告

陕西普宁工程结构特种技术有限公司

2020年10月

本报告参与人员及分工

姓名	单位	专业	技术职称	技术分工
陈一凡	陕西普宁工程结构特种技术有限公司	土木工程	工程师	审核
吴鹏	陕西省文物保护研究院		工程师	现场取样与实验室分析
陈哲	陕西普宁工程结构特种技术有限公司	土木工程	工程师	现场取样与报告撰写
贾彪	陕西普宁工程结构特种技术有限公司	建筑学	助理工程师	现场取样与报告撰写
杨敏强	陕西普宁工程结构特种技术有限公司	土木工程	工程师	现场取样与实验室分析

一、研究背景

内蒙古武安州辽塔连同武安州遗址于2013年3月被中华人民共和国国务院公布为第七批全国重点文物保护单位，序号74，编号7-0074-1-074，名称武安州遗址，时代辽、金、元，地址内蒙古自治区赤峰市敖汉旗。

武安州是辽代最早建制的头下州之一，并由此开创了头下军州制。在辽早期，特别在武安州形成过程和在辽建国前，有着十分重要的地位。武安州辽塔是武安州遗址目前唯一保存比较完整的地面建筑，对研究武安州遗址及其辽早期的佛教文化和建筑均具有十分重要的意义。

经过上千年的岁月侵蚀，武安州辽塔的塔体破损较为严重，塔基须弥座座砖几乎全部脱落，一层塔檐几乎全部脱落，塔体部分位置缺失，塔身存在十余道裂缝。由于早期违法盗墓猖獗，基座附近有多处盗洞，一定程度上破坏了塔体的稳定。目前塔体存在开裂18处，表面孔洞上百处，不时有砖块坠下，存在结构失稳风险。

二、研究目标

本次研究以武安州辽塔为对象，通过现场检测及实验室分析，完成着体材质从宏观到微观，从结构到性能多角度、多手段的深入分析，重点研究古塔文物现存状况及病害发育情况，深入了解风化产物，为后期开展科学保护修复提供理论依据。

三、实验内容

（1）采用裂缝宽度观测仪对辽塔局部裂缝情况以及表面形态分析。
（2）运用热红外成像仪对辽塔的局部砖体进行温感监测。
（3）利用温湿度记录仪、光照检测仪等对辽塔周边环境情况进行监测。
（4）运用扫描电镜能谱仪、显微红外光谱仪、X射线衍射仪等对文物样品进行组成结构分析。
（5）采用离子色谱分析土样，砖灰中可溶盐成分及含量。
（6）进行砖体样品密度、含水率等物理性能检测，深入了解文物的保存状况。

四、现场检测试验及结果

（一）环境监测研究

武安州辽塔所在的内蒙古赤峰市属中温带半干旱大陆性季风气候区。冬季漫长而寒冷，春季干旱多大风，夏季短促炎热、雨水集中，秋季短促、气温下降快、霜冻降临早。大部地区年平均气温为0～7℃，最冷月份（1月）平均气温为−11℃左右，极端最低气温−27℃；最热月份（7月）平均气温在20～24℃。年降水量的地理分布受地形影响十分明显，不同地区差别很大，有

300~500mm。在少雨地区，由于日照充足，地表植被稀疏，蒸发旺盛，年蒸发量是年降水量的6~8倍，致使空气十分干燥，干旱严重。大部地区年日照时数为2700~3100h。每当5~9月天空无云时，日照时数可长达12~14h，日照百分率多数地区为65%~70%。

2020年7月25日的下午5点及7月26日早晨9点分别对塔的4个面，采用德国Testo温湿度监测仪对塔所处的位置进行了温湿度监测，采用XYI-Ⅲ全数字照度计对塔体不同位置早晚光照强度进行了监测（图1~图3）。

图1　Testo温湿度记录仪　　　　　　　　　　图2　XYI-Ⅲ全数字照度计

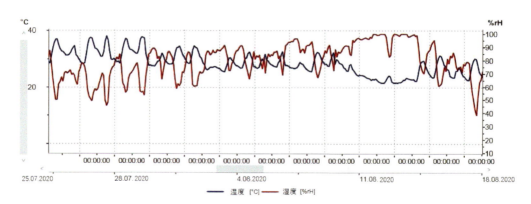

图3　温湿度记录仪监测数据曲线图

根据温湿度记录仪监测数据（2020.7.25~2020.8.18），武安州辽塔所在区域监测时间在夏季最热的7~8月内，故最高温度达到38.6℃，最低温度22.3℃，从温度波动曲线图可知温度波动明显，昼夜温差较大；区域监测时间内湿度平均值为79.4%，整体湿度较大。

光照度数据采集如表1所示。

表1　XYI-Ⅲ全数字照度计检测数据统计

时间	东面（LUX）	南面（LUX）	西面（LUX）	北面（LUX）
9：00	120700	118000	113000	106700
17：00	2040	2060	11030	10900

根据照度计监测数据（2020.7.25～2020.7.26）显示，武安州辽塔监测点上午9点结果普遍高于下午5点，下午5点监测到西、北面明显大与东、南，与太阳光照射直接相关。总体而言，照度受光照影响明显。

图4　ZBL-F130便携式裂缝宽度检测仪

（二）局部裂隙及形貌监测

采用ZBL-F130便携式裂缝观测仪对武安州辽塔砖体局部裂隙的结构形貌进行了无损观测（图4）。

塔体青砖风化层的显微观测如图5-1、图5-2所示。

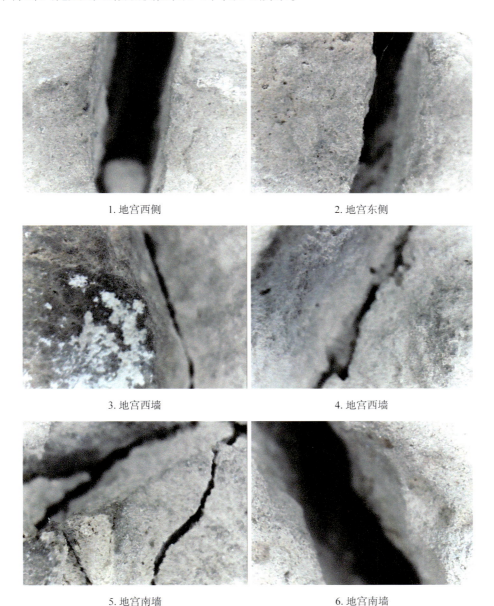

1. 地宫西侧　　　　　　　　2. 地宫东侧

3. 地宫西墙　　　　　　　　4. 地宫西墙

5. 地宫南墙　　　　　　　　6. 地宫南墙

图5-1　塔体青砖风化情况

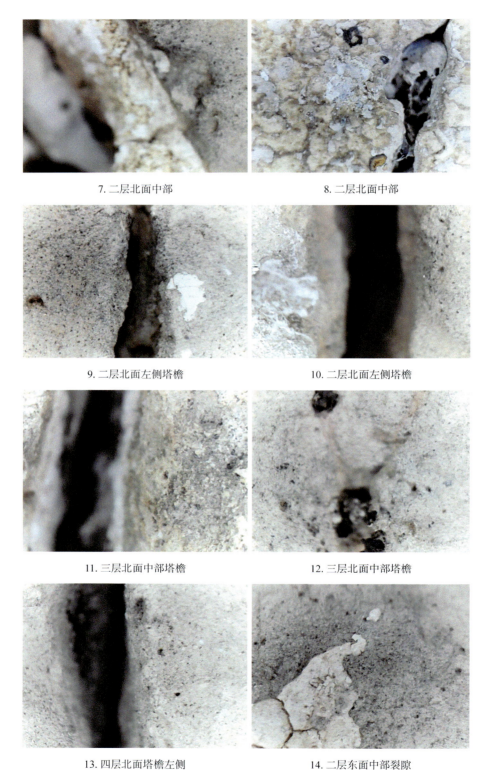

7. 二层北面中部　　　　　　　　　8. 二层北面中部

9. 二层北面左侧塔檐　　　　　　　10. 二层北面左侧塔檐

11. 三层北面中部塔檐　　　　　　　12. 三层北面中部塔檐

13. 四层北面塔檐左侧　　　　　　　14. 二层东面中部裂隙

图5-2　塔体青砖风化情况

通过局部裂隙及显微形貌观察发现，武安州辽塔青砖表面局部裂隙较大，开口处已风化为钝圆结构，说明裂隙形成时间较长，存在新形成的微裂隙；砖体表面风化明显，局部存在黑色污染物及白色沉积物，风化孔洞可见。

五、实验室分析检测及结构

（一）取样信息

根据现场调查与初步研究，为进一步了解塔体建筑材质的结构及性能，针对武安州辽塔进行局部取样进行实验室分析，具体信息统计如表2所示。

表2　武安州辽塔样品信息表

序号	项目	样品编号	样品名称	类别	样品位置
1	地宫	LT-001	白灰层	白灰	地宫南外墙
2		LT-002	砌筑土-1	土块	地宫内西侧
3		LT-003	砌筑土-2		
4		LT-004	砌筑青砖-1	砖块	地宫内西侧
5		LT-005	砌筑青砖-2		地宫内东侧
6		LT-006	砌筑青砖-3		地宫内南侧
7	中宫	LT-007	砌筑白灰	白灰	中宫内北墙
8		LT-008	砌筑土-1	土块	中宫内北墙
9		LT-009	砌筑土-2		
10		LT-010	砌筑青砖-1	砖块	中宫内北墙
11		LT-011	砌筑青砖-2		
12	一层	LT-012	砌筑土-1	土块	塔身北立面
13		LT-013	砌筑土-2		塔身西立面
14		LT-014	砌筑土-3		塔身南立面
15		LT-015	砌筑土-4		塔身东立面
16		LT-016	砌筑白灰	白灰	塔檐东北立面
17		LT-017	木屑	木材	塔檐东北面与背面之间角梁
18		LT-018	砌筑青砖	砖块	塔檐东北立面
19	二层	LT-019	砌筑白灰	白灰	塔檐北与西北面
20		LT-020	砌筑青砖	砖块	塔檐北与东北面
21		LT-021	筒瓦青砖	砖块	塔檐北面
22	佛龛	LT-022	白灰层	白灰	佛龛北立面
23		LT-023	麦草泥	土块	
24		LT-024	砌筑砖	砖块	
25	六层	LT-025	砌筑白灰	白灰	东北里面筒瓦黏结处
26		LT-026	砌筑青砖	砖块	塔檐东北面塔顶
27		LT-027	砌筑石灰	白灰	塔檐东北面掉落
28	八层	LT-028	砌筑石灰	白灰	塔檐东北与东角梁处
29		LT-029	砌筑青砖	砖块	塔檐东北与北角梁处

序号	项目	样品编号	样品名称	类别	样品位置
30	塔顶	LT-030	白灰层	白灰	塔顶平面
31		LT-031	砌筑白灰	白灰	塔顶掉落层
32		LT-032	砌筑青砖	砖块	塔顶平面
33		LT-033	霉菌-1	生物	塔顶平面
34		LT-034	霉菌-2		塔顶平面

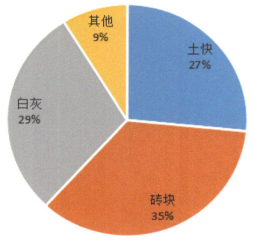

图6　样品类型分析饼状图

本次取自武安州辽塔各类样品共计34件，其中白灰样品10个，砖块样品12块，土块样品9块（图6），分别取于辽塔地宫、中宫，塔身以及塔檐处，其次为木材1块取于角梁处，另两样生物取于塔顶。

（二）显微结构观察

使用日本Hirox公司KH7700三维视频显微镜，对各种材质文物的立体形貌进行观察与记录，放大倍数15～400倍。利用三维视频显微镜观察武安州辽塔样品结构，结果见下图。

塔体风化层的显微观测如图7-1、图7-2所示。

1. 样品LT-005放大50倍

2. 样品LT-016放大50倍

3. 样品LT-016放大50倍

4. 样品LT-023放大200倍

图7-1　塔体风化层显微观测

5. 样品LT-018放大50倍   6. 样品LT-018放大50倍

7. 样品LT-021放大50倍   8. 样品LT-021放大50倍

9. 样品LT-022放大50倍   10. 样品LT-022放大50倍

11. 样品LT-025放大50倍   12. 样品LT-025放大50倍

图7-2　塔体风化层显微观测

通过显微形貌观察发现，武安州辽塔砖体表面风化明显，局部生长有微生物，风化微孔洞清晰可见。灰层结构相对密实，且较纯净，局部表面有黑色污染物，存在酥粉迹象。麦草泥中麦秸秆结构清晰可见。

（三）扫描电镜能谱检测

本次实验扫描电子显微镜采用瑞士ZEISS EVO MA25，能谱仪采用日本OXFORD X-Max20，电压20kV，能谱测量时间60s。扫描电镜用来观察材料表面微观形貌，能谱仪用来进行表面微区化学成分分析。

对样品进行拣选（图8），选择纯度较高的样品进行测试。将块状或粉末状样品用导电胶固定于样品台，送入扫描电镜样品室进行形貌拍照和化学成分分析（图9）。

图8 样品分拣

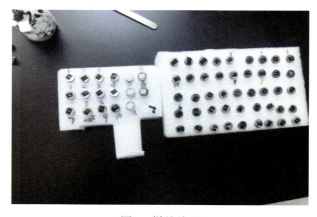

图9 样品处理

扫描电镜配合能谱仪能够有效分辨物质的基本组成元素及结构，且具有高效、微损、准确、实效的特点，是目前文物检测分析研究中最常用的手段之一。本次实验根据采样情况，拣选4个不同类型样品进行了扫描电镜能谱检测，样品分析结果统计如表3所示。

根据能谱图显示，LT-010样品中主要含有硅、碳和氧元素，含有少量镁、铝、钾、铁、钙、钠和钛元素。

LT-031样品中主要含有碳、氧和钙元素，含有少量磷、镁、铝和硅元素。

LT-029样品中主要含有硅、碳和氧元素，含有少量磷、镁、铝、铁、钾、钠和钛元素。

LT-028样品中主要含有碳、氧和钙元素，含有少量镁、铝、硅、铁和钾元素。

表3 辽塔样品能谱分析结果统计

元素的质量分数/%

样品号	测试点	P	Sn	Mg	S	Al	Si	C	O	Ba	Ca	Fe	Cu	Zn	K	Pb	As	Na	Cl	Ni	Ti	Mn	Ag	N
LT-010	1			0.93		4.70	16.23	14.44	51.80		6.38	3.61			0.94			0.98						
	2			1.47		7.50	26.84		44.89		10.45	5.76			1.56			1.52						
	3			1.55		7.78	26.54	11.66	44.91		9.91	5.81			1.50			1.64			0.37			
	4			1.03		5.09	16.76	15.41	53.09		6.30	3.78			0.95			1.10			0.24			
LT-031	1	0.64		0.33		0.47	1.86	15.41	52.21		29.8													
	2	0.62		0.31		0.45	1.79	14.81	54.06		27.96													
	3	0.68		0.37		0.39	1.86	13.81	52.50		30.40													
	4	0.68		0.37		0.39	1.87	13.90	52.19		30.60													
LT-029	1	0.63		1.05		4.17	13.51	21.44	50.26		2.84	3.90			1.42			0.61			0.17			
	2	1.37		1.95		7.82	26.46		45.56		5.46	7.18			2.74			1.12			0.33			
	3	1.35		1.81		7.88	26.66		45.72		5.72	6.55			2.81			1.01			**0.48**			
	4	0.62		1.99		4.25	13.74	19.84	51.75		2.99	3.56			1.46			0.56			0.25			
LT-028	1			0.19		0.51	2.49	17.67	53.98		24.46	0.53			0.17									
	2			0.18		0.48	2.35	16.59	56.76		22.98	0.50			0.16									
	3					0.66	2.58	15.26	54.82		26.69													
	4					0.66	2.55	15.10	55.26		26.43													

项目 1 样品 LT-010

2020/9/2 9: 46: 58

谱图处理: 10 测试点 1

元素	质量分数/%	原子分数/%
C K	14.44	21.78
O K	51.80	58.65
Na K	0.98	0.77
Mg K	0.93	0.69
Al K	4.70	3.15
Si K	16.23	10.47
K K	0.94	0.44
Ca K	6.38	2.88
Fe K	3.61	1.17
总量	100.00	

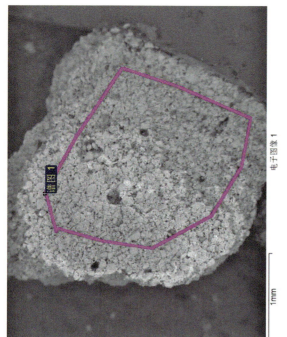

电子图像 1

1mm

注释:

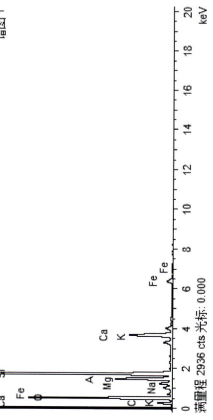

谱图 1

满量程 2936 cts 光标: 0.000

2020/9/2 9：49：09

项目 2 样品 LT-010

谱图处理：10 测试点 2

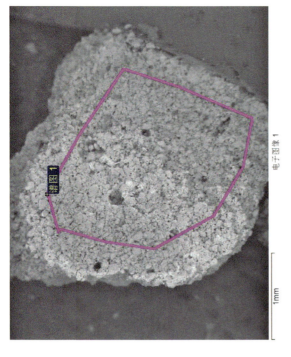

电子图像 1

元素	质量分数/%	原子分数/%	化合物 质量分数/%	化学式
Na K	1.52	1.45	2.05	Na_2O
Mg K	1.47	1.32	2.43	MgO
Al K	7.50	6.09	14.18	Al_2O_3
Si K	26.84	20.91	57.43	SiO_2
K K	1.56	0.87	1.87	K_2O
Ca K	10.45	5.71	14.63	CaO
Fe K	5.76	2.26	7.41	FeO
O	44.89	61.40		
总量	100.00			

谱图 1

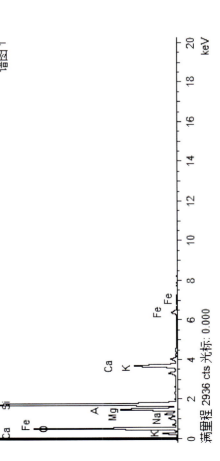

满量程 2936 cts 光标：0.000

注释：

项目 3　样品 LT-010

2020/9/29; 51: 17

电子图像 1

500μm

谱图 1

谱图处理：10　测试点 3

元素	质量分数/%	原子分数/%	化合物质量分数/%	化学式
Na K	1.64	1.56	2.21	Na_2O
Mg K	1.55	1.39	2.57	MgO
Al K	7.78	6.30	14.69	Al_2O_3
Si K	26.54	20.66	56.77	SiO_2
K K	1.50	0.84	1.80	K_2O
Ca K	9.91	5.41	13.87	CaO
Ti K	0.37	0.17	0.62	TiO_2
Fe K	5.81	2.27	7.47	FeO
O	44.91	61.39		
总量	100.00			

谱图 1

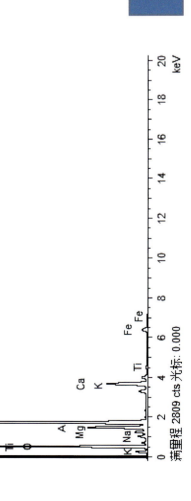

满量程 2809 cts 光标: 0.000

注释：

项目 4 样品 LT-010

2020/9/2 9: 52: 02

谱图处理: 10 测试点 4

电子图像1

500μm

元素	质量分数/%	原子分数/%
C K	11.66	17.91
O K	53.09	61.24
Na K	1.10	0.89
Mg K	1.03	0.78
Al K	5.09	3.48
Si K	16.76	11.01
K K	0.95	0.45
Ca K	6.30	2.90
Ti K	0.24	0.09
Fe K	3.78	1.25
总量	100.00	

谱图 1

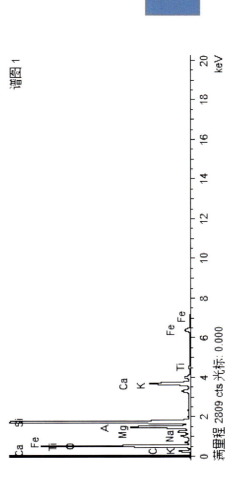

注释:

满量程 2809 cts 光标: 0.000

项目 5 样品 LT-031

2020/9/2 9:56:35

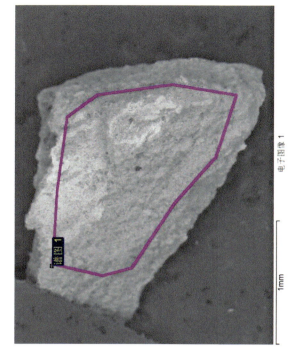

电子图像 1

1mm

谱图处理：31 测试点1

元素	质量分数/%	原子分数/%
C K	15.41	23.81
O K	52.21	60.54
Mg K	0.33	0.25
Al K	0.47	0.32
Si K	1.86	1.23
P K	0.64	0.38
Ca K	29.08	13.46
总量	100.00	

谱图 1

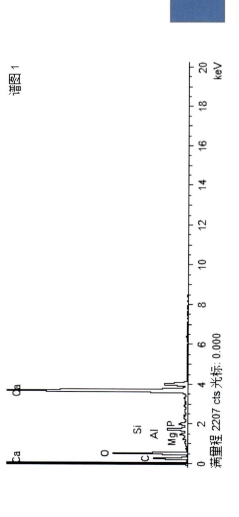

满量程 2207 cts 光标：0.000

注释：

2020/9/2 9：57：21

项目 6 样品 LT-031

谱图处理：31 测试点 2

元素	质量分数/%	原子分数/%	化合物质量分数/%	化学式
C K	14.81	22.74	54.27	CO_2
Mg K	0.31	0.24	0.52	MgO
Al K	0.45	0.31	0.85	Al_2O_3
Si K	1.79	1.17	3.83	SiO_2
P K	0.62	0.37	1.41	P_2O_5
Ca K	27.96	12.86	39.12	CaO
O	54.06	62.31		
总量			100.00	

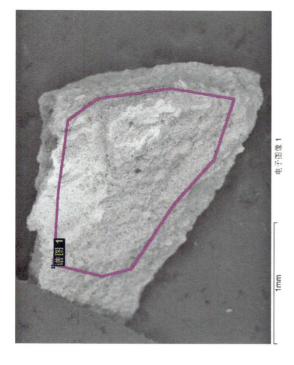

电子图像 1

1mm

谱图 1

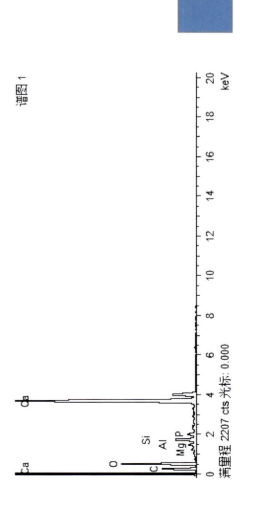

满量程 2207 cts 光标：0.000

注释：

项目7　样品 LT-031

2020/9/2 10：01：43

谱图处理：31　测试点 3

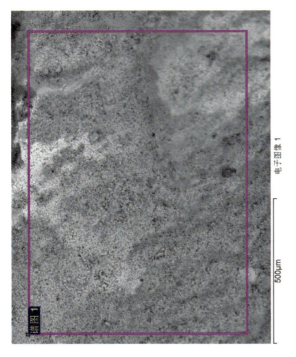

电子图像 1

500μm

元素	质量分数 /%	原子分数 /%	化合物 质量分数 /%	化学式
C K	13.81	21.66	50.59	CO_2
Mg K	0.37	0.28	0.61	MgO
Al K	0.39	0.27	0.74	Al_2O_3
Si K	1.86	1.25	3.98	SiO_2
P K	0.68	0.41	1.55	P_2O_5
Ca K	30.40	14.29	42.53	CaO
O	52.50	61.83		
总量	100.00			

注释：

谱图 1

满量程 2222 cts 光标：0.000

keV

项目 8 样品 LT-031

2020/9/2 10：02：07

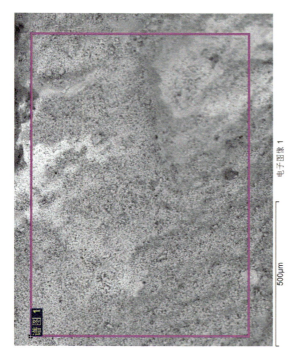

电子图像 1

500μm

谱图处理：31 测试点 4

元素	质量分数 /%	原子分数 /%
C K	13.90	21.83
O K	52.19	61.54
Mg K	0.37	0.29
Al K	0.39	0.27
Si K	1.87	1.26
P K	0.68	0.41
Ca K	30.60	14.40
总量	100.00	

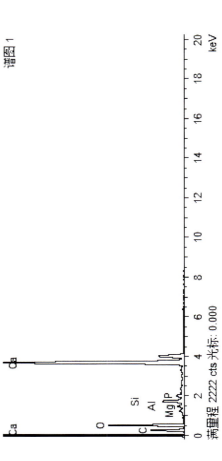

谱图 1

满量程 2222 cts 光标：0.000

keV

注释：

2020/9/2 10:05:21

项目 9 样品 LT-029

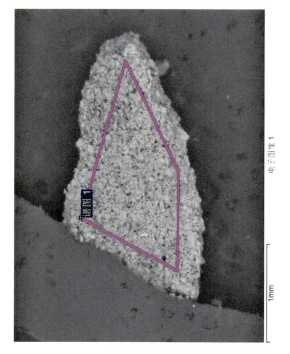

电子图像 1

1mm

OXFORD
INSTRUMENTS
The Business of Science®

注释:

谱图处理: 29 测试点 1

元素	质量分数/%	原子分数/%
C K	21.44	30.60
O K	50.26	53.86
Na K	0.61	0.46
Mg K	1.05	0.74
Al K	4.17	2.65
Si K	13.51	8.25
P K	0.63	0.35
K K	1.42	0.62
Ca K	2.84	1.22
Ti K	0.17	0.06
Fe K	3.90	1.20
总量	100.00	

谱图 1

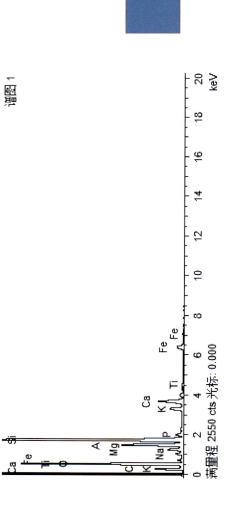

满量程 2550 cts 光标: 0.000

keV

项目 10　样品 LT-029

2020/9/2 10：05：43

谱图处理：29　测试点 2

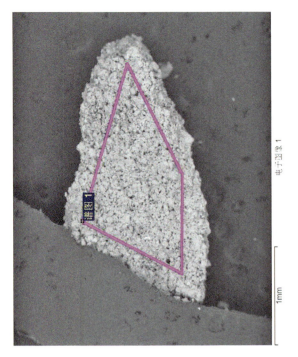

电子图像 1

1mm

元素	质量分数/%	原子分数/%	化合物质量分数/%	化学式
Na K	1.12	1.06	1.51	Na_2O
Mg K	1.95	1.75	3.24	MgO
Al K	7.82	6.31	14.77	Al_2O_3
Si K	26.46	20.50	56.60	SiO_2
P K	1.37	0.96	3.15	P_2O_5
K K	2.74	1.53	3.30	K_2O
Ca K	5.46	2.97	7.64	CaO
Ti K	0.33	0.15	0.55	TiO_2
Fe K	7.18	2.80	9.24	FeO
O	45.56	61.98		
总量	100.00			

注释：

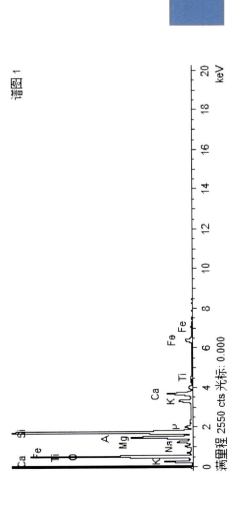

谱图 1

满量程 2550 cts 光标：0.000

keV

项目 11 样品 LT-029

2020/9/2 10:09:39

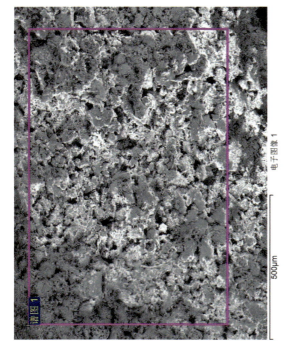

电子图像 1

500μm

谱图 1

谱图处理：29 测试点 3

元素	质量分数/%	原子分数/%	化合物 质量分数/%	化学式
Na K	1.01	0.96	1.37	Na_2O
Mg K	1.81	1.62	3.01	MgO
Al K	7.88	6.35	14.90	Al_2O_3
Si K	26.66	20.62	57.03	SiO_2
P K	1.35	0.94	3.08	P_2O_5
K K	2.81	1.56	3.39	K_2O
Ca K	5.72	3.10	8.01	CaO
Ti K	0.48	0.22	0.80	TiO_2
Fe K	6.55	2.55	8.43	FeO
O	45.72	62.08		
总量	100.00			

注释：

满量程 2630 cts 光标: 0.000

keV

2020/9/2 10: 09: 56

项目 12　样品 LT-029

谱图处理：29　测试点 4

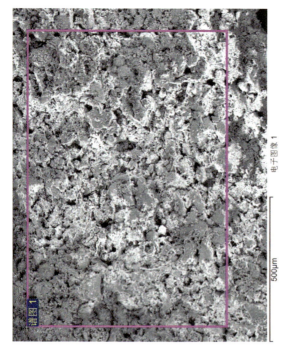

电子图像 1

500μm

注释：

元素	质量分数/%	原子分数/%
C K	19.84	28.48
O K	51.75	55.78
Na K	0.56	0.42
Mg K	0.99	0.70
Al K	4.25	2.72
Si K	13.74	8.43
P K	0.62	0.35
K K	1.46	0.64
Ca K	2.99	1.28
Ti K	0.25	0.09
Fe K	3.56	1.10
总量	100.00	

谱图 1

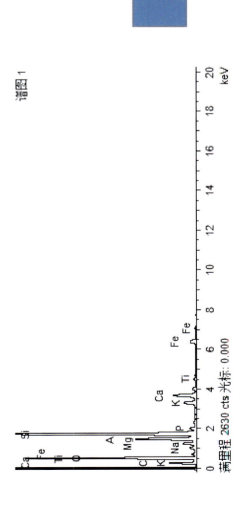

满量程 2630 cts 光标： 0.000

2020/9/2 10：14：02

项目 13　样品 LT-028

谱图处理：28　测试点 1

元素	质量分数 /%	原子分数 /%
C K	17.67	26.34
O K	53.98	60.42
Mg K	0.19	0.14
Al K	0.51	0.34
Si K	2.49	1.59
K K	0.17	0.08
Ca K	24.46	10.93
Fe K	0.53	0.17
总量	100.00	

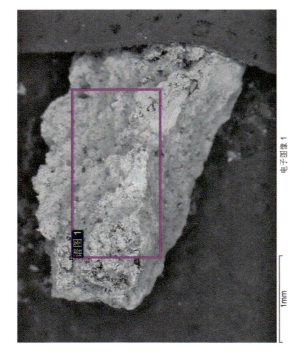

电子图像 1

谱图 1

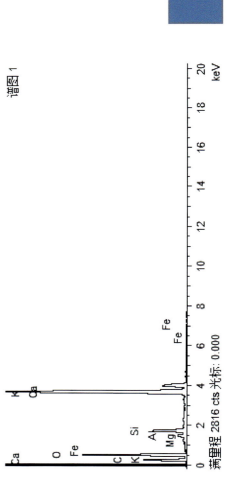

满量程 2816 cts 光标：0.000

注释：

OXFORD
INSTRUMENTS
The Business of Science

项目14 样品 LT-028

2020/9/2 10：14：20

谱图处理：28 测试点 2

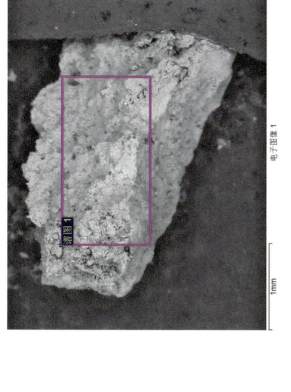

电子图像 1

1mm

元素	质量分数/%	原子分数/%	化合物质量分数/%	化学式
C K	16.59	24.56	60.79	CO_2
Mg K	0.18	0.13	0.30	MgO
Al K	0.48	0.31	0.90	Al_2O_3
Si K	2.35	1.48	5.02	SiO_2
K K	0.16	0.07	0.19	K_2O
Ca K	22.98	10.20	32.16	CaO
Fe K	0.50	0.16	0.64	FeO
O	56.76	63.08		
总量	100.00			

注释：

谱图 1

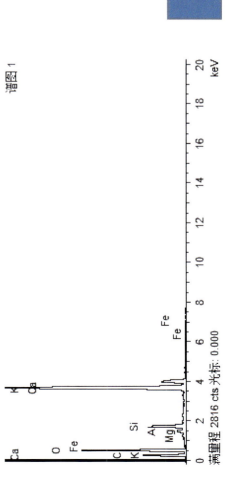

满量程 2816 cts 光标：0.000

keV

项目 15　样品 LT-028

2020/9/2 10: 18: 25

电子图像 1

500μm

注释：

谱图处理：28　测试点 3

元素	质量分数/%	原子分数/%	化合物质量分数/%	化学式
C K	15.26	23.18	55.90	CO_2
Al K	0.66	0.45	1.25	Al_2O_3
Si K	2.58	1.67	5.51	SiO_2
Ca K	26.69	12.15	37.34	CaO
O	54.82	62.54		
总量	100.00			

谱图 1

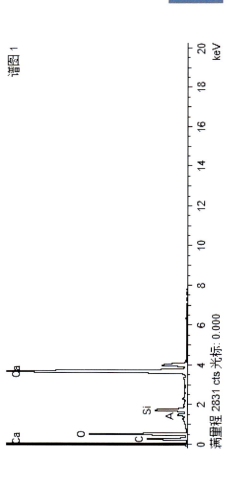

满量程 2831 cts 光标: 0.000

keV

项目 16　样品 LT-028

谱图处理：28　测试点 4

元素	质量分数/%	原子分数/%
C K	15.10	22.92
O K	55.26	62.96
Al K	0.66	0.44
Si K	2.55	1.66
Ca K	26.43	12.02
总量	100.00	

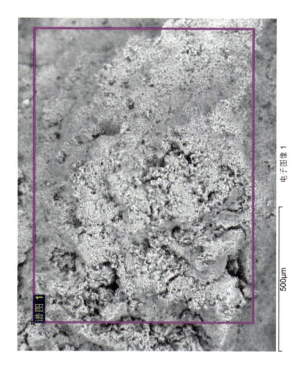

电子图像 1

500μm

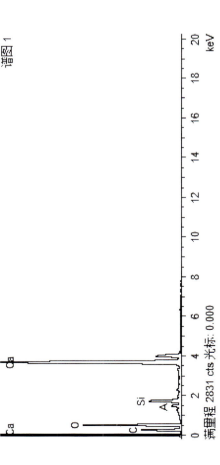

谱图 1

满量程 2831 cts 光标：0.000

keV

注释：

（四）红外光谱检测

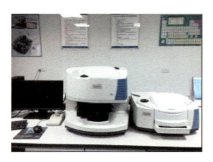

图10　Nicolet iN10显微红外光谱仪

使用Nicolet iN10 FI-IR Microscope（含 Nicolet iZ10™ FT-IR辅助光学台）显微红外光谱仪主要用于颗粒和纤维分析（图10）；层状样品分析，可辨别每一层材料以及每层厚度；微小样品分析，低温冷却系统可测量小至10μm的样品；主要针对微小有机或部分无机样品进行无损检测。

样品处理：取少许样品粉末置于BaF2窗片上，进行红外测试（iN10，MCT/A检测器，透射，BaF2片为背景）。

仪器测定范围说明：由于红外光谱仪条件限制，部分金属氧化物、金属硫化物、单质等无法检出。

样品傅里叶显微红外光谱检测结果如表4所示。

表4　样品傅里叶显微红外光谱检测结果

样品编号	样品名称	样品形态	分析结果	附图说明
LT-020	二层塔檐北与东北青砖-1	青色砖块	在红外光谱检测范围内，样品的主要组成成分是硅酸盐及石英	图11
LT-031	塔顶 脱落白灰-2	块状白灰	在红外光谱检测范围内，样品的主要组成成分是碳酸钙，样品中还含有硅酸盐类物质	图12
LT-006	地宫南侧青砖-3	青色砖块	在红外光谱检测范围内，样品的主要组成成分是碳酸钙和石英	图13
LT-007	中宫白灰-1	块状白灰	在红外光谱检测范围内，样品的主要组成成分是碳酸钙，样品中还含有硅酸盐类物质	图14

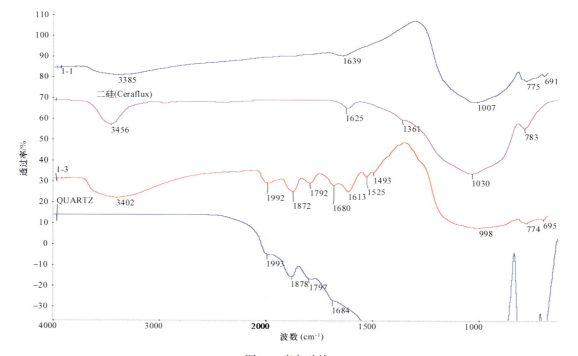

图11　青色砖块

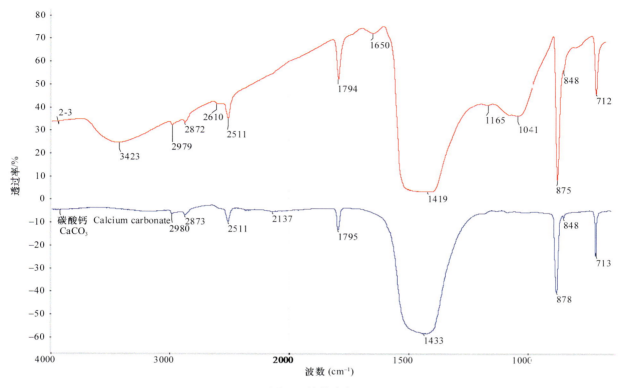

图12 块状白灰

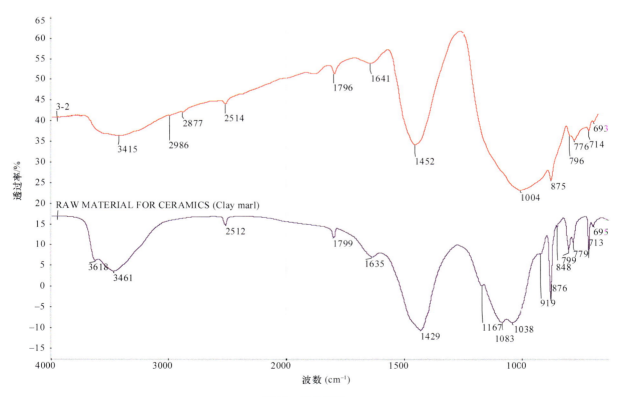

图13 青色砖块

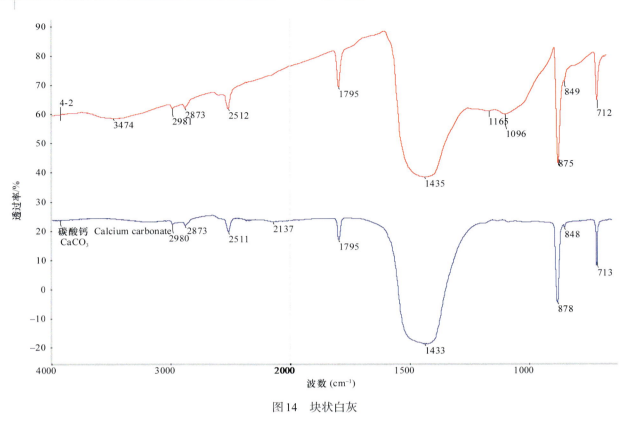

图14　块状白灰

（五）X射线衍射分析

　　X射线衍射仪是用于各种材料粉末和晶体非破坏性分析的重要工具，可以为材料做定性、定量分析。本次实验采用日本理学Smart Lab X射线衍射仪对样品进行补充分析检测。该仪器θ/θ设计，样品可以水平放置；9.0kW高频X射线发生器；自转靶Cu；闪烁计数管SC-70。

　　使用X射线衍射测试分析武安州辽塔青砖及灰层样品，测试分析结果见表5，图15～图18。

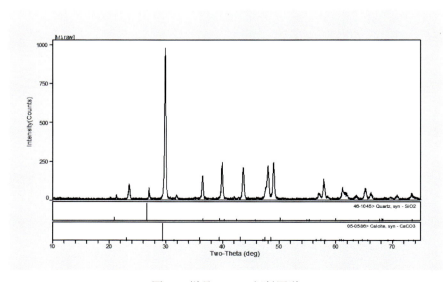

图15　样品LT-010衍射图谱

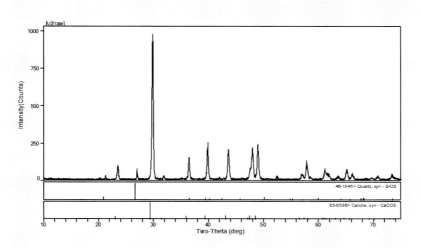

图 16　样品 LT-018 衍射图谱

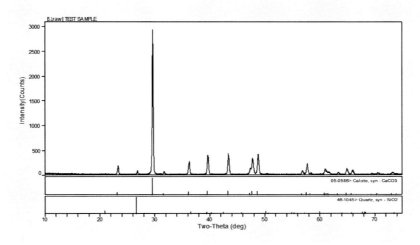

图 17　样品 LT-022 衍射图谱

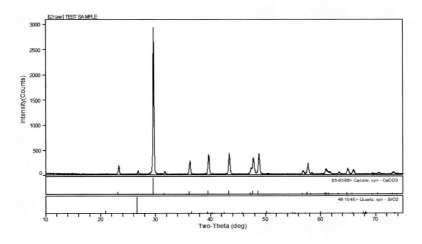

图 18　样品 LT-0230 衍射图谱

表5　武安州辽塔样品X射线衍射分析结果

序号	样品编号	主要物相
1	LT-010	方解石（$CaCO_3$）98.6%、石英（SiO_2）1.4%
2	LT-018	方解石（$CaCO_3$）97.6%、石英（SiO_2）2.4%
3	LT-022	方解石
4	LT-030	方解石

X射线衍射结果表明，砖体（LT-010、LT-018）样品中主要为方解石和少量的石英，这与古代青砖烧制工艺材质一致。砖体砌筑灰层（LT-022、LT-030）样品检测结果以方解石为主，即主要为石灰材质。

（六）离子色谱分析

美国戴安公司离子色谱仪（图19），Chromeleon 6.8中文版色谱工作站。所用离子标准储备液（1000mg/L或100mg/L）均购自国家标准物质中心。所有用水均为电阻率18.2MΩ/cm的去离子水。所用固体Na_2CO_3为优级纯，购自天津福晨化学试剂厂，甲烷磺酸为优级纯，进口试剂（图20）。

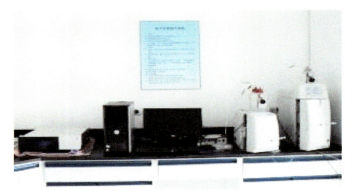

图19　美国戴安公司离子色谱仪

图20　高速离心机

样品处理如下：

（1）研磨：由于采集的样品颗粒粒径不均匀，首先取适量样品放入研钵进行研磨，再将研磨好的粉末过滤，最后装入粉末专用袋。

（2）烘干：将研磨过滤好的粉末放入烘箱，105℃下烘干2小时至恒重。

（3）称重：将烘干的样品冷却至室温后称取0.2g。称重后将样品倒入样品瓶。

（4）溶样：在样品瓶中加入10ml去离子水（R＞28.2MΩ）溶解，超声振荡30min，离心萃取15min，然后取上清液用0.35μm的水系过滤器过滤，所得滤液待测。

阴离子分析条件：Dionex IonPac AS9-HC阴离子分离柱和IonPac AG9保护柱，12.0mmol/L Na_2CO_3，流速为1.0mL/min，AMMS Ⅲ阴离子抑制器，进样体积为10μL。

阳离子分析条件：Dionex IonPac CS12A-HC阳离子分离柱和IonPac CG12保护柱，20.0mmol/L甲烷磺酸，流速为1.0mL/min，CSRS-300电化学抑制器，进样体积为1μL。

根据规范《GLT50123—1999》，采用离子色谱仪对样品的可溶盐含量进行定性、定量分析，

表6 样品可溶盐含量分析结果统计

序号	样品编号	Cl⁻	NO₃⁻	SO₄²⁻	阴离子总量/（mg/L）	Na⁺	K⁺	Mg²⁺	Ca²⁺	阳离子总量/（mg/L）
1	LT-002（土样）	78.14	36.29	81.82	196.25	37.18	0.81	14.93	20.66	73.59
2	LT-013（土样）	71.99	38.00	82.08	192.07	23.25	1.27	26.45	21.14	72.12
3	LT-020（砖样）	0.87	1.31	1.79	3.96	1.56	0.74	2.25	9.69	14.24
4	LT-032（砖样）	13.70	3.25	14.84	31.79	9.25	0.74	6.33	11.42	27.73

实验结果见表6所示。

离子色谱检测结果显示，土样品检测到的可溶盐含量明显较高，阴阳离子总浓度大于250mg/L，阴离子中Cl⁻和SO₄²⁻含量较高，均超过70mg/L，阳离子则以Na⁺、Mg²⁺和Ca²⁺为主，多在20mg/L以上。砖样品检测到可溶盐含量较低，总浓度小于60mg/L，但顶层砖样品中离子浓度相对下层较高，说明风化较明显。

（七）基础物理性能检测

根据本次样品实际条件，结合武安州辽塔砖石文物现状病害主要问题，本次实验针对砖体样品进行基础性能测试，包括密度、含水率、孔隙率、单轴抗压强度、抗剪强度以及表面风化层强度（图21~图24）。

砖石单轴抗压强度是指砖石试样在无侧限条件下，受轴向力作用破坏时，单位面积上所施加的荷载。砖石样经过加工处理后，在万能测试机上进行检测。剪切强度是指砖石在一定的应力条件下（主要指压应力）所能抵抗的最大剪应力，通常用τ表示。把砖石试样置于楔形剪切仪中，并放在压力机上进行加压试验。表面强度可采用里氏硬度仪，在样品表面取光滑平整区域进行测试，每个样品采集三次数据取平均值。

图21 样品准备   图22 质量测定

图23　样品烘干

图24　样品浸泡

基本性能检测结果如下：

（1）对取自武安州辽塔的几组砖样进行物理性质、水理性质的实验分析，实验分析结果如表7所示。

表7　样品实验结果报告

样品编号	重量/g	比重	密度		含水率/%	吸水率/%	孔隙率/%
			干燥	天然			
LT-006	37.98	2.68	2.17	2.19	2.07	3.12	8.19
LT-011	53.17	2.7	2.29	2.3	1.89	2.94	8.01
LT-018	35.15	2.69	2.14	2.16	2.44	3.49	9.56
LT-026	34.67	2.7	2.18	2.21	1.87	2.92	8.08
LT-032	84.80	2.68	2.2	2.24	1.96	3.01	7.89

备注：试验采用中华人民共和国国家标准《工程岩体实验方法标准》（GB/T 50266—99）

声明：本报告仅对来样负责，未经许可不得复制

根据砖样物理性质、水理性质的实验结果对比可知，风化样品的密度较未风化砖石变小，孔隙率增大，同时吸水率和含水率也相对增大，但总体变化差异较小，一定程度上表明武安州辽塔砖石文物风化程度相对较浅。

对取自武安州辽塔砖样进行溶解率的实验分析，实验分析结果如表8所示。

表8　样品溶解度结果报告

试样编号	溶解率 / %			可溶性
	1	2	3	
LT-006	1.97	2.72	3.19	可溶
LT-011	1.16	1.94	2.01	微溶
LT-018	1.84	2.57	3.26	可溶
LT-026	1.37	1.92	2.08	微溶
LT-032	1.26	1.81	2.11	微溶

从样品溶解度测定结果可知，该砖石溶解度相对较小，但是长时间雨水侵蚀作用下具有一定的微溶性，表面风吹日晒风化层溶解度增加。

（2）对取自武安州辽塔砖样进行力学分析，结果如表9、表10、图25、图26所示。

表9　样品力学性能结果

砖石力学	单轴压缩弹模（E）/GPa	泊松比（v）	单轴抗压强度（σ_c）/MPa	黏聚力（c）	内摩擦角（φ）	抗剪强度（MPa）
LT-011	28.3	0.18	1.57	26.5	47	1.76
LT-018	34.5	0.21	1.33	24.3	49	1.62

图25　样品表面强度检测　　　　　　图26　样品表面强度检测

表10　样品表面硬度结果

样品编号	测试1	测试2	测试3	平均值
LT-004	196	272	280	249
LT-005	241	280	253	258
LT-018	130	188	183	167
LT-021	401	438	474	438
LT-032	162	332	452	315

根据样品表面硬度结果显示：下层（LT-004、LT-005、LT-018）砖石样品表面硬度测试较为均一，但相对硬度较小，一定程度上反映出表面风化较为明显；LT-021为筒瓦样品强度较高，这与烧制结构有关。LT-032为顶层砖体样品表面硬度测试结果离散性较大，说明表面平整度较差，物质均匀度较差，但强度尚可，这与表面沉积结壳有关。

六、结论及建议

（1）经前期实验分析可知，武安州辽塔文物样品主要成分以C、O、Si、Al、Ca、Mg、Fe等为主，砖体物相组成以方解石和少量石英为主，填缝材料主要为石灰质，整体保存较完整，存在一定程度风化问题。

（2）武安州辽塔目前保存环境相对较差，影响较大因素为温湿度、日照及降水。晴天环境下受光面遭受光照及紫外线强度明显较大，对其表面风化有一定影响。另外，古塔地处温带半干旱大陆性季风气候区。冬季漫长而寒冷，春季干旱多大风，夏季短促炎热、雨水集中，秋季短促、气温下降快、霜冻降临早。多孔性石灰材质砖体受水的溶蚀、毛细侵蚀作用明显，尤其是冬季寒冷气候环境下，极端低温会引起冻融风化。微观结构调查结果显示，表面风化区域结构疏松，呈蜂窝状或鳞片状。

（3）青砖表面的地衣及苔藓生长繁殖吸收水分、代谢腐蚀都会对青砖造成极大的破坏，同时塔体表面均存在不同程度的微生物代谢黑色污染物，与本体材料颜色略有差别，影响文物的价值。

（4）虽然砖质文物表面易溶盐含量较低，目前并未对古塔的长期保存造成危害，但从长远来看，已对塔身青砖文物产生了影响，这足以引起我们的重视。

（5）建议对砖质文物表面风化区域进行清洗，清除表面地衣苔藓等，同时持续加强周边环境及塔体文物本体的监测，防患于未然。

2020 年 10 月

3. 动力特性测试报告

武安州辽塔
动力特性测试报告
（简版）

西安建筑科技大学
陕西普宁工程结构特种技术有限公司
2021-1-15

本报告参与人员及分工

姓名	单位	专业	技术职称	技术分工
赵歆冬	西安建筑科技大学土木工程学院	结构工程	副教授	动测、报告
陈哲	陕西普宁工程结构特种技术有限公司	结构工程	工程师	现场测试
陈一凡	陕西普宁工程结构特种技术有限公司	土木工程	工程师	审核
张卫喜	西安建筑科技大学理学院	工程力学	副教授	审定

一、测试目的

获取武安州辽塔的基本动力特性，为结构静力、动力分析、结构受损评估、安全性鉴定等提供基本数据。

二、测试依据

（1）《工业建筑可靠性鉴定标准》（GB 50144—2008）。

（2）《建筑结构检测技术标准》（GB/T 50344—2019）。

（3）《工程测量规范》（GB 50026—2007）。

（4）《结构健康监测系统设计标准》（CECS 333：2012）。

（5）《建筑与桥梁结构监测技术规范》（GB 50982—2014）。

（6）《建筑结构荷载规范》（GB 50009—2012）。

三、测试仪器与分析软件

（1）数据采集器：Coinv DASP智能数据采集仪（北京东方振动和噪声技术研究所）。

（2）传感器：941型拾振器。

（3）分析软件：Coinv DASP V11智能数据采集和信号处理分析软件（北京东方振动和噪声技术研究所）。

四、试验方法

（1）环境激励脉动试验。

（2）无外界环境干扰时，每组工况测试2次，每次测试数据采集30分钟。

五、传感器布置

本次试验分为3个方向分别进行试验：东西方向、南北方向、扭转方向。

东西方向及南北方向测试时，传感器分2次布置：

第1次布置在：地面（1#、6#传感器）、标高7.9m（2#传感器）、标高19.14m（3#传感器）、标高29.94m（4#传感器）、标高31.684m（顶层）（5#传感器）。

第2次布置在：地面（1#、6#传感器）、标高7.9m（2#传感器）、标高15.00m（3#传感器）、标高24.15m（4#传感器）、标高31.684m（顶层）（5#传感器）。

传感器布置见图1。

图 1　传感器布置图

扭转测试时（图 2），传感器分别布置在：塔南侧的地面（1#传感器）、塔北侧的地面（2#传感器）、标高 15.00m 塔的南侧（3#传感器）、标高 15.00m 塔的北侧（4#传感器）、标高 31.684m（顶层）的南侧（5#传感器）、标高 31.684m（顶层）的北侧（6#传感器）。

1. 获取数据

2. 传感器布置

图 2　现场测试

六、测试环境条件

武安州辽塔位于郊外，周边振动干扰源较少，设备调试和测试安排在2020年10月3～4日，并根据原位测试结果进行了校核和修正。

环境温度：8～15℃，风力8级。

七、测试成果与主要结论

（一）结构动力特性

表1给出了获取的武安州辽塔前五阶的周期、频率和振型。

表1 武安州辽塔动力特性

阶数	频率/Hz	周期/s	振型
第一阶	1.653	0.605	南北方向平动
第二阶	1.674	0.597	东西方向平动
第三阶	3.866	0.259	扭转
第四阶	5.122	0.195	南北方向平动
第五阶	5.197	0.192	东西方向平动

（二）振型分析

图3～图7所示为前五阶振型图，其中主要振型含第一阶振型呈南北向平动，第二阶为东西向平动，第三阶为扭转振型。

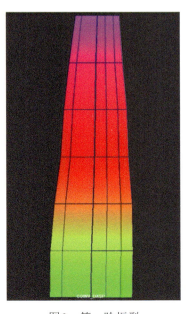

图3 第一阶振型

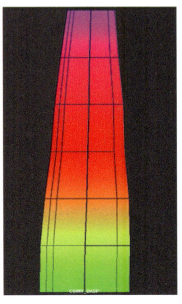

图4 第二阶振型

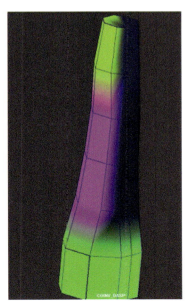

图5 第三阶振型

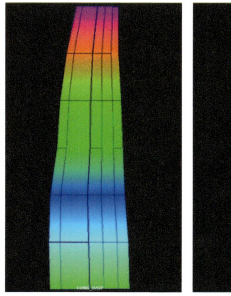 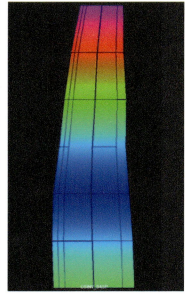

图 6　第四阶振型　　　　　　　　　图 7　第五阶振型

（三）主要结论

根据原位动力测试获取的武安州辽塔动力特性指标，主要结论如下：

（1）第一阶振型呈南北向平动，第二阶为东西向平动，前两阶频率分别为 1.653、1.674，表明武安州辽塔整体刚度南北向相对东西向较弱。

（2）振型分析表明，塔身一层、二层出现了显著的水平位移突变，表明塔座、塔身一层结构受损，以及底座地宫、塔身一层中宫、壁龛对竖向刚度、质量分布等有显著的影响。

（3）扭转频率 3.866 显著高于平动频率，表明塔结构较为规则、偏心较小。

（4）扭转振型在塔身一层、二层呈较为明显的突变，反映了结构残损、地宫、中宫，以及壁龛，对结构竖向刚度的影响。

西安建筑科技大学

陕西普宁工程结构特种技术有限公司

2021 年 1 月 15 日修改

4. 塔体力学状态分析

武安州辽塔塔檐维修前后
塔体力学状态分析

西安建筑科技大学

陕西普宁工程结构特种技术有限公司

2021-1-15

本报告参与人员及分工

姓名	单位	专业	技术职称	技术分工
张卫喜	西安建筑科技大学理学院	工程力学	副教授	力学分析
陈一凡	陕西普宁工程结构特种技术有限公司	土木工程	工程师	报告撰写
赵歆冬	西安建筑科技大学土木工程学院	结构工程	副教授	结构动测
陈平	陕西普宁工程结构特种技术有限公司	结构工程	教授	审定

一、基本计算参数、荷载组合

以脉动法获取的动力特性参数为目标值，反演分析得到的武安州辽塔砖砌体结构连续介质模型的等效弹性模量为 $E=0.9\text{GPa}$，泊松比取值 $\mu=0.2$，密度取值 1800kg/m^3。

根据现行《建筑结构荷载规范》（GB 50009—2012），基本风压取值 0.55kN/m^2（50年一遇），地面粗糙度为B类，风荷载体型系数及高度系数按现行规范取值，风振系数取1.0。风向按照最不利荷载方向考虑，正北向。

选取最不利荷载工况组合：1.0恒载＋1.5风荷载。

计算软件：ANSYS（19.2/20.2），ANSYS Mechanical/Ls-Dyna，ANSYS Mechanical PRO模块。结构分析单元：10结点四面体三维应力单元。

二、几何模型和有限元模型

（一）力学模型与基本假设

（1）力学简化为三维连续介质模型，材料假定为各向同性、线弹性。
（2）限制塔体底面平动位移。

（二）几何模型和有限元模型

图1所示为按照测绘的数据建立的塔本体的几何模型（不含塔台），考虑塔身一层和底座的残损影响。图2为分网格以后的有限元模型，对残损较为严重的塔身一层网格做了优化处理。

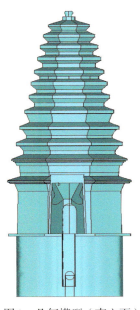

图1　几何模型（南立面）

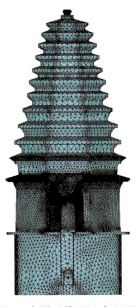

图2　有限元模型（南立面）

三、计算结果

（一）塔檐未维修，自重＋1.5风荷载组合（图3～图5）

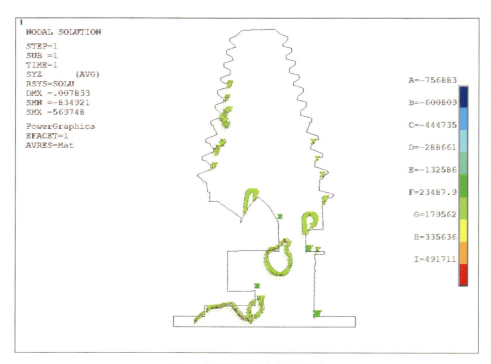

图3　中轴面切应力分布云图

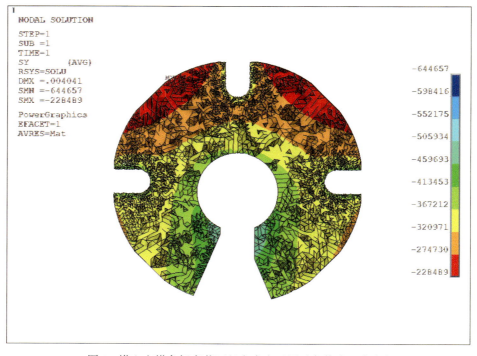

图4　塔心室拱角标高截面竖向应力云图（负值为压应力）

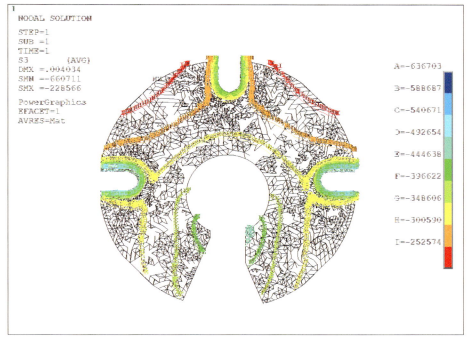

图5 不利截面（塔心室拱肩处）压应力分布等值线图

图3所示，未维修塔檐时，中轴面切应力在底座和塔心室呈明显的应力集中，峰值为0.757MPa。危险面位于塔心室拱角标高截面，全截面受压，南侧自重产生的压应力与风荷载引起的弯曲压应力峰值共同作用形成最大压应力值为0.35MPa，北侧则出现最小压应力为0.25MPa。

（二）塔檐维修后

1. 自重作用下（图6）

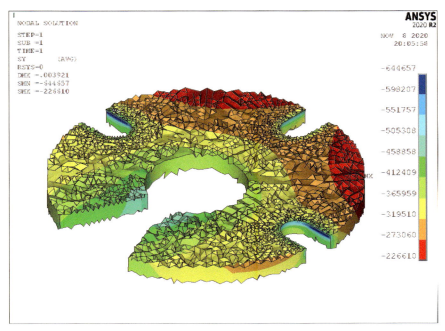

图6 塔心室拱角标高截面竖向应力云图（负值为压应力）

2. 自重＋1.5风荷载组合（图7、图8）

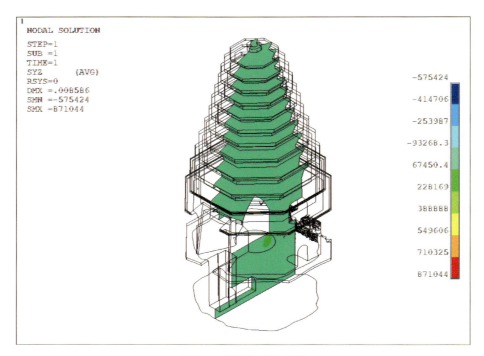

图7　中轴面切应力云图

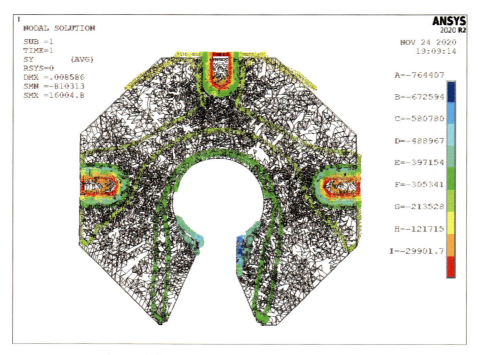

图8　不利截面（塔心室拱肩处）压应力分布等值线图

　　图8所示，塔体塔心室拱肩标高（最不利）横截面全截面受压，其中南侧最大压应力为0.36MPa，北侧最小压应力为0.21MPa。截面压应力峰值（局部集中应力）0.78MPa位于塔心室拱肩处。

从塔体变形云图可以看出，塔体在塔心室高度处刚度有突变，南侧刚度相对较弱。塔心室所在塔身一层有向南侧倾斜的趋势。

四、《砌体结构设计规范》（GB 50003—2011）设计应力限值（图9）

武安州辽塔砌体强度等级按MU5，胶结材料强度等级按M0考虑，按上表值外推，塔砌体抗压强度设计值可取为0.52MPa。

3.2.1 龄期为 **28d** 的以毛截面计算的砌体抗压强度设计值，当施工质量控制等级为 **B** 级时，应根据块体和砂浆的强度等级分别按下列规定采用：

1 烧结普通砖、烧结多孔砖砌体的抗压强度设计值，应按表 **3.2.1-1** 采用。

表 3.2.1-1　烧结普通砖和烧结多孔砖砌体的抗压强度设计值（MPa）

砖强度等级	砂浆强度等级					砂浆强度
	M15	M10	M7.5	M5	M2.5	0
MU30	3.94	3.27	2.93	2.59	2.26	1.15
MU25	3.60	2.98	2.68	2.37	2.06	1.05
MU20	3.22	2.67	2.39	2.12	1.84	0.94
MU15	2.79	2.31	2.07	1.83	1.60	0.82
MU10	—	1.89	1.69	1.50	1.30	0.67

注：当烧结多孔砖的孔洞率大于30%时，表中数值应乘以0.9。

图9　《砌体结构设计规范》GB 50003—2011

可以看出，在塔檐加固维修完成，塔身及塔座尚未维修工况，在考虑塔所处地形等不利因素及50年一遇极限风载后，塔体正截面未出现拉应力，塔体正截面压应力（0.36MPa）小于塔砌体抗压强度设计值（0.52MPa）。

五、结论与建议

（1）武安州辽塔按最不利荷载组合（自重＋1.5风荷载）计算，维修前后，塔危险截面均位于塔心室拱角标高截面，均全截面受压。维修前，危险截面南侧压应力峰值约0.35MPa，维修后南侧压应力峰值约0.36MPa。

（2）上部塔檐加固维修前后，塔心室拱肩标高截面，在风荷载与自重作用不利组合下，全截面处于受压状态，未出现零应力区（图8、图10所示）；维修后塔体横截面南端压应力0.36MPa。根据最不利截面应力状态和现行规范规定，可以认为塔整体处于稳定状态。

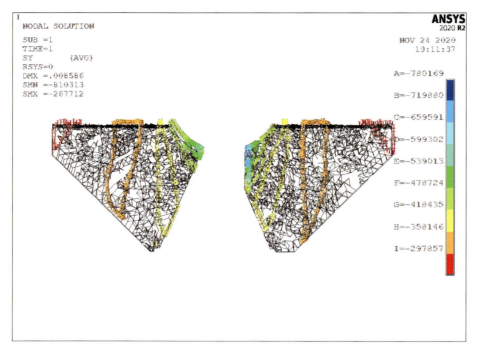

图10 不利截面（南侧局部）压应力分布等值线图

（3）由于承担了塔身二层以上荷载及拱结构受力特点的影响，塔心室拱顶，东、西、北侧拱券顶部出现局部拉应力，该拉应力是二层塔檐处塔体出现竖向裂缝的直接因素，也是前期塔体围箍加固的最主要力学背景。

（4）由于塔底座和塔心室层南侧受损严重，结构竖向存在偏心，塔体应力集中现象比较明显，塔体在该部位亦有明显的侧向变形突变（图11~图13）。

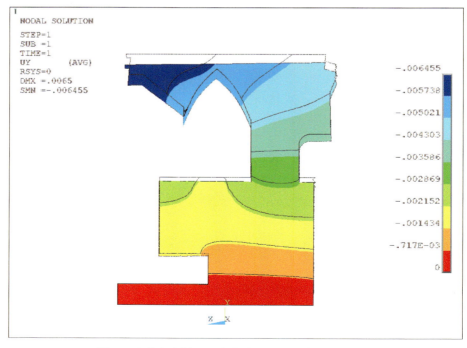

图11 南北向中轴面竖向位移云图（缩放因子为100）

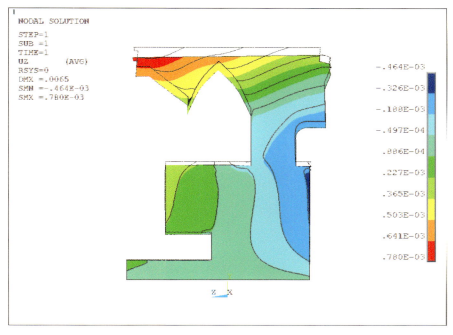

图 12 南北向中轴面水平向位移云图（缩放因子为 100）

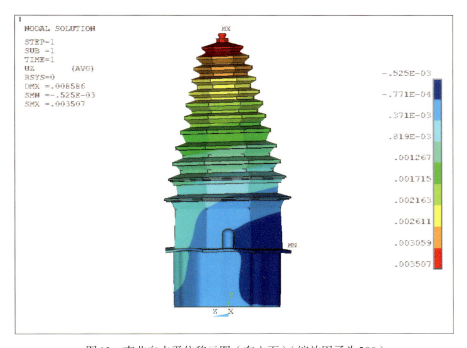

图 13 南北向水平位移云图（东立面）（缩放因子为 200）

（5）考虑到塔心室所在塔身南侧券洞顶面部分临空、破碎严重，塔檐及上部松动瓦件有进一步坠落风险，建议对危险部位变形密切监控，做好必要的防护或支护预案措施。

西安建筑科技大学

陕西普宁工程结构特种技术有限公司

2021 年 1 月 15 日修改

5. 安全性评估报告

报告编号：TC-WJ-I-2021-010

武安州辽塔安全性评估报告

中冶建筑研究总院有限公司

2021年03月15日

中冶建筑研究总院有限公司

检验报告

报告编号：<u>TC-WJ-I-2021-010</u>   第1页，共2页

工程名称	武安州辽塔安全性评估		
委托单位	内蒙古史前文化博物馆		
检验地点	赤峰敖汉旗	检验日期	2020年10月26日～2021年3月9日
检验项目	结构安全性		
检验方法或依据标准	《古建筑砖石结构维修与加固技术规范》（GB/T 39056—2020）。		
使用仪器及设备编号	1. 三维激光扫描仪 S-3180V（编号：GD-01）； 2. 探地雷达 ProEx（编号：JG-综-34）； 3. 测距仪 PD-E（编号：WJ-008）； 4. 贯入式砂浆强度检测仪 SJY800B（编号：WJ-019）； 5. 钢卷尺 5m（编号：WJ-017）； 6. 测砖回弹仪 ZC4（编号：WJ-038）。		

检验结论（详细内容见报告正文）：

（一）现场检验结果

（1）基础具有较好的整体性，可认为地基基础无明显静载缺陷。

（2）从塔刹到塔身五层部分，刚完成了整体修缮，现状基本完好。

（3）一层塔檐到五层塔檐以下部分，尚未进行修缮，塔檐砖、筒瓦、饿脊破损严重，砌体灰浆流失，砖块松动、缺失，角梁糟朽。

（4）塔身从地面到一层塔檐以下部分，尚未进行修缮，塔身面砖基本完全脱落，心砖外露；东立面、北立面佛龛均破损严重，局部坍塌。

（5）从一层塔檐到五层塔檐，塔体八个立面均存在明显的裂缝，最大宽度达到30mm左右。从粘贴石膏饼监测结果看，少量裂缝在修缮施工过程中略有发展。停工后，监测的裂缝目前为止基本没有进一步发展。

（二）现场检测、监测结果

（1）五层以下砖抗压强度标准值为3.87MPa，五至七层砖（面砖）抗压强度标准值为3.96MPa，八层以上部分砖（面砖）抗压强度标准值为5.11MPa。该强度数值为参考值。

（2）五层以下砂浆抗压强度推定值为1.5MPa，五至七层砂浆抗压强度推定值为8.0MPa，八层以上部分砂浆抗压强度推定值为7.2MPa。该强度数值为参考值。

（3）采用地质雷达对地基基础进行检测，辽塔周围地基存在小范围土体不密实的情况，未发现大面积空洞；地基整体状况基本良好。

（4）采用地质雷达对辽塔塔体上部内部缺陷进行检测发现，塔心室上部塔体内部没有明显的大的空洞。另外，塔体内部砌筑不密实，局部存在脱空区域。

（5）采用三维扫描仪对修缮后的塔体进行变形检测，塔主体结构侧向位移限值为≤H/140＝113.1mm，实测辽塔侧向位移为72.3mm，满足规范要求。

（6）根据该塔修缮前三维扫描数据（2012年扫描）和修缮后三维扫描数据（2021年3月扫描）对比分析及图纸对比分析，计算出体积的增加量。基本确定修缮新增重量约为55吨。

（7）从2020年11月12日正式开始对塔体裂缝进行监测，截止到2021年3月9日，各监测的裂缝没有持续增大的趋势。中宫内部监测的裂缝（LF01～LF05）最大扩张不超过0.2mm。塔身周边裂缝（LF06～LF10）最大扩张不超过0.35mm。

（8）从2020年11月12日正式开始对塔体倾斜进行监测，截止到2021年3月9日，各倾角计监测的倾斜值比较小，最大变化0.045，基本没有持续增大的趋势。

（三）计算分析结果

经计算，塔体结构的最大压应力（局部应力集中处除外）0.50MPa；依据检测结果，砌体结构的抗压强度为0.57MPa。依据《古建筑砖石结构维修与加固技术规范》（GB/T 39056—2020），抗压强度调整系数取0.9，结构重要性系数取1.2，则塔体结构的最小安全裕度为0.85，结构安全性不满足要求，不满足要求的部位主要在中宫处。

（四）评估结论

现状情况下，武安州辽塔整体结构的安全性等级评定为四级，即结构安全性严重不满足要求，需整体采取措施。不满足的主要原因为塔心室处部分砌体受压承载力不满足要求，塔心室内有多处裂缝，一层塔檐至五层塔檐外侧墙体有多处裂缝。

（五）处理建议

（1）建议对一层塔檐至五层塔檐进行修复处理，修复完成后进行抱箍处理。

（2）建议对塔身进行增大截面处理，处理后进行抱箍处理，提高塔整体受压承载力。

（3）建议对塔进行监测，主要监测塔心室及塔檐处已有裂缝的变化以及塔的整体变形，以便发现问题及时处理。

需要说明的是：本评估报告是针对目前的状况得出的评估结论，若发生使用状况变化等，则应当结合本评估报告的结论再进行相应的验算分析，以确定变化后的实际承载力状况。

（本页以下空白）

参加项目人员	项目负责人	吴婧姝
吴婧姝、胡程鹤、梁宁博、许臣、李莎、白晓彬、吕俊江	报告编写人	吕俊江
	报告审核人	吴婧姝
	报告批准人	席向东
检验专用章	签发日期	2021年3月15日

一、概况、评估目的、范围及内容

（一）武安州辽塔概况

武安州白塔，该场地位于内蒙古赤峰市敖汉旗丰收乡白塔子村西侧，饮马河北岸山岗之上，为辽代早期佛塔。塔为八角形密檐空心砖塔，塔高36m，直径12.67m，砖混结构，塔身东南西北四面为佛龛，现塔四面破损较为严重，为全国第七批重点文物保护单位（图1）。

目前，武安州辽塔判断为辽代建筑，距今已约1000年。武安州辽塔基座保存极差，面砖大部掉落，底部有多处盗洞痕迹；塔台由于塔座及塔身部分砖体坍塌脱落，致使塔台深埋基土之下；塔身8面，一层塔身及一层塔檐总高约高7.25m，塔底边约宽5.14m，上边宽5.10m，塔身整体保存交差，面砖几乎全部脱落，仅有西南和东南两个隅面残存了塔身的墙面砖；塔顶无存，无从得知塔顶的做法和塔刹形制（图2、图3）。武安州辽塔目前存在台基风化、存在盗洞、塔体各层叠涩砖檐脱落、塔体存在裂缝、塔顶缺失等多种病害（图4）。

2016年8月15日，国家文物局文物保函〔2016〕1411号《关于武安州遗址—武安州辽塔保护加固工程的立项批复》，原则同意武安州辽塔保护加固工程立项。

2020年5月21日，内蒙古自治区文物局文物保函〔2020〕75号《关于武安州塔加固维修方案工程的批复》，原则同意《武安州辽塔加固维修工程设计方案》。

武安州辽塔从2020年5月8日开始进行抢险加固，2020年6月26日开始进行正式加固，按维修方案进行了部分施工，五层塔檐以上部分已经施工完毕，五层塔檐以下部分尚未进行施工，2020年10月23日正式停止施工。在正式开工前的2020年6月20日对部分关键典型裂缝粘贴石膏

图1　武安州辽塔立面

图2　武安州辽塔顶面　　　　　　　图3　武安州辽塔中宫顶面

图4　武安州辽塔西北考古探槽

饼进行裂缝变化监测。在2020年9月22日对有些部分裂缝粘贴石膏饼进行了裂缝变化监测。

（二）安全性评估目的

目前该塔五层以上部分已经进行了加固施工，下部未进行加固施工，为了确保该塔安全可靠，需对其现状进行安全性评估，根据检测检验和计算分析的结果，对结构的整体安全性进行评估，给出评估结果，并提出相应的处理建议。

（三）工作范围

本次安全性评估的工作范围为位于内蒙古自治区赤峰市武安州辽塔体主体结构。武安州辽塔为八角十一级楼阁式砖塔，由地宫、塔基座、塔身、塔顶塔刹组成，现状总高为36m。现状全塔分为塔基座、塔身、塔檐三部分。

（四）工作内容

1. 历史与技术资料调查

对武安州辽塔的相关历史资料、技术资料进行收集、整理与分析。

2. 结构体系勘察

对武安州辽塔的结构体系进行详细勘察。

3. 结构现状检验

（1）对地基基础开展缺陷检查。

（2）对塔身砌体结构、附属木结构开展缺陷检查。

4. 结构现状检测

（1）材料性能检测。

砖强度检测。

砂浆强度检测。

（2）地基缺陷检测。

采用地质雷达对地基缺陷进行检测。

（3）塔体上部内部缺陷检测。

（4）塔体模态测试。

（5）变形检测及新增重量测量计算。

（6）塔体裂缝监测及倾斜监测。

5. 结构计算与分析

依据国家有关规范，对现状情况下的结构进行静力计算，确定结构构件的安全裕度。在结构计算时，考虑构件的偏差、缺陷及损伤、荷载作用点及作用方向、构件的实际刚度及其在节点的连接程度，结合现场检验及检测结果，得出结构构件的现有实际安全裕度。

6. 结构安全等级评定

依据国家相关规范、规程，对武安州辽塔结构进行结构安全性等级评定。

7. 评估结论与处理建议

依据现场检查、检测结果及结构计算分析结果，对武安州辽塔在现状情况下的结构安全性能进行整体评价，提出评估结论及处理建议。

二、评估依据及标准

（1）《建筑结构检测技术标准》（GB/T 50344—2019）。

（2）《古建筑砖石结构维修与加固技术规范》（GB/T 39056—2020）。

（3）《古建筑防工业振动技术规范》（GB/T 50452—2008）。

（4）《砌体工程现场检测技术标准》（GB/T 50315—2011）。

（5）《建筑结构荷载规范》（GB 50009—2012）。

（6）《砌体结构设计规范》（GB 50003—2011）。

（7）《建筑地基基础设计规范》（GB 50007—2011）。

（8）现场调查及检测结果。

（9）收集到的原始资料。

三、现场检验结果

（一）历史与技术资料调查

本项目收集到的资料包括：《武安州辽塔加固维修工程备案稿》（陕西普宁工程结构特种技术有限公司，2020年6月）；《武安州白塔保护维修工程岩土工程勘察报告》（辽宁省建筑设计研究院岩土工程有限责任，2019年4月25日）；《武安州遗址—武安州塔局部结构检测报告》（辽宁省建筑设计研究院有限责任公司，2019年4月25日）。

（二）结构体系勘察

武安州辽塔的建筑造型为八角形密檐，塔身内部设心室。结构体系为砖筑密檐砖木混合结构。主体结构包括塔基、塔身、塔檐和塔刹四部分。依据相关资料，塔曾残存十一层半，现修复至原始的十三层。

辽塔的平面呈八角形，塔基座和塔身高8.27m。塔体采用青砖砌筑，塔体外壁为八角形。塔基和塔身破损严重，分界线不明显。目前五至十三层檐和叠涩均已加固修缮完毕，五层以下还未进行修缮。

塔一层大檐脱落，现存一层斗拱下墙体完整，没有阑额普拍枋承托斗拱，而是以四皮光滑的面砖下有一道砖磨制斧状砖带来模仿围脊，与其上十一层完整叠涩做法一致。二、三层使用斗拱承托、出挑塔檐，之上均以砖层层叠涩出檐。斗拱出挑承托塔檐较窄，出挑的深度与其上叠涩出挑深度形成较为和谐曲线，无明显区别。四层及以上屋顶不再用斗拱承托塔檐，先在下层檐上砌围脊与束腰，其上以砖叠涩出檐半皮砖厚度，其上屋檐倾斜。塔檐表面除角梁以外还暴露出部分木结构，在各面正中，檐口之下第一层叠涩或飞子下一皮砖位置。

辽塔建筑造型复杂，依据其构造特征和结构受力性能，将结构体系分为塔体结构（砖砌体塔身）和附属结构（角梁、其他部分木结构）两个组成部分。

辽塔的现状实景和各层平面情况见图5～图19。

（三）现场检验结果

1. 地基基础

根据基础的不均匀沉降在上部结构中的反应，判断基础是否存在静载缺陷等问题。现场对上部结构是否有与地基基础不均匀沉降相关的受力裂缝、是否有明显倾斜与变形进行了检查。

经检查，塔体无不均匀沉降裂缝，表明塔下基础具有较好的整体性，可认为地基基础无明显静载缺陷。

2. 上部结构

经现场检查，上部结构存在如下主要缺陷，检查情况详见照片及其说明：

图5 武安州辽塔现状实景

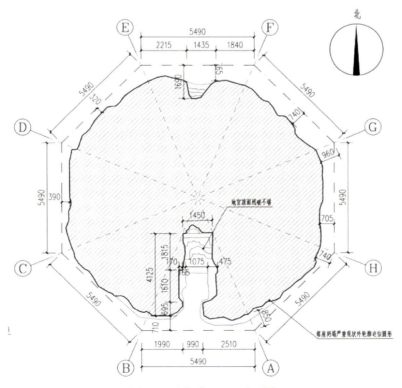

图6 地宫标高1.220平面图

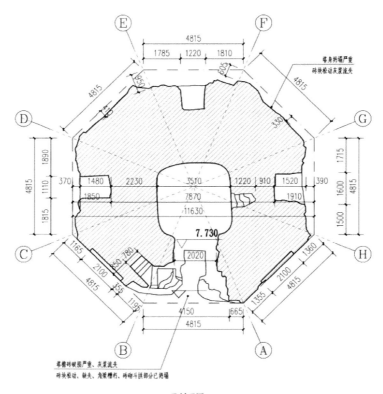

C—C剖面图 1:100
中宫(地面标高 △ 7.370)

图7 中宫标高7.370平面图

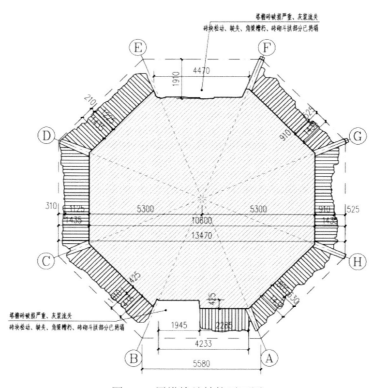

图8 一层塔檐处结构平面图

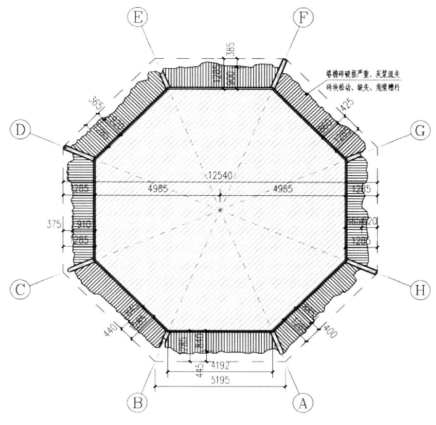

图9 二层塔檐处结构平面图

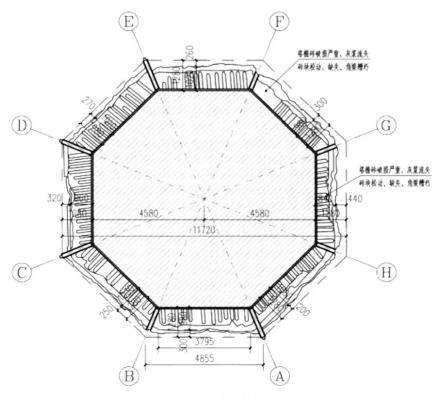

图10 三层塔檐处结构平面图

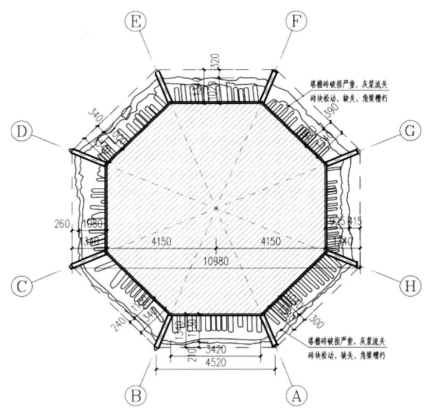

图11　四层塔檐处结构平面图

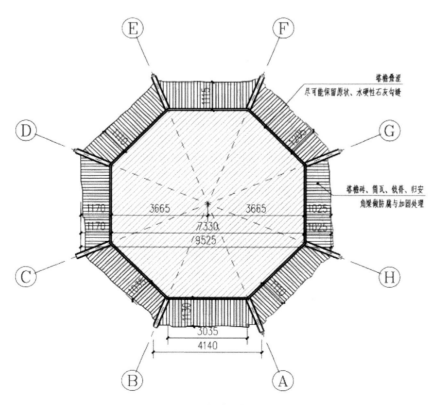

图12　五层塔檐处结构平面图

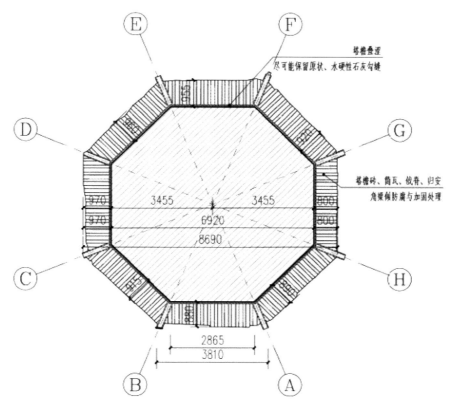

图13　六层塔檐处结构平面图

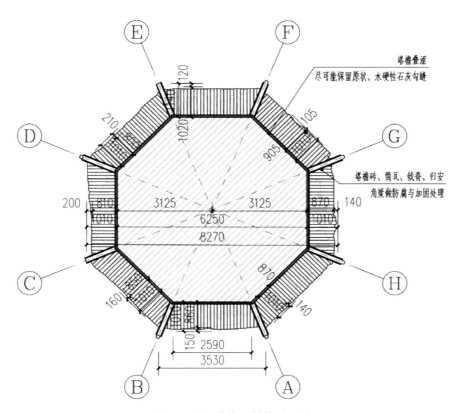

图14　七层塔檐处结构平面图

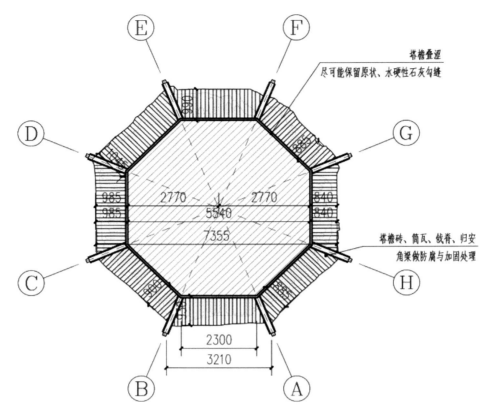

图15　八层塔檐处结构平面图

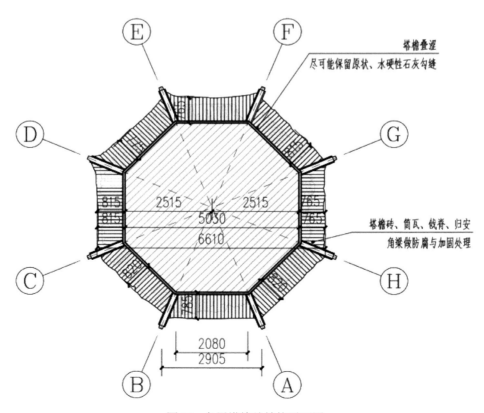

图16　九层塔檐处结构平面图

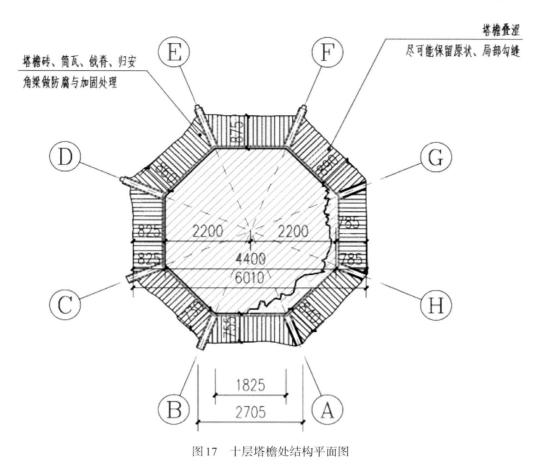

图17 十层塔檐处结构平面图

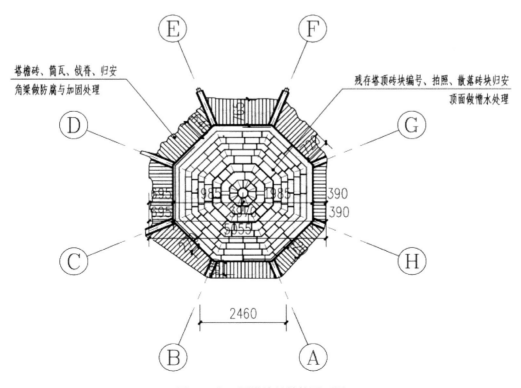

图18 十一层塔檐处结构平面图

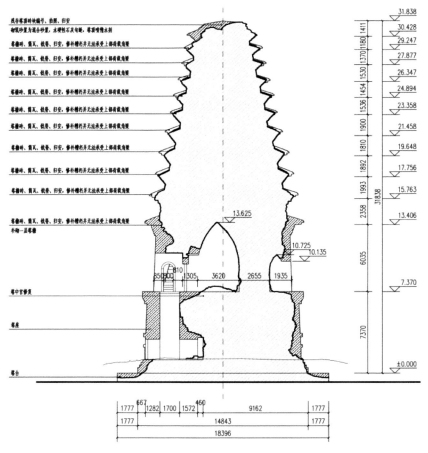

图 19　南北剖面图

1）砌体结构

五层以上已经过修缮和复原，五层以下未修缮层存在破损、缺失、裂缝等多种病害现象。

（1）塔刹及十三层重新复原，全部为砖砌。

（2）十二层原残缺部分复原，部分在保留原始结构上修缮。

（3）十一层至五层在原始构件上进行了补砌修缮，可见原始部件，十一、九、七、五层使用钢绞进行箍固，以防塔身坍塌。十一层檐八个方位的檐均能检查到，但叠涩只能检查北侧、东北侧和西北侧；十层到六层只检查北侧、东北侧和西北侧，其中十一层、十、九层北侧存在三个方形孔洞，一上两下排列，疑为排水孔，其他面为两个方形孔洞。八、七层北侧横向排列的三个方形孔洞，均位于下侧，六层东北、西北处各见一个方形孔洞，北侧未见。五层八个方位均能检查到，各面间一个方形孔洞。

（4）五层以下及塔身塔基未经过修缮，砖石破损脱落较多，壁面不平整；灰浆流失严重；壁面存在较多裂隙。

各层详细情况见图20～图79。

从以上检查结果看，各个面塔身均存在明显的裂缝，裂缝宽度不一，最大宽度达到30mm左右。现场部分比较大的、严重的裂缝处已经粘贴了石膏饼，用来观测裂缝是否进一步发展。根据现场检查，2020年6月20日粘贴的个别裂缝石膏饼发生了开裂，但裂缝很窄，不足0.1mm；2020年9月22日粘贴的石膏饼没有发现开裂。现场典型裂缝检查结果见图80～图85。塔体外立面裂缝

图20 塔刹西侧复原图

塔刹采用新砖经论证已复原

图21 十三层檐北侧及东北侧复原图

十三层檐全部用新砖和新灰砌筑而成

图22 十三层叠涩南侧复原图

十三层束腰全部用新砖和新灰砌筑而成

图23 十二层檐北侧、西北侧修缮图

十二层北侧、西北侧檐部分残存，在此基础上修缮

图24 十二层檐西侧复原图

十二层檐的东北、东、东南、南、西南、
西侧全部复原

图25 十二层叠涩西北侧修缮图

十二层叠涩存在旧砖和新砖，应为修缮时保留旧砖，新砖补缺
残损处

图26　十一层檐东侧修缮图

十一层檐东、东南、东北、北侧均靠近塔身处存在旧砖，但较少，
残缺部分新砖修缮

图27　十一层檐西北侧复原图

十一层檐西北、西南、西、南侧未见旧砖，应全部为新砖复原

图28　十一层叠涩北侧修缮图

十一层叠涩均为在旧砖残缺处用新砖补砌，旧砖保留较多，
且十一层被钢绞箍固

图29　十一层北侧孔洞

十一层北侧存在三个方形孔洞，疑为
排水孔

图30　十一层西北侧孔洞

十一层西北侧、东北侧均只有两个方形孔洞

图31　十层檐东北侧修缮图

十层檐东北、北、西北侧在旧砖基础上进行补砌，整体
看旧砖保存较少，且多靠近塔身

图32　十层叠涩北侧修缮图

十层叠涩东北、北、西北侧在旧砖基础上进行补砌，整体看旧砖
保存较多，北侧有三个方形孔洞，疑为排水孔

图33　十层叠涩西北侧排水孔

十层叠涩东北、北、西北侧在旧砖基础上进行补砌，整体看旧砖
保存较多，西北、东北侧有两个方形孔洞，靠近下侧

图34　十层叠涩西北侧砖残损

十层西北侧第三层右侧第四块砖明显凹进去，应为残损，部分脱落

图35　九层檐北侧修缮图

九层檐东北、北、西北侧在旧砖基础上进行补砌，
整体看旧砖保存较多

图36　九层北侧E轴戗脊残缺图

九层北侧E轴戗脊残缺，保留了原貌，未进行补砌；其余轴新补砌

图37　九层叠涩东北侧修缮图

九层叠涩东北、北、西北侧原旧砖保存较多，在大块缺失处用新
砖砌补；旧砖存在小缺失，则保存了原貌

图38　八层檐北侧修缮图
八层檐东北、北、西北侧在旧砖基础上进行补砌，
整体看旧砖保存较多

图39　八层叠涩西北侧修缮图
八层叠涩东北、北、西北侧原旧砖保存较多，在大块缺失处用新
砖砌补；旧砖存在小缺失的，则保存了原貌

图40　八层北侧叠涩处方形孔洞
八层北侧叠涩处方形孔洞为横向排列在最下层，和九到十一层的
排列方式不一样；东北、西北侧和九到十一层的数量排列一致

图41　七层檐北侧修缮图
八层檐东北、北、西北侧在旧砖基础上进行补砌，
整体看旧砖保存较多

图42　七层叠涩东北侧修缮图
七层叠涩东北、北、西北侧原旧砖保存较多，在大块缺失处用新
砖砌补；旧砖存在小缺失的，则保存了原貌

图43　七层北侧叠涩处方形孔洞
七层北侧叠涩处方形孔洞为横向排列在最下层，和八层一样，
西北、东北侧横向排列两个方形孔洞

图44 六层檐北侧修缮图

六层檐北、东北、西北侧存在旧砖保留、新砖补砌残缺处，旧砖数量较少

图45 六层叠涩东北侧修缮图

六层叠涩东北、北、西北侧原旧砖保存较多，基本未见用新砖砌补；旧砖存在小缺失，保留了原貌

图46 六层叠涩西北处排水孔

六层叠涩东北、西北处各有一处方形孔洞，北侧未见

图47 五层檐东北侧修缮图

五层檐各个方向均存在旧砖保留、新砖补砌残缺处，旧砖数量较少

图48 五层西部叠涩修缮图

五层各方位叠涩均大部分为原始旧砖，存在较多裂缝和砖的局部小缺失

图49 五层西部叠涩裂缝

五层叠涩呈现非连续的短裂缝较多，粗细不一

图50　四层檐北侧砖砌松散、缺失图

四层檐北侧砖缺失较多，灰浆流失严重，整体松散，且有
植物根系

图51　四层檐南侧砖砌松散、缺失图

四层檐南侧筒板瓦残缺较多，灰浆流失严重，有植
物根系。四层檐其他方位基本缺陷与此类似

图52　四层叠涩北侧裂缝、砖局部破损图

四层叠涩北侧裂缝宽度不一、长度、长度不一，砖局部凹进，
有绿色苔藓。其余方位缺陷基本类似

图53　四层叠涩北侧E轴角梁缺失图

四层叠涩北侧E轴角梁缺失，露出较多的内部空间

图54　三层檐东南侧破损、缺失图

三层檐东南侧破损、缺失，灰浆流失严重，其余方位也存在类似
脱落风险

图55　三层叠涩北侧缺失、竖向贯通裂缝图

三层叠涩竖向贯通裂缝，斗拱处存在飞禽抓的痕迹，转角铺
作处大块缺失

图56　三层叠涩北侧裂缝图

三层叠涩竖向贯通裂缝，其他方位均存在此类贯通裂缝

图57　三层西侧H轴风化图

三层西侧H轴砖缺失较多，剩下的呈粉末状风化

图58　二层檐东北侧残损图

二层檐东北、西北砖侧均散落状分布，灰浆流失严重，
砖缺失，出檐不够

图59　二层北侧檐和叠涩缺失图

二层北侧檐和叠涩均缺失，露出较小块的内砖，
灰浆基本流失，只剩内部泥浆

图60　二层叠涩东侧裂隙图

二层各方位裂隙贯通，宽度较宽，且存在次生
裂隙现象

图61　二层叠涩东北侧缺失、抓痕图

二层叠涩东北侧斗拱局部缺失、面砖处存在
飞禽的抓痕

图62　一层东侧残损图
一层檐已全部缺失，叠涩也脱落较多，基本残损较多的碎
砖，表面极其不平整，灰浆部分流失

图63　一层南侧裂缝图
一层南侧裂缝贯通，且较宽

图64　一层北侧灰浆流失图
一层北侧灰浆流失较为严重，基本露出泥浆

图65　中宫东侧佛龛裂缝、灰浆流失图
中宫穹隆顶处灰浆、泥浆脱落，砖与砖间缝较宽；壁面偏上灰浆
脱落、残存泥浆，偏下位置泥浆也流失较多；可见贯通和短裂缝
若干，宽度不一

图66　中宫南侧佛龛外侧破损、裂缝图
中宫南侧佛龛外侧砖面西凹进去较多，砖面极其不平整，
券门顶裂缝较长较宽

图67　中宫南侧佛龛内侧穹隆顶灰浆流失图
中宫南侧佛龛内侧穹隆顶灰浆流失，露出泥浆

图68 中宫南侧佛龛内侧壁面裂缝图

中宫南侧佛龛内侧壁面裂缝分布较为密集，长短
不一、宽度偏宽

图69 中宫南侧砖破损图

中宫南侧佛龛内侧小龛存在破损，露出原来的砖色，
且导致龛形状不规则

图70 中宫西侧佛龛缺失、裂缝图

中宫西侧佛龛砖缺失较多，砖面不齐，内侧5条裂缝较宽、较深

图71 中宫北侧外侧残损图

中宫北侧外侧壁面砖块残缺，砖与砖间灰浆流失严重，
基本只剩泥浆，现状不平整

图72 中宫北侧佛龛内侧壁面裂缝图

中宫北侧佛龛内侧壁面裂缝较密集，长短不一；脱落的砖
较多；存在灰浆流失现象

图73 中宫东南侧裂缝和直棂窗残损图

中宫东南侧裂缝和直棂窗和壁面连接处宽裂缝，直棂窗
上半截残损，存在断裂

图74　中宫西南侧裂缝和直棂窗残损图
中宫西南侧砖之间裂缝不一和直棂窗和壁面有裂缝，
直棂窗残损，灰浆流失严重，裸露泥浆

图75　地宫北侧残损图
地宫北侧残缺，相比上层呈内凹状，灰浆基本流失，
泥浆也存在缺失，碎砖较多

图76　地宫南侧残损图
砖面极度不平整，灰浆基本流失，露出泥浆；表面砖块
大小不一，形状不一，残损严重

图77　地宫南侧内部残损图
地宫南侧内部砖面不平整，内部有焚烧痕迹；
会将基本流失，泥浆部分流失

图78　地宫东北侧残损图
地宫除南、北侧其余方位残留基本呈现内凹、砖面不平整，
灰浆基本流失，部分泥浆也流失

图79　地宫东南侧残损图
残留基本呈现内凹、砖面不平整，地面脱落较多，
灰浆基本流失，部分泥浆也流失

图 80　五层西部叠涩裂缝

图 81　三层叠涩东北侧裂缝图

图 82　二层叠涩东侧裂隙图

图 83　三层叠涩东南侧裂缝图

图 84　三层叠涩南侧偏东裂缝图

图 85　三层叠涩南侧偏西裂缝图

的整体分布参见 2020 年 6 月的《武安州辽塔加固维修工程》(现状勘察部分)。

2) 附属木结构

附属木结构主要是角梁处和叠涩间部分木构件,五层到十三层已经过修缮,五层以下未经修缮,主要存在构件顺纹裂缝、面层风化糟朽、局部残损等缺陷,各层详细情况见图(图 86~图 109)。

图86　十二层东北侧角梁裂纹、残损图

十二层东北侧G角梁缺失，新木补砌；F角梁为原残
存木构件，存在横向裂缝、半残损，长度不足

图87　十二层东南侧角梁新补图

十二层东南侧H轴、A轴角梁均为新木

图88　十二层西北侧-D轴角梁残损图

十二层西北侧-D轴角梁基本保持了原造型，但依然存在
表面不平整等糟朽现象

图89　十二层西北侧中间木构件残存图

十二层西北侧中间残存木结构表面极其不平整，
表面一定程度糟朽

图90　十一层北侧F轴角梁裂纹、残损图

十一层北侧F轴角梁残损且存在横向裂纹；此外还有新木补砌，
新木存在竖向裂纹且存在未补全的可能

图91　十一层北侧上方孔洞上侧中间木构件裂纹、残损图

十一层北侧上方孔洞上侧中间木构件存在竖向裂纹及残损导致表
面不平整

图92　十层北侧F轴屋角梁顺纹裂缝图

十层F轴角梁存在顺纹裂缝，裂缝较宽，长度通长

图93　十层西北侧E、D轴角梁顺纹裂缝和糟朽图

十层西北侧E、D轴角梁存在顺纹缝较长且深，此外角梁出檐处
糟朽较严重

图94　九层西北侧E、D轴角梁裂纹、残缺图

九层西北侧E轴角梁残缺较严重，基本与叠涩齐平、D轴角
梁存在顺纹横向大小裂缝若干

图95　八层西北侧E轴角梁残缺，裂缝图

八层西北侧E轴角梁残缺糟朽，顺纹裂隙多且长

图96　八层北侧檐中上木构件残缺图

八层北侧檐中上木构件表面残缺不平整，凹进低于面砖

图97　七层西北侧E轴角梁残缺、裂缝图

七层西北侧E轴角梁残缺未出檐、顺纹裂缝较长且宽且深

图98　六层西北侧E轴角梁残缺、裂缝图
六层西北侧E轴角梁残缺未出檐、顺纹裂缝较长且宽且深

图99　五层南侧B轴角梁残缺、裂缝图
五层南侧B轴角梁残缺未出檐、缺失较多，顺纹裂缝较
长且宽且深；其他轴角梁缺陷也类似

图100　五层东南侧中间木构件残缺图
五层东南侧中间木构件残缺凹进并低于砖面

图101　四层西侧中间木构件残留图
四层西侧中间残留木构件虽高出面砖，但存在深浅
不一的裂缝，有槽朽风险

图102　三层西北侧D轴角梁开裂图
三层西北侧E轴老角梁和子角梁间开裂，且缝较宽，端
头存在小裂纹和槽朽现象，类似缺陷南侧H轴也有

图103　三层西南侧B轴残损、裂缝图
三层西南侧B轴缺失，且露出原木色、顺纹裂缝较长，
宽度较大

图104　二层北侧F轴角梁裂缝图

二层北侧F轴老角梁和子角梁间开裂较大，端头处明显糟朽残缺

图105　二层北侧木构件残留及裂缝图

二层北侧木构件残留顺纹裂缝长且宽，较大开裂，木构件凹进面砖较多，糟朽严重。其他方位中间残留木构件基本缺陷类似

图106　一层西北侧中间木构件裂缝图

一层西北侧中间残留木构件裂缝较多较密

图107　中宫东侧G轴处木构件裂缝、中空图

中宫东侧G轴处长方体木构件裂缝较深较密集，但均短小；圆柱体木构件中间糟朽中空，外圈存在顺纹裂缝

图108　中宫南侧龛东木构件糟朽图

中宫南侧两圆柱体木构件顺纹裂隙较深且密集，中空，端头糟朽严重

图109　中宫南侧龛西木构件裂缝图

中宫南侧龛西木构件顺纹裂缝较长，未中空，但与周围砌筑体缝隙偏大

（1）十三层复原未作木构件，五层至十二层均存在木角梁和叠涩处局部木构件，角梁基本存在顺纹横向裂缝、残缺、糟朽等缺陷。

（2）四层角梁木构件未检查到，叠涩中间残存木构件部分存在，多有裂缝、糟朽等缺陷；三层木角梁残存，叠涩中间无残存木构件，角梁开裂、糟朽；二层北侧F轴角梁尚存，其余方位未见；叠涩中间存在残存木构件，多存在开裂、糟朽缺陷。

（3）塔身处中宫残存木构件较多，均存在裂缝、开裂、局部糟朽等缺陷，地宫无残存木构件。

3. 检验结果小结

（1）基础具有较好的整体性，可认为地基基础无明显静载缺陷。

（2）从塔刹到塔身五层部分，刚完成了整体修缮，现状基本完好。

（3）一层塔檐到五层塔檐以下部分，尚未进行修缮，塔檐砖、筒瓦、戗脊破损严重，砌体灰浆流失，砖块松动、缺失，角梁糟朽。

（4）塔身从地面到一层塔檐以下部分，尚未进行修缮，塔身面砖基本完全脱落，心砖外露；东立面、北立面佛龛均破损严重，局部坍塌。

（5）从一层塔檐到五层塔檐，塔体八个立面均存在明显的裂缝，最大宽度达到30mm左右。从粘贴石膏饼监测结果看，少量裂缝在修缮施工过程中略有发展。停工后，监测的裂缝目前为止基本没有进一步发展。

四、现场检测结果

（一）材料性能检测

该塔比较高，按高度分为三个检测批，五层以下为一个检验批，五至七层为一个检验批，七层以上为一个检验批。

1. 墙体砖强度检测

1）检测方法

考虑到文物最小干预原则，现场采用无损检测方法。但是目前国内外缺乏古砖的专用测强曲线，因此采用回弹法对砌块的强度测试结果仅可作为砌块的强度参考值。

采用回弹法检测构件强度，此方法适用于推定烧结普通砖砌体或烧结多孔砖砌体中砖的抗压强度检测时，采用专用回弹仪检测砖的表面硬度，并根据回弹值推定其抗压强度。

2）检测结果

依据《砌体工程现场检测技术标准》（GB/T 50315—2011），检测结果如表1所示。

表1　砖强度检测结果

序号	测区位置	测区回弹平均值	强度换算值/MPa	检测单元砖抗压强度平均值/MPa	变异系数	检测单元砖抗压强度标准值/MPa
1	底层南	28.24	4.51			
2	底层洞南	33.50	5.99	4.77	0.11	3.87
3	底层西南	28.32	4.56			

续表

序号	测区位置	测区回弹平均值	强度换算值/MPa	检测单元砖抗压强度平均值/MPa	变异系数	检测单元砖抗压强度标准值/MPa
4	底层西	28.92	4.99			
5	底层西北	27.96	4.32			
6	底层北	28.02	4.36			
7	一层东北	28.40	4.61	4.77	0.11	3.87
8	底层东	28.12	4.45			
9	底层东南	28.76	4.86			
10	底层东北	29.08	5.09			
11	五层北	29.54	5.44			
12	五层西北	28.62	4.76			
13	五层西	29.94	5.74			
14	六层东北	30.30	6.01			
15	六层西	29.08	5.10	5.68	0.17	3.96
16	六层北	29.42	5.34			
17	六层西北	27.96	4.32			
18	七层西北	30.50	6.17			
19	七层东北	30.46	6.11			
20	七层北	32.54	7.80			
21	八层西南	31.74	7.14			
22	八层东北	31.70	7.13			
23	八层西北	32.12	7.46			
24	八层西	29.98	5.75			
25	八层北	32.12	7.46	6.68	0.13	5.11
26	九层北	29.92	5.74			
27	九层东北	31.00	6.54			
28	十层西北	29.52	5.45			
29	十层北	30.52	6.17			
30	十一层北	32.74	7.99			

五层以下砖抗压强度标准值为3.87MPa，五至七层砖（面砖）抗压强度标准值为3.96MPa，八层以上部分砖（面砖）抗压强度标准值为5.11MPa。

2. 砂浆强度检测

1）贯入法检测砂浆强度

考虑到文物最小干预原则，现场不宜进行取样测试，只能采用无损/微损检测方法。但是目前国内外缺乏相应灰浆材料的专用测强曲线，因此采用贯入法检测泥浆的强度数值仅可作为泥浆的强度参考值。

采用贯入法检测构件强度，此方法适用水泥混合砂浆和水泥砂浆抗压强度检测，并作为推定抗压强度的依据。检测时，根据测钉贯入砂浆的深度和砂浆抗压强度间的相关关系，采用压缩工作弹簧加荷，把测钉贯入砂浆中，由测钉的贯入深度通过测强曲线来换算砂浆的抗压强度。

2）检测结果

依据《砌体工程现场检测技术标准》（GB/T 50315—2011），检测结果如表2所示。需要说明的是，第1批（五层以下部分）为砌筑泥浆的推定强度；第2批、第3批（五层以上部分）为外墙砌筑白灰浆的推定强度。

表2　砂浆强度检测结果

分批号	测区位置	贯入深度平均值/mm	抗压强度换算值/MPa	平均值×0.91/MPa	最小值×1.18/MPa	变异系数	推定值/MPa
1	底部东北	8.67	1.6	1.5	1.5	0.17	1.5
	底部东南	8.16	1.8				
	中宫内	7.66	2.0				
	底部西南	9.12	1.4				
	底部西北	9.44	1.3				
	底部北	8.41	1.7				
2	五层北	4.39	6.8	11.4	8	0.28	8.0
	六层北	3.08	14.7				
	六层西北	3.03	14.7				
	六层西	3.06	14.7				
	六层西南	3.14	13.7				
	七层北	3.56	10.6				
3	九层北	3.74	9.4	7.2	7.3	0.24	7.2
	八层北	4.43	6.5				
	八层西北	4.48	6.5				
	十层北	4.55	6.2				
	十层西北	3.81	8.9				
	九层东北	3.66	10.0				

五层以下砂浆抗压强度推定值为1.5MPa，五至七层砂浆抗压强度推定值为8.0MPa，八层以上部分砂浆抗压强度推定值为7.2MPa。

（二）地基缺陷检测

1. 工作方法

1）检测目的

地质雷达探测在塔的周边及局部塔底内部进行。探测工作目的是了解地基土层地质情况，探测内部土层及地基土层中是否存在不良地质状况，并确定其位置和影响范围，以便采取有效的处理措施消除安全隐患。另外，在塔底内部探测，确定塔是否有地宫。

2）设备原理

地质雷达是一种采用短脉冲宽带高频电磁波信号，检测内部或地下介质分布的新技术。该技术采用连续移动的检测方式、通过发射天线向地下发射高频电磁波，电磁波信号在地下传播时遇到不同介质的界面时，就会产生反射、透射。反射的电磁波被与发射天线同步移动的接收天线接收后，通过雷达主机精确记录反射回的电磁波的运动特征，获得内部或地下介质的断面扫描图像；通过对扫描图像进行处理和图像解译，达到识别内部或地下目标物的目的（图110）。

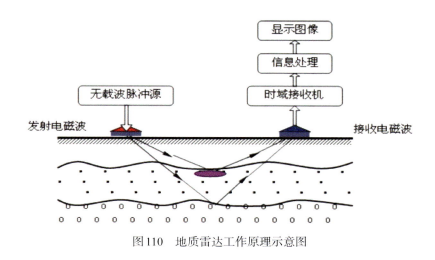

图110　地质雷达工作原理示意图

电磁波在特定介质中的传播速度V是不变的，根据地质雷达记录上的地面反射波与地下反射波的时间差ΔT，即可据下式得出地下异常的埋藏深度H：

$$H = V \cdot \Delta T / 2$$

式中，H为目标层深度；V为电磁波在地下介质中的传播速度，其大小由下式表示：

$$V = C / \sqrt{\varepsilon}$$

式中，C为电磁波在大气中的传播速度，约为0.3m/ns；ε为相对介电常数，取决于地下各层构成物质的介电常数。

雷达波反射信号的振幅与反射系数成正比，在以位移电流为主的低损耗介质中，反射系数r可表示为：

$$r = \frac{\sqrt{\varepsilon_1} - \sqrt{\varepsilon_2}}{\sqrt{\varepsilon_1} + \sqrt{\varepsilon_2}}$$

式中，ε_1、ε_2为界面上、下介质的相对介电常数。

反射信号的强度主要取决于上、下层介质的电性差异，电性差异越大，反射信号越强。雷达波的穿透深度主要取决于地下介质的电性和中心频率。导电率越高，穿透深度越小；中心频率越高，穿透深度越小。

图111　现场检测图片

3）雷达测线

地质雷达采用瑞典MALA探地雷达250MHz天线和100MHz两种天线。100MHz天线有效探测深度为10~12m；250MHz天线有效探测深度为3~4m。

分别用250MHz的天线和100MHz的天线对雷达四周的地基进行了探测（图111），共进行了10条测线的探测，测线图如图112所示，测线长度如表3所示。其中测线006~008为250MHz雷达，其余测线均为100MHz雷达。

表3　测线长度统计

编号	001	002	003	006	007	008
测线长度	37m	41m	15m	44m	48m	6m
编号	009	010	011	012		
测线长度	29m	20m	19m	23m		

2. 测试结果

在处理雷达数据时，首先对雷达波进行预处理，包括去除消除零漂、去除干扰信号、响应滤波等。根据预处理之后的雷达图像来判断地基的缺陷。

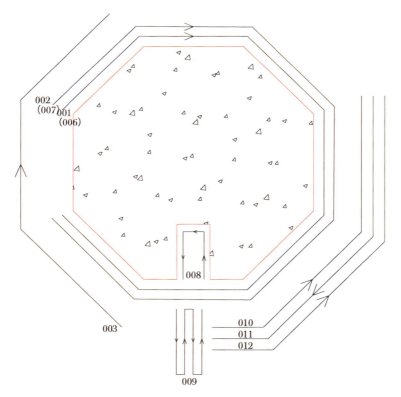

图112　雷达测线位置

1）001 测线

001 测线 0~12m（地下深 8~11m/12~15m）、26~36m（地下深 9~11m）范围内存在电磁波强反射信号，推测为土体不密实或岩性过渡段（图 113）。

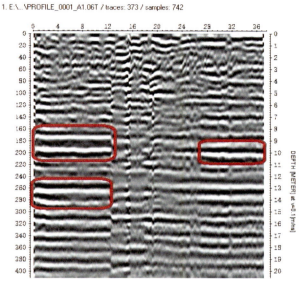

图 113 测线 001 分析结果

2）006 测线

006 测线 21~29m（地下深 2.3~3.3m）范围内存在电磁波强反射信号，为土体不密实或小范围空腔（图 114）。

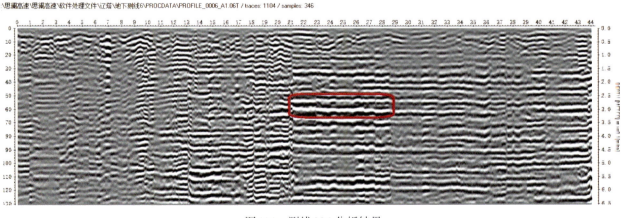

图 114 测线 006 分析结果

3）002 测线

002 测线 0~30m（地下深 4~6m）范围内存在电磁波强反射信号，为土体不密实；0~16m（地下深 13~16m）范围内存在电磁波强反射信号，为土体不密实或岩性过渡段；22~41m（地下深 12.5~14.5m）范围内存在电磁波强反射信号，为土体不密实或岩性过渡段（图 115）。

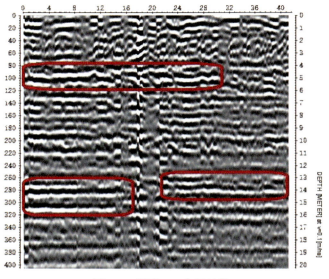

图115　测线002分析结果

4）007测线

007测线31.5～46.5m（地下深1.2～2.3m）、17～40m（地下深3.5～5.5m）范围内存在电磁波强反射信号，为土体不密实或小范围空腔（图116）。

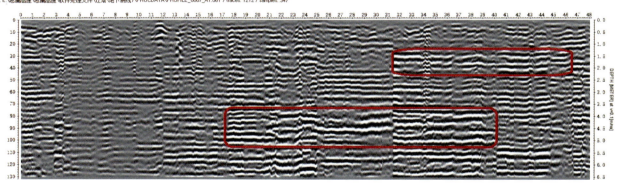

图116　测线007分析结果

5）003测线

003测线雷达图像无明显异常，推测地下10m左右为岩性过渡段（图117）。

6）008测线

008测线0～3.5m（地下深2～3m）范围内存在电磁波强反射信号，为土体不密实或岩性过渡段（图118）。

7）009测线

009测线0～8m（地下深2～7m）、14～28m（地下深2～5m）范围内存在电磁波强反射信号，为局部空腔或不密实土体（图119）。

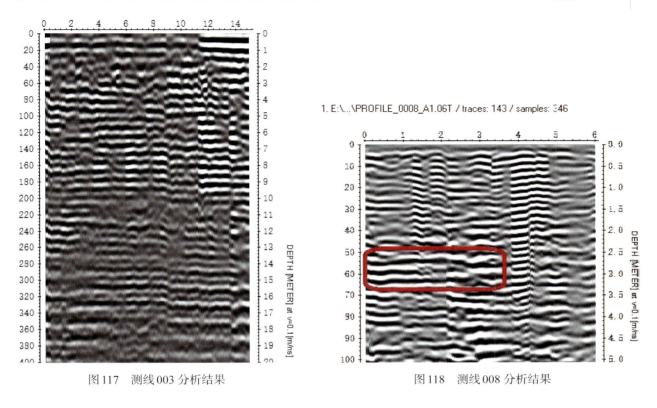

图117 测线003分析结果 图118 测线008分析结果

8）010测线

010 测线在地下深5～16m 范围内存在多次电磁波强反射信号，推测该处土体存在明显分界，每两米为一层（图120）。

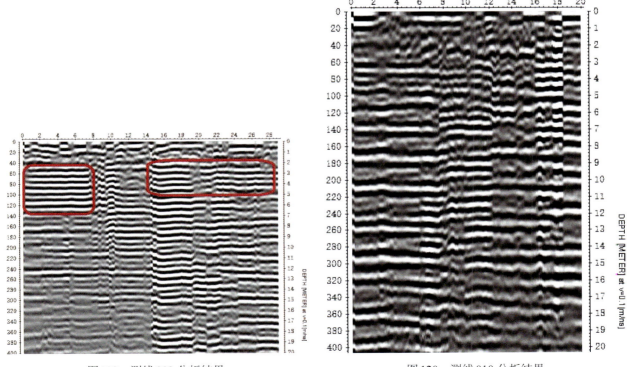

图119 测线009分析结果 图120 测线010分析结果

9）011测线

011 测线 0～18m（地下深 3～5m）范围内存在电磁波强反射信号，推测为小范围空腔或该处土体不密实（图 121）。

10）012测线

012 测线 6～22m（地下深 3～5m）范围内存在电磁波强反射信号，可能为小范围空腔或该处土体不密实（图 122）。

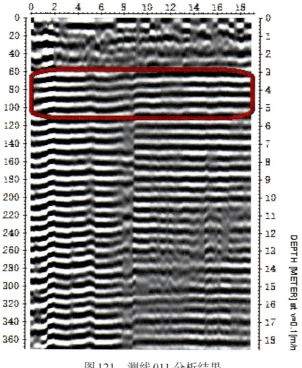

图 121　测线 011 分析结果

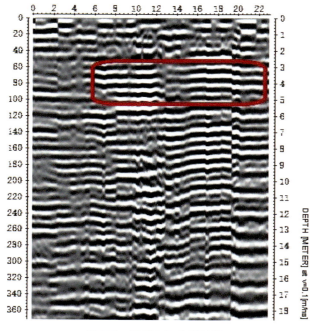

图 122　测线 012 分析结果

3.检测结论

从检测结果看，辽塔周围地基存在小范围土体不密实的情况，未发现大面积空洞。

（三）塔体上部内部缺陷检测

本次采用地质雷达对辽塔上部4个区域进行采集，分别为一层东侧，一层西侧，六层西北方向，八层西北方向；检测结果如下。从检测结果看，塔心室上部塔体内部没有明显的大的空洞。另外，塔体内部砌筑不密实，局部存在脱空区域。

1. 一层东侧测线

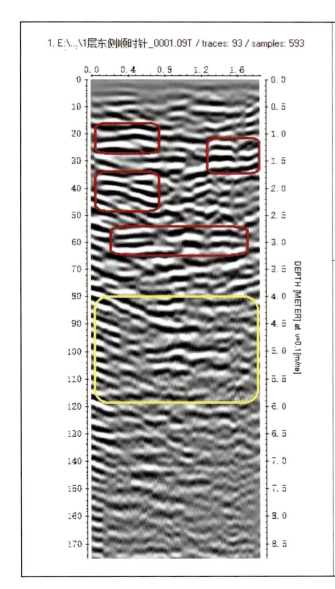

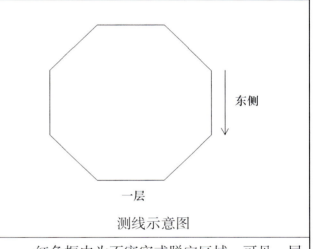

测线示意图

红色框内为不密实或脱空区域，可见一层东侧0.7～3.2m范围内多处不密实或脱空区域；

黄色框内为塔心空腔，可见一层东侧4.0～6.0m范围内为空腔。

2. 一层西侧测线

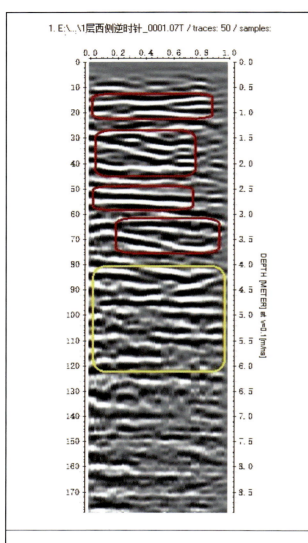

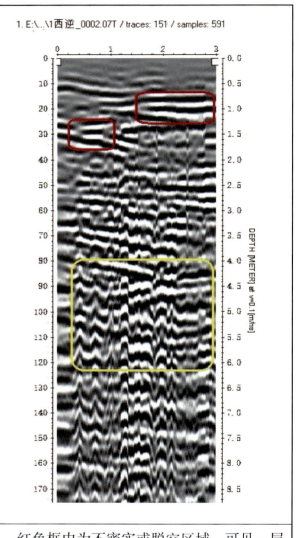

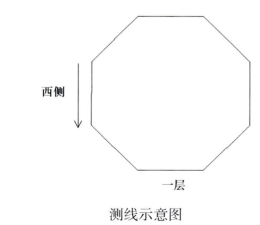

测线示意图

红色框内为不密实或脱空区域，可见一层东侧0.7～3.7m范围内多处不密实或脱空区域；

黄色框内为塔心空腔，可见一层东侧4.0～6.2m范围内为空腔。

3. 六层西北测线

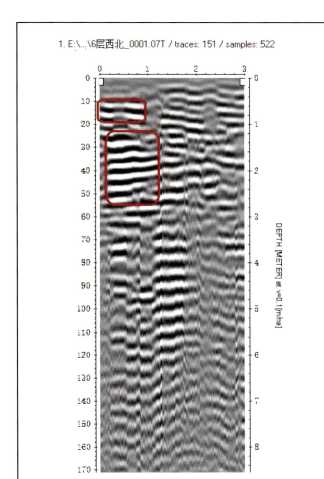

1. E:\...\6层西北_0001.07T / traces: 151 / samples: 522

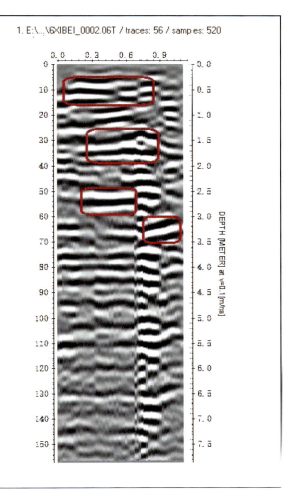

1. E:\...\6XIBEI_0002.06T / traces: 56 / samples: 520

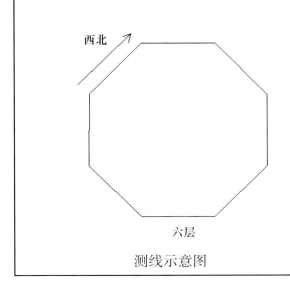

测线示意图

红色框内为不密实或脱空区域，可见六层西北 0.3~3.5m 范围内存在多处不密实或脱空区域。

4. 八层西北测线

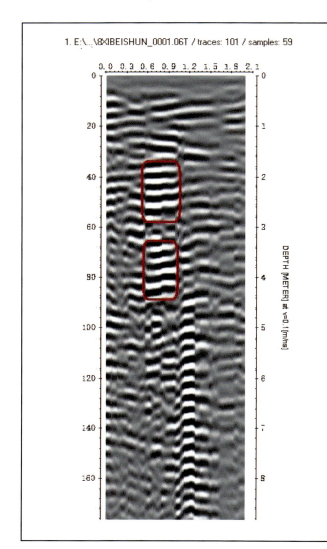

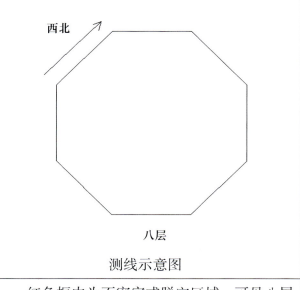

测线示意图

红色框内为不密实或脱空区域，可见八层西北1.7～4.5m范围内存在多处不密实或脱空区域。

（四）塔体模态测试

1. 测试说明

数据采集及分析采用智能数据采集和处理软件进行。结合现场条件，塔测试位置只能选择在塔顶部进行。测试采用941B加速度传感器，使用第二档，灵敏度约为23mm/s，频响范围1～100Hz。座塔测点布置俯视图如图123所示。

2. 测试结果

各个测试点的实际振动时域波形图如图124所示。

塔的第一阶自振频率1.656Hz，第二阶自振频率1.668Hz，第三阶自振频率3.85Hz（图125）。

图123　塔模态测点布置俯视图

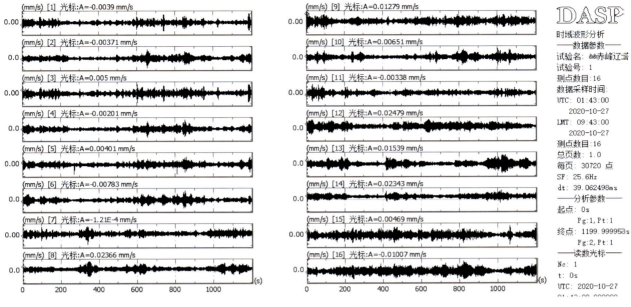

图124 塔振动时域波形图

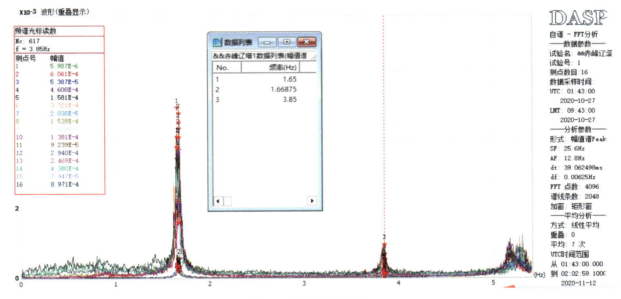

图125 塔振动频谱图

表4 辽塔模态测试结果

固有频率值（Hz）		振型
第一阶固有频率	1.656	水平东西向振动
第二阶固有频率	1.668	水平南北向振动
第三阶固有频率	3.85	扭转

模态振动结果如表4、图126~图128所示。

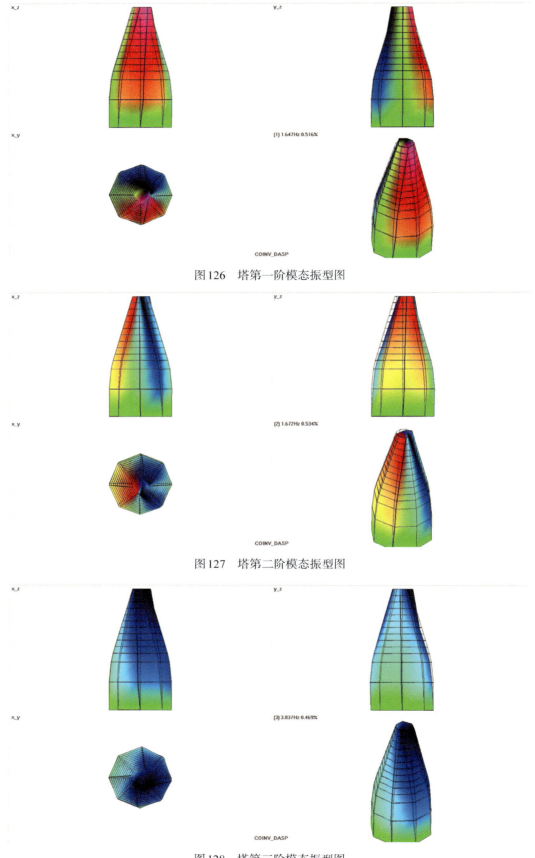

图126 塔第一阶模态振型图

图127 塔第二阶模态振型图

图128 塔第三阶模态振型图

3. 测试现场照片（图129）

图129　测试现场

（五）变形检测及修缮新增重量测量计算

1. 检测原理

1）激光扫描概述

三维激光扫描测量技术的出现和发展为空间三维信息的获取提供了全新的技术手段，为信息数字化发展提供了必要的生存条件。三维激光扫描技术主要利用激光测距原理来获取目标数据，具有不需要合作目标、高精度、高密度、高效率、全数字特征等优点。它可以真实描述扫描对象的整体结构和形态特性。

2）修缮新增重量测量计算

三维激光扫描测量技术在古建筑保护领域具有非常广阔的应用前景和研究价值。古建筑延续了历史文脉，是人类文明的载体。由于年代久远，再加上现代社会人类活动的影响，这些古建筑的残毁程度与日俱增。因此，很难满足人们研究和参观欣赏的需求。所以，对于古建筑必须采取积极的手段进行保护和修缮，在保护和修复前要求进行精确的测绘工作，以记录建筑物的原貌，为制定维修方案提供完整、准确的第一手资料。传统的由建筑师手绘的结构图和由地面近景摄影测量方法测出的结构图可以表达建筑物的关键部位和整体结构，但由于技术手段的局限，难以对古建筑进行快速测绘和建筑立体空间进行清晰的表达，传统的建筑测绘和资料整理的方法和技术手段远远不能满足古建筑保护的实际需要。用三维激光技术扫描古建筑，其单点扫描精度达毫米级，且扫描间距可达亚毫米级，因而能将复杂、不规则的建筑物数据完整地采集到计算机中并满足精度要求；采用非接触的测量方式不会对古建筑造成损伤，满足了不改变文物现状的基本原则，在技术层面上加强了古建筑的保护力度；与此同时，通过三维激光扫描技术可以将建构筑物的几何、纹理信息记录下来，构建虚拟的三维模型，不仅可以使人们通过虚拟场景漫游仿佛置身于真实的环境中，还可以从各个角度去观察欣赏这些历史遗产，而且还可以为这些历史遗迹保存一份完整、真实的数据记录，一旦遭受意外破坏，可以根据这些真实的数据进行修复和重建。

3）三维激光扫描的技术特点

（1）非接触性：不需要接触目标，即可快速确定目标点的三维信息，解决了危险目标的测量、不宜接触目标的测量和人员无法达到目标的测量等问题。

（2）快速性：激光扫描的方式能够快速获得大面积目标的空间信息，对于需要快速完成的测量工作尤其重要。

（3）数据采集的高密度性：可以按照用户的设定采样间隔对物体进行扫描，这样对那些先前用传统的测绘方法无法进行的测绘就变得比较方便，比如雕塑和贵重文物及工艺品的测绘。

（4）穿透性：改变激光束的波长，激光可以穿透某些特殊的物质，比如水、玻璃和稀疏的植被等，这样可以透过玻璃、穿透水面、穿过植被进行扫描。

（5）主动性：主动发射光源，不需要外部光线，接收器通过探测自身发射出的光经反射后的光线，这样，扫描不受时间和空间的限制。

（6）全数字化：三维扫描仪得到的点云图为包含采集点的三维坐标和颜色属性的数字文件，便于移植到其他系统处理和使用，如可以作为GIS的基础资料。

4）三维激光扫描原理

三维激光扫描仪相当于一个高速测量的全站仪系统。传统的全站仪测量需要人工干预帮助全站仪找到目标，每次只能测量一个目标点，即使是马达型全站仪也只能跟踪测量数量有限的点。三维激光扫描仪通过自动控制技术，对被测目标按照事先设置的分辨率（相当于采样间隔）进行连续的数据采集和处理。对于某一时刻来讲，三维扫描变成一维测距，扫描仪实际上相当于一台全站仪。对一个物体表面经过扫描后得到大量的扫描点（或称为采样点）的集合称之为"点云"或"距离影像"，其实为被扫描物体的3D灰度图。

先假定这样一个坐标系：扫描仪的理论竖直轴（即水平时的天顶方向）为Z轴，扫描仪水平转动轴的零方向为X轴构成一个右手坐标系A（X-Y-Z），称之为扫描坐标系。这样，对于单个采集点，三维激光扫描仪根据脉冲激光测距原理获得仪器O到被测点F的距离S，同时角度计数器记录扫描仪的扫描激光束位置（脉冲）相对于起始位置（即仪器扫描坐标系的坐标轴方向）的横向和纵向扫描角度M和N，由此可得到三维激光点（即被测目标点）在扫描坐标系中的坐标F（X、Y、Z），如图130所示。

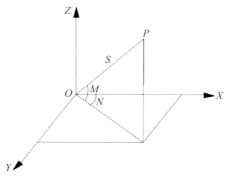

图 130 扫描仪扫描原理

$$F_x = S \cos M \cos N$$
$$F_y = S \cos M \sin N$$
$$F_z = S \sin M$$

假定扫描仪扫描的瞬间,扫描仪中心 O 在大地坐标系(X_0,Y_0,Z_C)中的坐标为 O(O_X', O_Y',O_Z'),该瞬间扫描的姿态参数(即扫描仪坐标系相对于大地坐标系的旋转参数,也称为角元素)为(P、Q、R),可以坐标变换得到测点任一点在大地坐标系中的坐标 F(X'-Y'-Z')。

由此看出激光三维扫描系统需要解决如下问题:

(1)测量扫描仪到目标点间的距离。

(2)测量扫描瞬间激光束在扫描坐标系中的位置。

(3)测量扫描仪中心在大地坐标系中的瞬间位置。

(4)测量扫描仪的姿态。

(5)目标点色彩信息的采集。

前两个问题可由扫描仪解决,扫描仪中心在大地坐标系中的坐标可由随机的动态差分 GPS 来测量,测量扫描仪的姿态由高精度姿态测量装置求出,点的色彩信息由扫描仪的高分辨率相机拍照完成。

2. 三维扫描数据采集与处理

1)数据采集

采集辽塔外围三维激光扫描数据,图 131 为扫描仪架设位置示意图。

2)点云展开图

通过三维扫描获得塔身的三维信息,部分塔身的点云展开见图 132。

3. 变形检测

采用三维激光扫描对辽塔整体倾斜变形进行检测,将塔刹中心点相较于三层中心点的偏移量作为辽塔的整体偏移量。经检测,整体倾斜结果如表 5 所示。

表 5 辽塔整体倾斜检测结果

测量时间	测量竖向位置	偏移量/mm	测量高度/mm	总体倾斜率/‰
2021年3月22日	三层—塔刹	88.7	18788	4.7

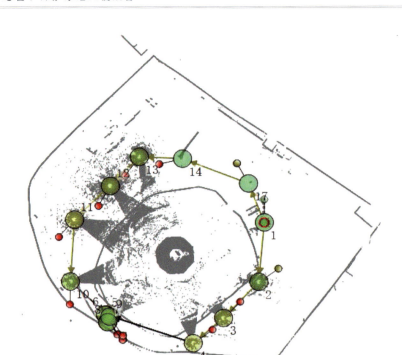

图131　辽塔塔身周边扫描站点分布图

彩色　　　　　　　　　　　　　灰度

图132　塔身点云展开图

根据《古建筑砖石结构维修与加固技术规范》（GB/T 39056—2020）表 B.6 主体结构侧向位移限值规定，当高耸结构在 Hg≤50 范围时，塔主体结构侧向位移限值为≤H/140＝134.2mm，实测辽塔侧向位移（测量部分）为 88.7mm，满足规范要求。塔体向东北倾斜，北偏东 23.4°。

4. 修缮后新增重量测量计算

将 2013 年塔身扫描结果与 2021 年塔身加固后扫描结果对比分析及图纸对比分析，推算塔身加固体积。误差来源主要包括测量误差、2013 年至今塔体损坏掉落未考虑部分误差、建立三角网模型过程中的误差。计算容重按 18kN/m³ 计算。确定修缮新增重量约为 55t。

（六）塔体裂缝监测及倾斜监测

1. 监测说明

监测主要针对塔体裂缝和塔体倾斜进行。现场在塔心室布置了 5 个裂缝计，在三层塔布置 5 个裂缝计，在三层塔南侧和东侧各布置了一个倾角计，另外在塔顶布置了一个倾角计。测点布置见图 133。

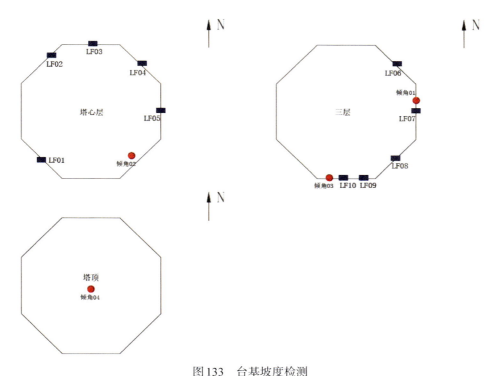

图 133　台基坡度检测
注：图中蓝色长方形标识为裂缝测点；红色表示点为倾斜监测点

2. 裂缝监测结果

从 2020 年 11 月 12 日正式开始对塔体裂缝进行监测，截至 2021 年 3 月 9 日，裂缝历史趋势图见图 134。Y 轴（竖轴）表示裂缝宽度变化值，单位为 mm；X 轴（水平轴）表示监测读数点数，随时间增长而增大。图形中负数表示裂缝回缩，正数表示裂缝扩张。

根据图 134，各监测的裂缝没有持续增大的趋势。中宫内部监测的裂缝（LF01～LF05）最大扩张不超过 0.2mm。塔身周边裂缝（LF06～LF10）最大扩张不超过 0.35mm。

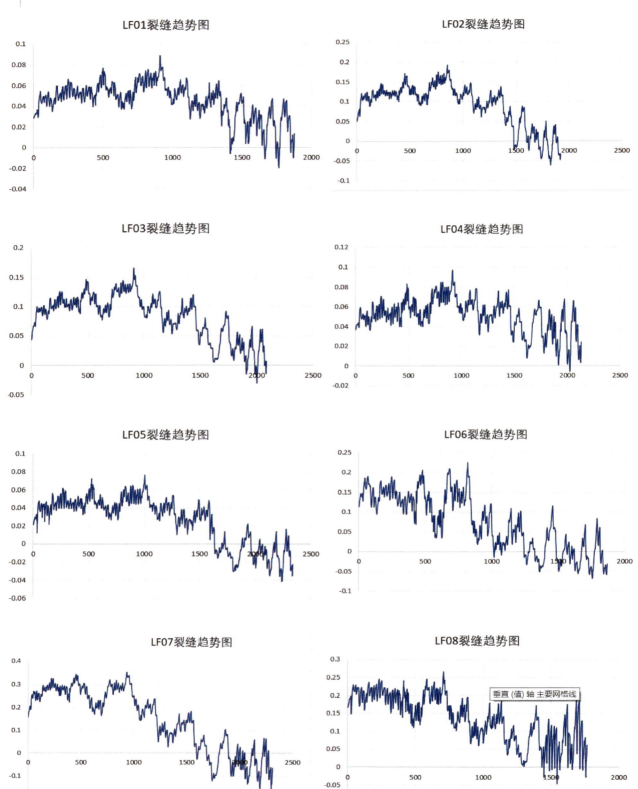

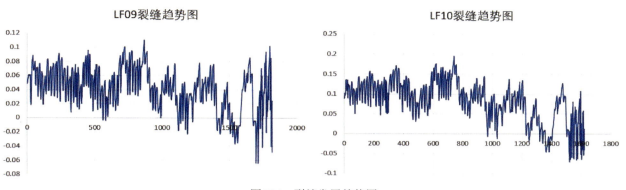

图134 裂缝发展趋势图

3. 倾斜监测结果

从2020年11月12日正式开始对塔体倾斜进行监测，截至2021年3月9日，倾斜历史趋势图见图135。Y轴（竖轴）表示倾斜变化值，单位为度（°）；X轴（水平轴）表示监测读数点数，随时间增长而增大。图形中负数表示向南或向东倾斜。

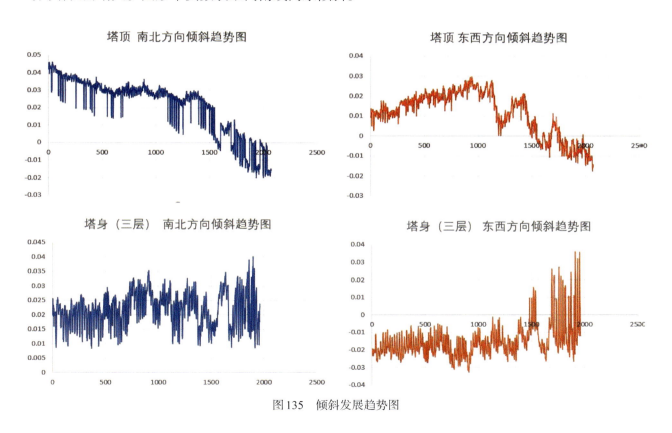

图135 倾斜发展趋势图

根据图135，各倾角计监测的倾斜值比较小，最大变化0.045，基本没有持续增大的趋势。

（七）检测、监测结果小结

（1）五层以下砖抗压强度标准值为3.87MPa，五至七层砖（面砖）抗压强度标准值为3.96MPa，八层以上部分砖（面砖）抗压强度标准值为5.11MPa。该强度数值为参考值。

（2）五层以下砂浆抗压强度推定值为1.5MPa，五至七层砂浆抗压强度推定值为8.0MPa，八层以上部分砂浆抗压强度推定值为7.2MPa。该强度数值为参考值。

（3）采用地质雷达对地基基础进行检测，辽塔周围地基存在小范围土体不密实的情况，未发现大面积空洞；地基整体状况基本良好。

（4）采用地质雷达对辽塔塔体上部内部缺陷进行检测发现，塔心室上部塔体内部没有明显的大的空洞。另外，塔体内部砌筑不密实，局部存在脱空区域。

（5）采用三维扫描仪对修缮后的塔体进行变形检测，塔主体结构侧向位移限值为≤H/140＝113.1mm，实测辽塔侧向位移为72.3mm，满足规范要求。

（6）根据该塔修缮前三维扫描数据（2012年扫描）和修缮后三维扫描数据（2021年3月扫描）对比分析及图纸对比分析，计算出体积的增加量。基本确定修缮新增重量约为55吨。

（7）从2020年11月12日正式开始对塔体裂缝进行监测，截至2021年3月9日，各监测的裂缝没有持续增大的趋势。中宫内部监测的裂缝（LF01～LF05）最大扩张不超过0.2mm。塔身周边裂缝（LF06～LF10）最大扩张不超过0.35mm。

（8）从2020年11月12日正式开始对塔体倾斜进行监测，截至2021年3月9日，各倾角计监测的倾斜值比较小，最大变化0.045，基本没有持续增大的趋势。

五、结构分析与计算

（一）力学模型

塔体结构计算采用ANSYS软件进行有限元模拟分析。数值计算模型按照塔体的实际尺寸建模。塔体结构为砖砌体结构，采用实体单元Solid 185建立三维结构模型。塔体底部按照刚接处理。塔体的结构计算模型如图136所示。

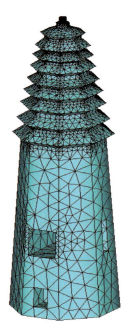

图136　三维计算有限元模型

（二）计算荷载

（1）恒载：包括构件自重，容重按18kN/m³。

（2）塔檐活载：参考《建筑结构荷载规范》（GB 50009—2012），取0.5kN/m²。

（3）风荷载：地面粗糙度B类，参考《建筑结构荷载规范》（GB 50009—2012），取100年重现期的基本风压0.65kN/m²。

（4）雪荷载：取100年重现期的基本雪压0.35 kN/m²。

（三）荷载组合

荷载基本组合公式为：

$$S_d = \sum_{j=1}^{m} \gamma_{G_j} S_{G_j k} + \gamma_{Q_1} \gamma_{L_1} S_{Q_1 k} + \sum_{i=2}^{n} \gamma_{Q_i} \gamma_{L_i} \psi_{c_i} S_{Q_i k}$$

式中，

γ_{G_j}——第j个永久荷载的分项系数；

γ_{Q_i}——第i个可变荷载的分项系数，其中γ_{Q_1}为主导可变荷载Q_1的分项系数；

γ_{L_i}——第i个可变荷载考虑设计使用年限的调整系数，其中γ_{L_1}为主导可变荷载Q_1考虑设计使用年限的调整系数；

$S_{G_j k}$——按第j个永久荷载标准值G_{jk}计算的荷载效应值；

$S_{Q_i k}$——按第i个可变荷载标准值Q_{ik}计算的荷载效应值；

ψ_{c_i}——第i个可变荷载Q_i的组合值系数；

m——参与组合的永久荷载数；

n——参与组合的可变荷载数。

进行承载力验算时，分项系数分别取为$\gamma_{G_j}=1.2$，$\gamma_{Q_i}=1.4$。

（四）计算分析结果

构件的理论计算应力云图如下所示（图137～图147）。经计算，塔体结构的最大压应力（局部应力集中处除外）为0.50MPa；依据检测结果，砌体结构的抗压强度为0.57MPa。依据《古建筑砖石结构维修与加固技术规范》（GB/T 39056—2020），抗压强度调整系数取0.9，结构重要性系数取1.2，则塔体结构的最小安全裕度为0.85，结构安全性不满足要求，不满足要求的部位主要在中宫处。

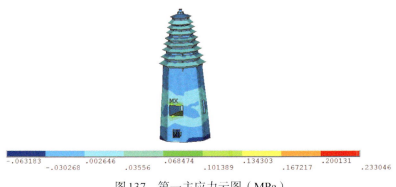

图137 第一主应力云图（MPa）

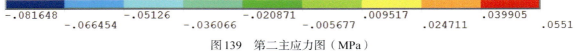

-.931708		-.724626		-.517544		-.310462		-.103379	
	-.828167		-.621085		-.414003		-.206921		.162E-03

图138 第三主应力云图（MPa）

-.081648		-.05126		-.020871		.009517		.039905	
	-.066454		-.036066		-.005677		.024711		.0551

图139 第二主应力图（MPa）

-.916356		-.71133		-.506303		-.301277		-.09625	
	-.813843		-.608816		-.40379		-.198763		.006263

图140 Z方向应力图（MPa）

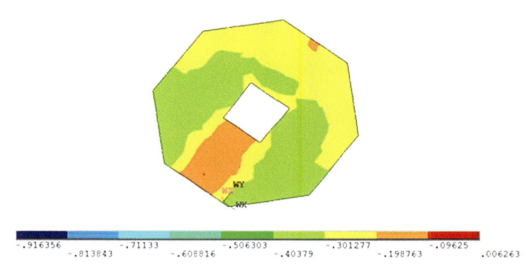

图141 中宫顶部截面SZ

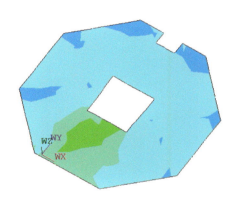

图142 中宫顶部截面S1

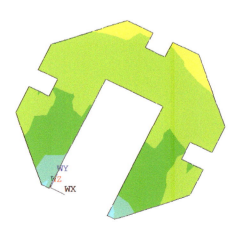

图143 中宫底部截面SZ

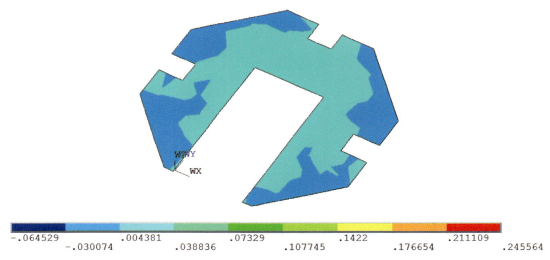

图144　中宫底部截面 S1

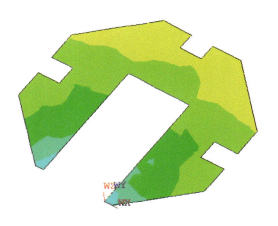

图145　中宫中部截面 SZ

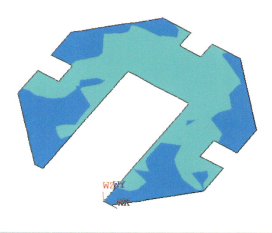

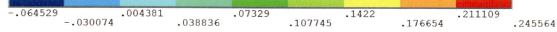

图146　中宫中部截面 S1

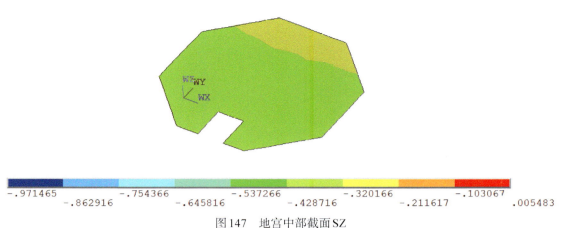

图147 地宫中部截面SZ

（五）计算分析结果小结

经计算，塔体结构的最大压应力（局部应力集中处除外）为0.50MPa；依据检测结果，砌体结构的抗压强度为0.57MPa。依据《古建筑砖石结构维修与加固技术规范》（GB/T 39056—2020），抗压强度调整系数取0.9，结构重要性系数取1.2，则塔体结构的最小安全裕度为0.85，结构安全性不满足要求，不满足要求的部位主要在中宫处。

六、结构安全等级评定

（一）安全性评估分级

依据《古建筑砖石结构维修与加固技术规范》（GB/T 39056—2020），对武安州辽塔按照构件、子单元、评估单元三个层次，分别进行安全性评估。

安全性评估分为两级评估。第一级评估应以宏观控制和构造评估为主进行综合评估，第二级评估应以承载能力验算为主结合构造及损伤等影响进行综合评估。第一级安全性评估分三个等级，第二级安全性评估分为四个等级。

第一级评估的层次、等级划分以及项目内容，见表6。

表6 第一级评估的层次、等级划分及项目内容

层次	一	二		三
层名	构件	分部结构		整体结构
等级	a1、b1、c1	A1、B1、C1		Ⅰ、Ⅱ、Ⅲ
地基基础	/	按地基变形检验项目评定地基基础等级	地基基础评级	整体结构评级
主体结构	按酥碱风化、变形、裂缝和构造等四个检验项目评定单个构件等级	所含构件的安全性等级	主体结构评级	
	/	结构的整体性评级		
		结构侧向位移评级		

第二级评估的层次、等级划分以及工作步骤和内容，见表7。

表7 第二级评估的层次、等级划分及项目内容

层次	一	二	三
层名	构件	分部结构	整体结构
等级	a、b、c、d	A、B、C、D	一、二、三、四
地基基础	按承载能力评定等级	按地基基础承载能力评定等级，且不得高于第一级评估等级	整体结构评级，不得高于第一级
主体结构	按承载能力评定等级，且不得高于第一级评估等级	所含构件的安全性等级，且不得高于第一级评估等级	评估等级

结合武安州辽塔的实际情况，将塔基座、塔身、一层塔檐至十一层塔檐及塔刹分别作为一个构件。分部结构包括地基基础（塔基座）、上部主体结构（塔身、塔檐、塔刹）两个部分。整个塔是一个评估单元。

（二）安全性评估标准

古建筑中砖石结构的结构构件、分部结构及整体结构的第一级安全性评估各层次分级标准应按照表8的规定采用。

表8 第一级安全性评估各层次分级标准

层次	评估对象	等级	分级标准
一	单个构件或其检验项目	a1	安全性符合本标准对a1级的要求，具有足够的承载能力，安全
		b1	安全性不符合本标准对a1级的要求，需要进行第二级评估，有缺陷
		c1	安全性不符合本标准对a1级的要求，存在安全隐患，需采取应急措施，并需要进行第二级评估，危险
二	分部结构或其检验项目	A1	安全性符合本标准对A1级的要求，具有足够的承载能力，安全
		B1	安全性不符合本标准对A1级的要求，需要进行第二级评估，有缺陷
		C1	安全性不符合本标准对A1级的要求，存在安全隐患，需采取应急措施，并需要进行第二级评估，危险
三	整体结构	I	安全性符合本标准对I级的要求，具有足够的承载能力，安全
		II	安全性不符合本标准对I级的要求，需要进行第二级评估，有缺陷
		III	安全性不符合本标准对I级的要求，存在安全隐患，需采取应急措施，并需要进行第二级评估，危险

文物建筑中砖石结构的结构构件、分部结构及整体结构的第二级安全性评估各层次分级标准应按照表9的规定采用。

表9 第二级安全性评估各层次分级标准

层次	评估对象	等级	分级标准
一	单个构件或其检验项目	a	安全性符合本标准对a级的要求，具有足够的承载能力
		b	安全性不符合本标准对a级的要求，尚不显著影响承载能力
		c	安全性不符合本标准对a级的要求，显著影响承载能力
		d	安全性极不符合本标准对a级的要求，已严重影响承载能力

续表

层次	评估对象	等级	分级标准
二	分部结构或其检验项目	A	安全性符合本标准对A级的要求，具有足够的承载能力
		B	安全性不符合本标准对A级的要求，尚不显著影响承载能力
		C	安全性不符合本标准对A级的要求，显著影响承载能力
		D	安全性极不符合本标准对A级的要求，已严重影响承载能力
三	整体结构	一	安全性符合本标准对一级的要求，具有足够的承载能力
		二	安全性不符合本标准对一级的要求，尚不显著影响整体承载
		三	安全性不符合本标准对一级的要求，显著影响整体承载
		四	安全性不符合本标准对一级的要求，严重影响整体承载

（三）武安州辽塔的安全评估

武安州辽塔构件划分，每层作为一个构件，塔刹作为一个构件。一层下（包含中宫）作为一个构件。

1. 第一级评估：构件安全性评估

单个构件的第一级安全性评估，应根据其酥碱风化、变形、裂缝和构造等四个检验项目评定每一受检构件等级，并取其中最低一级作为该构件的安全性等级。构件评级结果见表10。

表10 第一级构件按酥碱风化安全性评级结果

构件	酥碱风化评级结果	变形评级结果	裂缝评级结果	构造评级结果	最终评级结果
一层下（包含中宫）	a1	b1	c1	b1	c1
一层	a1	b1	c1	b1	c1
二层	a1	b1	c1	b1	c1
三层	a1	b1	c1	b1	c1
四层	a1	b1	c1	b1	c1
五层至十三层	a1	a1	a1	a1	a1
塔刹	a1	a1	a1	a1	a1

按酥碱风化评级，五层塔檐以上部分已修缮完毕，现状良好，均评为a1级。五层塔檐以下部分，除去已经坍塌部分，现状轻微酥碱风化，也均评为a1级。

按变形评级，由于武安州辽塔无既往倾斜监测数据，且现状平立面形状不规则。综合塔地基特点及现场检查，塔倾斜值较小，尚不影响结构安全。因此按变形评级，各构件均评为b1级。

按裂缝评级，五层塔檐以上部分已修缮完毕，现状良好，均评为a1级。五层塔檐以下部分，塔心室、一层塔檐至五层塔檐均存在裂缝，裂缝宽度已大于5mm，均评为c1级。

按构造评级，五层塔檐以上部分已修缮完毕，现状良好，均评为a1级。五层塔檐以下部分，连接及砌筑方式基本正确，部分构造不符合国家现行设计规范要求，存在缺陷，均评为b1级。

综合以上评级结果，五层塔檐以上部分均评为a1级，五层塔檐以下部分均评为c1级。

2. 第一级评估：分部结构安全性评估

分部结构的第一级别安全性评估，应按照地基基础、主体结构划分为两个部分。

1）地基基础

未发现由于地基基础不均匀沉降造成的过大倾斜和开裂，无严重静载缺陷，判定地基基础能满足承载力及变形要求，地基基础的安全性评定等级为A1。

2）主体结构

上部承重结构的第一级安全性评估，应根据其所含构件的安全性等级、结构的整体性等级以及结构侧向位移等级进行确定，并取其中最低一级作为上部承重结构的安全性等级。

（1）按照单个构件评定等级，主体结构等级为C1。上部结构评为C1的主要原因为一层塔檐至五层塔檐构件评为了c1级，塔身评为c1级。

（2）按结构整体性评定等级，应分别按照结构体系及布置和结构间的整体性联结两个检验项目按照上部承重结构整体性等级评定规定的限值进行评定，并取其中最低一级作为上部承重结构的安全性等级。依据现场检验结果，结构体系及布置基本合理，传力路线设计基本正确，结构间整体性连接设计基本合理，连接方式基本正确，连接基本可靠。整体性评级为B1。

（3）按结构侧向位移评定等级，依据变形检测结果，塔的侧向位移满足B1的要求。

因此第一级评估，上部承重结构的安全性等级评为C1级。

3. 第一级评估：整体结构

整体结构的第一级安全评估，应根据其地基基础、上部承重结构的安全性等级进行确定，并取其中较低等级作为整体结构的安全性等级。评级结果见表11。

表11 第一级整体结构评级结果

层次		二	三
层名		分部结构	整体结构
安全性评估	等级	A1、B1、C1	I、II、III
	地基基础	A1	III
	上部承重结构	C1	

体结构评级为III级，应进行第二级评估。

4. 第二级评估：构件

构件的第二级评估应结合构造及损伤等影响按照承载能力评定。结合计算结果，并第二级评级结果不应高于第一级评估结果，一层塔身评为d级，一层塔檐~五层塔檐构件的评级为c，其余构件为a。评级结果见表12。

表12 第一级构件按承载力安全性评级结果

构件	评级结果
一层下（包含中宫）	d
第一层	c
第二层	c
第三层	c

续表

构件	评级结果
第四层	c
第五层至第十三层	a
塔刹	a

5. 第二级评估：分部结构

文物建筑砖石结构分部结构的第二级安全性评估，应按地基基础、上部承重结构划分为两个分部结构分别进行。

结合检验结果，未发现由于地基基础不均匀沉降造成的过大倾斜和开裂，无严重静载缺陷，判定地基基础能满足承载力及变形要求，地基基础的安全性评定等级为A级。

上部承重结构的第二级评估按构件安全性进行评定，上部承重结构的评级为D级。

6. 第二级评估：整体结构

整体结构的第二级安全评估，应根据其地基基础、上部承重结构和围护系统承重部分等的安全性等级，以及与整幢建筑有关的其他安全问题进行评定。结合上述评定结果，整体结构评为四级。评级结果见表13。

表13 第二级整体结构评级结果

层次		二	三
层名		分部结构	整体结构
安全性评估	等级	A、B、C、D	一、二、三、四
	地基基础	A	四
	主体结构	D	

七、评估结论及建议

（一）评估结论

现状情况下，武安州辽塔整体结构的安全性等级评定为四级，即结构安全性严重不满足要求，需整体采取措施。不满足的主要原因为塔心室处部分砌体受压承载力不满足要求，塔心室内有多处裂缝，一层塔檐至五层塔檐外侧塔体有多处裂缝。

（二）处理建议

（1）建议对一层塔檐至五层塔檐进行修复处理，修复完成后进行抱箍处理。

（2）建议对塔身进行增大截面处理，处理后进行抱箍处理，提高塔整体受压承载力。

（3）建议对塔继续进行监测，主要监测塔心室及塔檐处已有裂缝的变化以及塔的整体变形，以便发现问题及时处理。

需要说明的是：本评估报告是针对目前的状况得出的评估结论，若发生使用状况变化等，则应当结合本评估报告的结论再进行相应的验算分析，以确定变化后的实际承载力状况。

附录三　加固维修工程材料检测报告

1. 原塔体砖件检测报告

受控编号：21

赤峰时代诚信检测有限公司

烧结普通砖检测报告

CMA 180502280259 有效期至：2024年08月08日

试验编号：SD20AH4007001　　　　　　　　　　报告编号：SD20AH4000003

工程名称	武安州辽塔保护加固工程						合同编号	-----			
委托单位	陕西普宁工程结构特种技术有限公司						委托日期	2020-07-14			
建设单位	内蒙古史前文化博物馆						试验日期	2020-07-15	2020-07-16		
施工单位	陕西普宁工程结构特种技术有限公司						报告日期	2020-07-16			
见证单位	河北木石古代建筑设计有限公司						见证人	白新亮			
施工部位	-----						见证证号	C02901100900010			
生产厂家	-----						检测性质	委托检测			
砖种类	原塔体墙砖						样品数量	10块			
产品等级	-----						强度等级	-----			
规格尺寸	380*180*65mm						代表数量	-----			
检测项目	标准要求		实　测　结　果								判定
抗压强度	-----	抗压强度(MPa)	1	2	3	4	5				-----
			6.04	5.89	5.62	4.58	5.10				
			6	7	8	9	10				
			5.51	6.12	4.30	5.96	4.56				
		强度平均值(MPa)		最小强度值(MPa)		标准差(MPa)		强度标准值(MPa)			
		5.4		4.3		0.62		4.2			
冻融	-----	序号		1	2	3	4	5			
		裂纹长度		-----	-----	-----	-----	-----			
		是否冻坏		-----	-----	-----	-----	-----			
泛霜	-----	泛霜程度									
石灰爆裂		2<尺寸≤10mm点数									
		10<尺寸≤15mm点数									
		尺寸>15mm点数									
吸水率和饱和系数		5h沸煮吸水率			饱和系数						-----
		平均值		最大值	平均值		最大值				
		-----		-----	-----		-----				
检测方法	GB/T 2542-2012										
检测依据	GB/T 5101-2017《烧结普通砖》										
检测结论											

声　明	说　明
1.报告无"检测专用章"无效、涂改无效。 2.报告无编制、审核、批准人签字无效。 3.对检测报告若有异议，自报告发出15日内向检测单位提出。 4.委托方将样品送到检测机构检测时，样品及其信息的真实性由委托方负责，检测机构仅对样品检测结果的准确性负责	1、检测条件：23℃ 2、样品状态：完整无破损 3、异常情况：无 4、设备编号：DC-YQ-191 5、客户委托单编号：SD20AH4000003
备　注	

检测单位盖章：　批准：孙凯　审核：　检测：姜香若

检测单位地址：赤峰时代诚信检测有限公司

第1页/共2页

2. 石灰检测报告

受控编号：89

赤峰市红山区建设工程质量检测有限公司

石灰检测报告

试验编号： SH200700017			报告编号： SH202000093	
工程名称	武安州辽塔保护加固工程		合同编号	190042
委托单位	陕西普宁工程结构特种技术有限公司		委托日期	2020-07-16
建设单位	内蒙古史前文化博物馆		试验日期	2020-07-17
施工单位	陕西普宁工程结构特种技术有限公司		报告日期	2020-07-20
见证单位	河北木石古代建筑设计有限公司		见证人	白新亮
生产厂家	红山区易建才门市		见证证号	C02901100900010
产品名称	生石灰		检测性质	见证取样
品质	CL 75-Q		代表数量	200t
检验项目		标准要求	试验结果	单项结论
氧化镁含量，%		≤5	2.10	合格
CaO MgO含量，%		≥75	77.51	合格
细度	0.2mm筛余量%	————	————	————
	90μm筛余量%	————	————	————
灼烧失量		————	————	————
检测方法	JC/T 478.2-2013			
判定依据	JC/T 479-2013《建筑生石灰》			
检测结论	该组试样所检项目符合JC/T 479-2013《建筑生石灰》标准要求。			

声 明	说 明
1. 报告及复印件无检测单位红章无效、涂改无效。 2. 报告无检测、审核、批准人签名无效。 3. 本报告未使用专用防伪纸无效。 4. 本机构接受委托检测的，其检验检测数据、结果仅证明样品所检验检测项目的符合性情况。 5. 对检验检测报告若有异议，自报告发出15日内向本单位提出	1、检测条件：20℃ 2、样品状态：白色、固体 3、设备编号：HSJC-SB-SK071 4、客户委托单号：SH202000117
备注	

检测单位盖章： 批准： 夏明 夏m） 审核： 张冠楠 检测： 单志杰 杨爽

批准日期： 2020-07-21

检测单位地址： 赤峰市红山区东郊红烨大街23段 电话：0476-8867291

3. 烧结普通砖检测报告

受控编号：21

赤峰时代诚信检测有限公司

烧结普通砖检测报告

试验编号：ZP210500008　　　　　　　　　　　　　报告编号：ZP202100012

工程名称	武安州辽塔保护加固工程	合同编号	200211
委托单位	陕西普宁工程结构特种技术有限公司	委托日期	2021-05-21
建设单位	内蒙古史前文化博物馆	试验日期	2021-05-21 － 2021-05-26
施工单位	陕西普宁工程结构特种技术有限公司	报告日期	2021-06-01
见证单位	河北木石古代建筑设计有限公司	见证人	白新亮
施工部位	塔	见证证号	C02901100900010
生产厂家	山西晋唐龙古建工程有限公司	检测性质	见证取样
砖种类	粘土砖	样品数量	20块
产品等级	合格品	强度等级	MU10
规格尺寸	380×180×80	代表数量	10万块

检测项目	标准要求	实　测　结　果					判定
抗压强度	抗压强度平均值需≥10MPa。强度标准值需≥6.5MPa。	抗压强度(MPa)	1	2	3	4	5	合格
			12.83	12.43	11.94	12.71	12.64	
			6	7	8	9	10	
			12.94	12.50	12.91	12.40	12.74	
		强度平均值(MPa)	最小强度值(MPa)		标准差(MPa)	强度标准值(MPa)		
		12.6	11.9		0.30	12.1		
冻融	a. 大面上宽度方向及其延伸至条面的长度≤30mm　b. 大面上长度方向及其延伸至顶面的长度或顶	序号	1	2	3	4	5	合格
		是否满足标准要求	是	是	是	是	是	
泛霜	——	泛霜程度	——	——	——	——	——	
石灰爆裂	——	2＜尺寸≤10mm点数						
		10＜尺寸≤15mm点数						
		尺寸＞15mm点数						
吸水率和饱和系数		5h沸煮吸水率			饱和系数			
		平均值	最大值		平均值	最大值		
		——	——		——	——		
检测方法	GB/T 2542-2012							
检测依据	GB/T 5101-2017《烧结普通砖》							
检测结论	该组试样所检项目符合GB/T 5101-2017《烧结普通砖》标准要求。							

声　明	说　明
1. 报告无"检测专用章"无效、涂改无效。 2. 报告无编制、审核、批准人签字无效。 3. 对检测报告若有异议，自报告发出15日内向检测单位提出 4. 委托方将样品送到检测机构检测时，样品及其信息的真实性由委托方负责，检测机构仅对样品检测结果的准确性负责	1、检测条件：20℃/50%RH 2、样品状态：尺寸规矩、无缺棱掉角 3、异常情况：无 4、设备编号：DC-YQ-193 5、客户委托单编号：ZP202100012
备　注	

检测单位盖章：　　批准：杜岩　审核：姜雪岩　检测：陈启坤　郭宏伟

检测单位地址：赤峰时代诚信检测有限公司

附录四 加固维修工程验收文件

武安州辽塔加固维修工程
中期检查评估意见

2020 年 10 月 11-12 日，内蒙古自治区文物局会同赤峰市、敖汉旗文物局在赤峰市敖汉旗组织召开《武安州辽塔加固维修工程》中期检查评估评审会。

专家组查看了自 2020 年 5-10 月以来的施工、监理、设计、业主单位等资料。现场检查了保护工程实施情况，听取了实际施工、监理单位的总结。评估意见如下：

一、2020 年度已基本完成了塔体预防性加固、塔体塔檐归安加固两项工程内容。施工遵循了文物保护工程操作规范和工程管理办法，符合文物保护原则，工程质量满足设计要求，达到了预期效果。

二、施工、监理、设计、业主单位履行了自身职责，施工、监理等技术档案资料齐全。

三、原则同意通过中期评估。

四、对下一步工作提出了以下几点建议：

（一）建议加强考古发掘与研究工作，深化对武安州塔的建筑历史、形制、价值等方面的研究。

（二）考古发掘结束后，在明确塔心室形制的基础上，建议对塔心室盗洞等进行抢救性补砌。

（三）对一层正面两券门券脚与墙体存在的结构缺陷，建议采取适当措施补强。

（四）对一层塔体转角砖柱缺失，建议从存在构件制作缺陷角度考虑采取适当修缮措施。

（五）角梁糟朽劈裂，建议采取嵌补等方式处理。

（六）建议对塔的沉降、裂隙实施长期监测。

2. 工程初验

文物保护工程竣工验收（初验）专家评分汇总及结论表

工程名称：武安州辽塔加固维修工程

总体评价及完善意见	1. 该工程基本符合方案设计，达到局部险修局加固目的； 2. 所施工程及质量基本报好。 3. 个别部位在砌筑块碎砖，松动现象，望进一步进行粘结并进行加固； 4. 避雷接地尽快验收。 5. 工程资料有待进一步补充完善。
后续工程建议	1. 对所施工个别缺陷，进一步进行自查； 2. 尽快完成避雷接地电阻检测。 3. 进一步补充完善工程资料，如实、客观记录工程实施全过程，补充完善完整的工程资料。 4. 建议对本工程进行2年监测。
验收结论	合格　　（根据评分标准分为合格、不合格）

3. 工程终验

文物保护工程竣工验收专家评分汇总及结论表

工程名称：

总体评价及完善意见	1.修缮工程程序符合规定，管理规范。 2.保护修缮工程基本符合设计要求，较好遵循了"不改变文物原状"和"最小干预"的文物保护原则，全面保存、延续文物的历史信息和价值。 3.工程质量和效果较好，有效消除安全隐患，达到抢险加固目的。材料及工艺使用得当，与文物历史风貌相协调。 4.初验提出的意见已落实整改到位。 5.技术档案及施工管理资料，要件齐全，整理规范。
后续工程建议	一、进一步加强日常养护，及时清理塔檐、视窗内滋生植被，防止植物根系破坏文物本体。 二、做好游客组织管理，防止人为因素影响文物安全。 三、复核塔身结构安全状况，开展可行性研究评估，适时拆除三道临时加固钢箍。补充避雷接地检测。
验收结论	合格　　　　　（根据评分标准分为合格、不合格）

附录五　武安州辽塔保护维修大事记

2020年4月12～14日，内蒙古自治区文物局、文物保护处，以及赤峰市文物局的相关领导带领内蒙古自治区三名专家实地查看武安州辽塔保护情况，并在博物馆召开座谈会，要求配合设计单位需要，在塔周围搭设脚手架，重新进行详细勘测，确定5月上旬拿出新的维修加固设计方案，5月下旬上报国家文物局审批，争取6月份进行招标。鉴于敖汉旗辽塔的维修状况已受到中央领导的批示，敖汉旗委旗政府通过座谈研究，形成了关于武安州辽塔维修问题的第一份会议纪要。责成敖汉旗文物局马上开始对塔身进行深入的勘测。

4月20日，网络舆情开始出现。

4月22日，赤峰市领导考察武安州辽塔。

4月25日，内蒙古自治区文物局、文保处有关领导一行实地踏查武安州辽塔，并举行工作座谈会（形成会议纪要）。

4月28日，敖汉旗委主要领导召开武安州辽塔修缮加固保护调度会，听取进度情况汇报，对下一步维修、加固进行安排部署；下午召开旗委十五届第109次常委会，专题听取武安州辽塔修缮加固保护工作进展情况，对辽塔修缮、加固工作进行再安排再部署。

4月30日，内蒙古自治区、内蒙古自治区文旅厅、内蒙古自治区文物局等区、市级领导实地检查武安州辽塔修缮加固工作进展情况，下午召开自治区领导检查指导武安州辽塔修缮加固工作座谈会。晚上赤峰市委召开七届152次常委会，会议专题研究武安州辽塔修缮有关事宜。

5月1日，敖汉旗委再次召开旗委十五届110次常委会，传达中央、自治区、市级有关领导关于武安州辽塔修缮工作重要指示、批示精神，传达自治区、市有关武安州辽塔修缮工作会议精神及自治区领导的重要讲话精神，传达市委七届152次常委会会议精神，听取武安州辽塔修缮工作进展情况汇报，安排部署辽塔修缮工作。

当天，国家文物局文物保护与考古司领导带领三位专家到达敖汉，开始实地考察武安州辽塔现状。下午召开国家文物局、内蒙古自治区文物局及专家座谈会，赤峰市领导主持召开武安州辽塔修缮工作部署会，组织召开武安州辽塔修缮加固工作部署会。

5月2日，内蒙古自治区党委宣传部、国家文物局文物保护与考古司、内蒙古自治区文旅厅等领导和专家再次实地调研降圣州辽塔、武安州辽塔，并于当晚举行文物保护工作专题座谈会。

5月4日，决定终止与北京建工建筑设计研究院、辽宁省文物保护中心、内蒙古自治区文物保护中心的"武安州辽塔维修设计合同"，根据国家文物局领导建议，选派更有实力的公司承担维修方案的设计工作。同日，与陕西普宁工程结构特种技术有限公司签订了"施工委托书"和"工程施工合同"。

5月4日，内蒙古自治区文物局、赤峰市政府、敖汉旗政府等领导，以及敖汉博物馆馆长等赴国家文物局汇报武安州辽塔保护情况。

5月5日，赤峰市委领导来敖汉考察降圣州辽塔和武安州辽塔，并对辽塔加固、安保等做出了重要指示。同日，博物馆业务人员与丰收乡政府对武安州遗址进行界别划分，为有效保护该遗址，乡政府流转土地500亩作为文物保护专项用地。原搭建的脚手架拆除。

5月6日，陕西普宁工程结构特种技术有限公司进场施工，进行抢救性加固。

5月7日，敖汉旗政府常务会议研究通过有关文物保护方面三项决定：一是成立敖汉旗文物局，二是提出《敖汉旗各级文物保护单位排查整改保护工作规划（提纲）》，三是出台《敖汉旗文物保护管理办法》。

5月9日，内蒙古自治区区委领导在自治区、市、旗有关同志陪同下莅临武安州辽塔考察，并对当前工作提出了重要批示。

5月11日，武安州辽塔的抢险加固工作基本完成，此次抢险加固主要是对塔身外围施加6道钢绞线及1道钢板箍。

5月12日，与陕西普宁工程结构特种技术有限公司和陕西省文化遗产院签订"武安州塔保护加固工程设计与施工委托书"，委托两单位在原设计基础上，编制新的加固维修方案，完善相关手续。

5月13日，开始施行日志制度，同时，实行每10天向内蒙古自治区政府一报告制度，每月向赤峰市政府一报告制度。为保证武安州辽塔保护加固修缮工程顺利实施，敖汉旗委、旗政府成立了武安州辽塔保护加固修缮工作领导小组和武安州辽塔加固维修工程现场指挥部，安排了专职的现场安保人员、文物管理人员、执勤民警等。

5月14～15日，古塔方面修缮专家来敖汉进行辽塔修缮方案设计，并将方案文本交给敖汉方面。

5月16日，委托中铁西北科学研究院文保中心对武安州辽塔倾斜情况进行专业测绘，测绘结果为向西北倾1.04°，塔顶位移约21cm，属安全范围内。

5月19日，内蒙古自治区文物局在敖汉旗主持召开《敖汉旗武安州辽塔加固维修工程方案》专家评审会，与会专家对加固维修工程方案进行了认真质询和深入讨论，原则上通过了此方案。

5月22日，内蒙古自治区文物局对《武安州辽塔加固维修方案批复》下发至赤峰市文物局。

5月24日，武安州辽塔加固维修工程进行招投标。

6月2日，国家文物局领导在自治区、市、旗有关同志陪同下莅临考察武安州辽塔。

6月16日，内蒙古自治区文物局领导主持召开武安州辽塔下一步工作部署会，做出六项安排：加快推进招投标工作，务必于6月24日前完成。加快推进施工方进场开工，6月16日至17日，与施工方人员协调，尽快拿出施工图纸、施工计划书；规范开工程序及手续，确保安全施工。敖汉旗按施工要求，进一步完善水电及施工现场的保障工作。防雷设计方案已评审完毕，敖汉旗文物局要履行相关报批程序。施工中，对天宫的保护应采取严密措施，加装监控设备，全时监控，防止被盗，确保安全。因北京受疫情影响，咨询会时间尚不确定，但专家人员已确定，请敖汉旗文物局指定专人与各位专家联系，若能出京，尽快举办咨询会。

6月24日，下午3时，在敖汉旗采购中心对武安州辽塔加固维修工程进行招投标，陕西普宁工程结构特种技术有限公司中标。

6月27日，陕西普宁工程结构特种技术有限公司项目经理和5名技工进驻武安州辽塔加固维修工程施工场地，进行了施工前第一次技术交底，并根据施工方案要求，进行原材料筛选、询价采购，加固维修工作宣告正式开始。委托河北木石古代建筑设计有限公司为工程监理公司，7月8日监理工程师白新亮进驻工程工地。聘请高中明为该项目的技术顾问。

7月初，内蒙古自治区党委宣传部、内蒙古自治区文旅厅联合下发内文旅字〔2020〕64号文件，关于印发《内蒙古自治区贯彻落实习近平总书记关于文物工作的重要指示批示精神，加强全区文物保护工作方案》的通知，其中第二大项"扎实做好武安州辽塔修缮保护工作"第9款中，明确要求"组织专业队伍对武安州辽塔实施全面保护加固维修工程，责任单位赤峰市、自治区文物局，完成时限为2020年10月"，自此，武安州辽塔维修工程将以此为时限，开始倒排工期。

7月中旬，委托河北华友文化遗产保护有限公司对武安州辽塔的防雷进行同步设计施工。施工初期，施工单位在专家指导下，对武安州辽塔第十层进行残损件、病害登记及加固维修工作，打造加固维修样板层，为下一步专家核验和整塔加固维修奠定基础。对主要材料进场复检，保证每批材料在进场前符合施工要求。

7月7～20日，编制《武安州辽塔加固维修工程深化设计方案》，完成后为确保加固维修方案稳妥，根据内蒙古自治区文物局建议，再次召开线上专家评审会，征求专家意见。

7月31日，完成武安州辽塔第十一层塔身塔檐加固维修工作。

8月6日，陕西普宁工程结构特种技术有限公司开始进行辽塔第九层塔檐修复工作，仿古砖日常洒水养护，切割第九层维修所需铜瓦。对第十二层塔顶进行洒水养浆。

8月8日，作为防雨措施的辽塔顶部盖板浇筑完毕，顶部避雷设备安装完毕。

8月10～16日，完成辽塔第九层、第八层加固维修工作。

8月14日，敖汉旗文物局组织召开了武安州辽塔加固维修工程现场踏勘及研讨会。会上针对塔刹是否恢复、如何修复，各层塔檐、角梁修补方式及戗脊修复依据，塔身根部淤积部位清理和探查工作，阶段性工程评估、验收工作，出版工程技术报告等几个主要问题进行了专题讨论。

8月17日，向上级主管部门上报塔身根部淤积的清理申请，以便设计单位跟踪勘查遗存痕迹，为塔身修复设计方案提供依据。

8月19日，陕西普宁工程结构特种技术有限公司对塔顶残存部分造型细部、一层塔檐、戗垒、角梁进行研究性勘察测绘。开始筹备武安州辽塔加固维修阶段性工程评估、验收工作。

8月23日，完成武安州辽塔第七层塔身塔檐的加固维修。

8月28日，完成武安州辽塔第六层塔身塔檐的加固维修。

8月29日，对第六层塔身加装钢箍，并将翘板从第六层返至第五层。

8月30日，中央有关领导莅临我旗调研文物保护及武安州辽塔加固维修工作。

9月5日，辽塔第六层（即原方案第五层）塔檐维修完毕。

9月7日，经专家多次实地考察、研究和论证，结合夏季塔顶防雨施工和塔身周边考古探查，确认顶部残存层应为第十三层，现第一层塔檐实际上应是第二层塔檐（原第一层塔檐全部脱落，与塔身表面似为一体，导致之前原塔檐部分被误认为是塔身的一部分）。根据专家陈平的意见，从9月8日开始，所有资料均按重新调整的层数上报。

据估算，目前武安州辽塔已增加荷载70t，为确保辽塔自身安全，按照设计方案，从9月16日开始，在第四层、第五层位置增加钢箍，并在第三层原来已经有钢箍的基础上再加强一道钢箍，以缓解上部荷载对塔身的压力，该项加固工作于9月18日全部完成。

9月18日，辽塔第五层（原方案第四层）塔檐维修完毕。

9月19日，辽塔第十三层（原方案顶部残存层）塔檐恢复完毕。

9月20日，安装木质塔心柱。

9月21日，敖汉旗旗委领导等陪同内蒙古自治区文物局领导，赴国家文物局汇报武安州辽塔加固维修工作。

9月22日，塔心柱包封并封顶，辽塔顶部加固维修工程完毕，开始对辽塔第五层至第十二层未施工的部分角梁、戗脊进行施工和勾缝作业。

9月23日，辽塔防雷工程开始施工。

9月29日，国家文物局文物保护与考古司考古处领导和三位专家抵达敖汉旗，开始调研考察武安州辽塔加固修缮工作。

10月1日，国家文物局领导带领专家组成员等抵达敖汉旗，与先期到达的国家文物局有关人员及专家一起，再次现场考察武安州辽塔加固修缮工作现场，并召开了专家咨询会议和武安州辽塔保护项目专题会，并形成了《武安州辽塔保护维修项目专题会专家意见》。

10月3日，根据国家文物局专家意见，开始对辽塔第五至十三层塔檐修缮工作进行最后的扫尾。到10月6日，完成第五至十三层塔檐的扫尾工作。

10月4日，陕西普宁工程结构特种技术有限公司对武安州辽塔塔体进行例行的振动检测，检测结果正常。

10月6日下午，赤峰市文物局在敖汉旗主持召开武安州辽塔加固修缮工作推进会议。敖汉旗政府、文旅局、内蒙古自治区文物考古研究院、文化综合执法局等有关领导，以及施工方代表、监理方代表等参加会议。会议主题是研究落实国家文物局指示精神和专家意见，完善辽塔加固工作。同时确定：①设计方所有图纸均需按国家专家组要求做深化设计，并尽快提供给甲方，由甲方按程序逐级报批。在设计图纸中，必须针对国家文物局批示及专家意见提出明确的修改意见。②施工方和设计方按要求规程进一步完善武安州辽塔加固修缮工作档案。③敖汉旗要积极配合内蒙古自治区文物考古研究所对塔心室及塔基周边的考古发掘工作。

10月10日，内蒙古自治区文物局再次主持召开武安州辽塔加固修缮工作会议，就下一步工作安排等进行讨论研究，会议确定如下事项：①聘请专业的检测机构，对武安州辽塔进行安全性检测，为下一步武安州辽塔加固修缮工作和今做好准备。②各方要严格按照文物保护工程项目管理程序和流程要求，完善四方档案资料。③在不影响下一步工作的前提下，尽快研究落实武安州辽塔脚手架的拆除工作，为后续辽塔塔基的考古发掘做好准备。④要加强与上级部门特别是国家文物局和自治区政府的汇报和沟通，避免在加固修缮工作中再出现失误。⑤落实武安州辽塔五～十三层塔檐修缮的阶段性检查评估工作，为下一步做好加固修缮工作奠定基础，为后续的深化方案提供数据和资料支持。⑥严格按上级要求，及时向上级部门提供可靠翔实的辽塔保护加固工程勘察、维修等方面的资料。

10月16～17日，施工方对武安州辽塔文物本体动力性能进行测试。

10月19日，中冶建筑研究总院人员在辽塔现场考察整体检测之前进行实地踏查，随后与就检测一事进行了洽谈。

11月9日，赤峰市政府、文旅局有关领导到辽塔检查指导工作。

11月10～11日，赤峰市文物局委托北京国文研文物保护规划中心相关专家考察辽塔加固维修工作。

11月12日，中央第八巡视组莅临辽塔检查指导工作，敖汉旗政府及相关单位负责人员陪同。

同日，中冶研究院对辽塔进行塔顶倾角及塔心室裂缝监测。

11月17日，内蒙古自治区文物局领导在敖汉旗博物馆、文化执法局有关同志陪同下到辽塔检查指导工作，并组织召开"冬季辽塔保护的专题会议"，赤峰市文物局陶建英副局长参加会议。会议议定以下事项：按照国家文物局批复的文件要求，完善2021年武安州辽塔考古发掘计划，重点解决辽塔的基本形制、时代和营造特点等问题。抓紧时间配合内蒙古自治区文物考古研究所完成探沟回填工作。督促设计方完善并确定武安州辽塔临时支护方案，逐级上报至国家文物局，待国家文物局批复后，再开展相应工作。落实国家文物局领导的讲话精神，根据其要求，上报10月3日以来敖汉旗对辽塔开展的主要工作情况。辽塔支护方案确定后，开展如下几项工作：一是配合自治区考古所完成探沟回填工作；二是拆除辽塔五至十三层脚手架；三是敖汉旗上报拆除一至四层架手架的依据；四是明确辽塔冬季看护事宜，重点围绕技防和人防两方面。

12月8日，内蒙古自治区政府领导莅临视察武安州辽塔，赤峰市政府、市政协、敖汉旗委有关同志等陪同。

12月初内蒙古自治区文物局到国家文物局汇报工作，国家文物局提出四点意见：脚手架原则拆到五层，如全部拆除要上报拆除理由。由于冬季施工困难，可不进行辽塔冬季临时性支护，但要出台辽塔冬季临时性支护应急方案，如发现问题再进行支护。2021年4月份中旬进行考古，5月份中旬开始修缮，要倒排工期。

12月底按原专家组意见完成修缮方案，并于明年（2021年）1月上旬上报至国家局。

2021年1月14日国家文物局主持召开线上专家视频会。会议议题：

（1）五层以下架手架是否需要拆除。

（2）开展辽塔冬季临时支护及考古发掘相关事宜。

2月19～24日，进行辽塔一至四层脚手架拆除工作。

2月18日，接到市局转发《自治区文物局转发的国家文物局关于武安州辽塔保护修缮项目有关事宜意见的函》的通知精神并进行落实。督促拆除辽塔脚手架工作。联系辽宁省文保中心，办商五十家子辽塔完善设计方案。联系赤峰监理公司对接五十家子辽塔整改方案工作。联系陕西普宁公司完善武安州辽塔修缮方案内容。通知现场工作人员做好第二天拆除脚手架的后勤辅助工作。

2月19日，开始进行辽塔一至四层脚手架拆除工作，瑞鑫建筑公司具体负责实施，24日完成。

3月15日，国家文物局组织召开专题视频会议，会议主要内容为修改完善"2021年武安州辽塔加固维修工程进度计划表"，确保各项工作如期按工程进度开展及完善塔檐、塔身、塔基座设计方案，做好复工前的准备工作。

3月23日，《武安州辽塔1~4层加固维修方案》获得专家评审通过。

3月26日，围绕辽塔塔基及周边考古工作开始。

4月18~19日，国家文物局领导带队就赤峰市敖汉旗武安州辽塔保护修缮工作进行实地调研并召开专题会议研究部署后续工作，国家文物局、内蒙古自治区、赤峰市、敖汉旗政府及文物部门有关领导陪同调研并参加专题会议。国家文物局领导提出六条意见，国家文物局专家组给出八条评审意见。对明确下一步工作进行安排部署。

5月19日下午，召开四方技术交底会，对项目目前存在的疑点、难点进行讨论确认落实，明确了下一步各方的工作任务，对武安州辽塔塔台的保护方式形成初步一致意见。

5月20日，正式复工。

6月16日，赤峰市委领导莅临辽塔现场指导工作。

6月25日，武安州辽塔确定选址地点。

7月2~8日，施工方开始搭建一至四层维修用脚手架。

7月5日，国家文物局文物保护与考古司、国家文物局专家组成员及国家文物局武安州辽塔驻场督导、内蒙古自治区文物局文物保护与考古处、内蒙古自治区文物局武安州辽塔驻场督导等一行人到武安州辽塔施工现场进行调研，并在施工方项目部会议室召开现场会，就现场施工和考古发掘方面存在的问题进行现场专家解答。

7月9~15日，施工方对二层塔檐筒瓦进行编号，对二层塔檐东面、东南面、东北面进行清理归安，对南侧立面下步进行保护性砌筑，对南侧塔壁钢结构支撑施工。

7月13日，内蒙古自治区督察组莅临辽塔现场检查工作。敖汉旗旗委、旗政府陪同，敖汉博物馆介绍了武安州辽塔修缮情况。

7月16~22日，施工方对辽塔三、四层部分塔檐清理归安，对塔四层木角梁进行补配，南侧塔壁保护性砌筑施工。

8月4日，对二层塔身松动砖块归安、勾缝及塔心室南侧券洞砌筑完毕。

8月6~10日，施工方继续对一层塔身松动砖块归安、勾缝及二层南侧塔壁保护性砌筑施工；至8月7日，对二层南侧塔壁保护性砌筑施工完毕；7~12日，开始对二层南侧塔檐保护性砌筑施工。

8月9日，二层塔身、塔檐全部加固维修完成，塔心室外券门样式选定。

8月20日，施工方将辽塔二层塔檐北侧垮塌两侧裂缝修补完成；20~26日，施工方继续对辽塔塔座勾缝，至26日对塔座勾缝完毕；20~24日，施工方制作塔心室外券门及直棂窗外保护架，至25日塔心室外券门安装完毕，26日启动直棂窗外保护架安装工作。

8月21日，武安州辽塔防雷工程开始施工。

8月30日~9月2日，施工方对辽塔塔座及一至四层塔檐进行锚索施工，至9月2日，此项工作施工完毕。

8月30日，国家文物局文物保护与考古司、国家文物局专家组成员一行人到武安州辽塔施工现场进行调研，并在施工方项目部会议室召开现场会议，认真听取工程四方介绍目前施工过程中存在的急需专家解决的问题和考古方目前遇到的问题，明确了辽塔近期保护修缮工作的重点。

9月5日，拆除一至四层维修用脚手架，开始对塔台进行砌筑。

9月10日，武安州辽塔展示馆土建工程开工。

9月19日，完成塔台砌筑工作，至此武安州辽塔维修加固工程已基本完成，等待后续验收。

9月22日，国家文物局组织专家对武安州辽塔维修加固工程进行初步验收，并验收通过。

11月1日，武安州辽塔陈列馆主体工程竣工。

11月5日，开始内部展陈设计施工。

11月30日，辽塔陈列馆项目完工并对外开放，陈列馆建筑面积260平方米，展厅面积180平方米。

2022年6～9月，敖汉旗政府根据国家文物局及自治区政府领导的指示精神，结合武安州辽塔周边环境现状，在保护好文物本体（辽塔）的前提下，坚持文物保护环境的整治不能破坏原有环境的基本原则，科学确定环境整治的目标和方案，聘请内蒙古大观园林设计有限公司为设计单位，赤峰市宏洋建筑劳务有限公司为施工单位，用时3个月完成了环境整治工作。

2022年9月9日，内蒙古自治区文物局根据敖汉旗上报的修改完成后的展陈大纲组织召开了线上专家评审会，与会专家原则上同意了武安州辽塔陈列馆展览大纲第二稿，同时对展览大纲第二稿提出了整改建议。会后，市、旗两级文物局根据专家提出的整改意见，对武安州辽塔陈列馆展览大纲第二稿进行了修改，经逐级上报至内蒙古自治区文物局获得批复后，于9月15日完成了对武安州辽塔陈列馆的提档升级工作。

2022年9月26日，国家文物局、内蒙古自治区文物局联合组织专家组，对武安州辽塔加固维修项目进行了竣工终验。经实地查看、听取汇报、审查资料、质询提问，专家组认为：武安州辽塔加固维修工程按照设计方案要求，完成了修缮内容与合同约定，工程质量和效果符合要求，外观风貌较为协调，内部结构合理，险情有效排除，结构加固和外观效果达到了预期目标，一致同意武安州辽塔加固维修工程竣工终验通过。

2022年初根据《国家文物局关于加强武安州辽塔保护展示工作的函》的文件要求，启动《武安州辽塔考古和保护修缮工程报告》的编写工作，并于2月和5月，召开了两次编委会议，审议了大纲初稿，明确了工程各方负责编写的章节内容。敖汉博物馆作为业主单位，由田彦国、阮国利同志负责第四章内容框架的议定工作，耿文丽同志负责具体编写内容，解曜珲及张天武同志负责校对审核工作。

后　　记

　　党的十八大以来习近平总书记关于历史文化遗产保护有多次重要论述和重要的指示批示精神，为新时代文物事业改革发展指明了前进方向、提供了根本遵循。

　　《武安州辽塔考古和文物保护修缮工程报告》即将付梓出版，这是全体参与武安州辽塔考古和文物保护修缮工程人员的集体成果，也是全体参与单位、人员全面落实习近平总书记关于文物保护重要论述和重要指示批示精神的重要举措，是推动文物事业高质量发展、加强多学科联合攻关的必然要求，更是构建修缮、展示、阐释三位一体体系的有益尝试。

　　在新时代文物事业高质量发展的背景下，武安州辽塔考古和保护修缮工程是由国家、自治区、赤峰市、敖汉旗四级文物行政管理部门统筹协调，集结了考古、文物保护、航测、勘测、检测、材料、文物保护设计、施工等多学科专业人员共同完成的，是内蒙古自治区多学科合作开展文物保护工程的有益尝试，相关发掘、勘察、设计、记录、整理、分析与研究贯穿始终，奠定了本报告编写的坚实基础。

　　本报告是多家单位合作的集体成果，分为勘测研究篇和加固维修篇两部分内容。第一章和第四章由敖汉博物馆负责，耿文丽完成编写工作，解曜晖、张天武完成校对工作，田彦国、阮国利完成审校与指导工作；第二章由内蒙古自治区文物考古研究院负责，本次考古发掘项目负责人为盖之庸，参与发掘工作的有马凤磊、李权、冯吉祥、王泽、曹新宇、刘海文、徐焱、白嘎力、杨豪杰、王燕、祁慧，参加编写工作的有盖之庸、王泽、陶建英、曹新宇、冯吉祥、李权、白嘎力，遗迹和遗物图由刘海文完成，照片由冯吉祥拍摄，盖之庸、白嘎力负责统稿；第三章和第五章由陕西省文化遗产研究院负责，贾虎完成辽塔建筑形制、辽塔现状勘测、工程设计方案编写工作；第六章由陕西普宁工程结构特种技术有限公司负责，陈平完成工程实施过程编写工作；第七章由河北木石古代建筑有限公司负责，白新亮完成辽塔加固维修监理履行情况编写工作。

　　武安州辽塔保护修缮工程历时15个月，感谢所有为武安州辽塔考古发掘和保护修缮工程献言献策的诸位专家；感谢各级党委政府的鼎力协助；感谢国家文物局驻场督导孙书鹏先生、张宝虎先生，自治区文物局驻场督导马天杰先生、孙金松先生，赤峰市文化和旅游局陶建英先生、许如冰先生和赤峰市博物馆马凤磊先生在工程报批、进度督导、质量把控、专家评审、工程验收及后勤保障等方面的大力支持；最后感谢为本书出版付出辛勤劳动的科学出版社的编辑。

　　武安州辽塔考古和保护修缮工程虽告一段落，但内蒙古的文物保护事业却未停止，责任在肩仍需砥砺前行！